电工电子技术实验教程

主　编　许志华　孙宏国
副主编　姚志树　梁　艳

东南大学出版社
SOUTHEAST UNIVERSITY PRESS
·南京·

内 容 提 要

本书是根据高等学校电工电子实验教学体系改革与实验教学基本要求编写的实践教材,按照学生的认知规律将各类电工电子实验融为一体,主要内容包括:基础知识,常用电工、电子实验仪器设备简介,电工、电路与信号系统实验,模拟电子技术实验,数字电子技术实验,电子电路仿真及设计,综合设计性实验等。全书内容可满足不同专业、不同学时数及不同层次的教学需要。

本书可作为高等学校电气及电子信息类相关专业的本、专科教材,也可供从事电气、电子技术工作的工程技术人员参考。

图书在版编目(CIP)数据

电工电子技术实验教程 / 许志华,孙宏国主编.

南京：东南大学出版社,2025.6. -- ISBN 978-7-5766-2122-8

Ⅰ. TM-33；TN-33

中国国家版本馆 CIP 数据核字第 2025DD3685 号

责任编辑：马 伟 责任校对：韩小亮 封面设计：王 玥 责任印制：周荣虎

电工电子技术实验教程

主　　编	许志华　孙宏国
出版发行	东南大学出版社
出 版 人	白云飞
社　　址	南京市四牌楼 2 号　邮编：210096
网　　址	http://www.seupress.com
电子邮箱	press@seupress.com
经　　销	全国各地新华书店
印　　刷	常州市武进第三印刷有限公司
开　　本	787 mm×1 092 mm　1/16
印　　张	19
字　　数	474 千字
版　　次	2025 年 6 月第 1 版
印　　次	2025 年 6 月第 1 次印刷
书　　号	ISBN 978-7-5766-2122-8
定　　价	57.00 元

本社图书若有印装质量问题,请直接与营销部联系。电话：025 - 83791830

前　　言

电工技术与电子技术实验是高等工科院校实践性很强的专业基础课程,旨在培养学生运用所学理论知识、掌握基本的实验技能,以提高学生理论联系实际的能力、综合实践能力,并将所学知识反馈到实践训练和工程设计中去,进而培养学生的综合和开发创新能力、独立分析和解决实际问题的能力,以适应当前与未来产业的迅猛发展与日益革新的技术需求。

本书是一本为适应电工技术与电子技术实践教学改革的需要,结合了编者多年的教学和实践经验编写而成的实验指导教材,综合了电工学、电路、信号与线性系统分析、电路与电子技术、电子技术基础(模拟部分)、电子技术基础(数字部分)等专业基础课程的实验内容,可用于单独开设实验课程,同时也适合用于与理论课同步进行的实验教学。该教材在基础性、验证性实验的基础上,提供了多个具有设计性、综合性的实验项目,以便形成基本技能、仿真设计和综合应用设计相融合的立体化实践教学体系。

全书共分为7章。具体内容如下：

第1章为基础知识,主要介绍了电工、电子实验过程中各个环节需要了解的诸多事项、仪器设备使用前的通用选用标准和注意事项、实验数据的测量方法与数据记录过程中的注意事项、实验数据误差及其处理方法、实验故障产生的原因及其检查方法等内容。

第2章为常用电工、电子实验仪器设备简介,主要介绍了实验过程中经常使用到的十二种仪器设备的原理及组成、面板、使用说明和技术参数等,例如直流稳压电源、函数信号发生器和示波器等等。

第3章为电工、电路与信号系统实验,主要涉及基本的电路定律、定理的验证,典型电路或模型的参数测定与研究等,对应电工学、电路与信号系统等专业基础课程。共有二十个实验项目,每个实验包括实验目的、实验仪器与设备、实验原理、实验内容与步骤、注意事项、实验报告、思考题,共计七个部分,信号系统实验增加了注意事项部分，且次序稍有变化。

第4章为模拟电子技术实验，主要涉及典型信号、基本电子元器件的参数的测量，典型电路或模型的参数测定与研究等，对应电子技术基础（模拟部分）专业基础课程，共计十个实验项目，每个实验包括实验目的、实验仪器与设备、实验原理、实验内容与步骤、预习要求、实验报告、思考题，共计七个部分。

第5章为数字电子技术实验，主要涉及门电路的参数测量、功能测试、逻辑变换、设计和应用，以及典型集成电路的功能及应用。对应电子技术基础（数字部分）专业基础课程，共计十个实验项目，每个实验项目包括实验目的、实验原理、实验内容、预习要求、实验报告、实验设备、思考题等七个部分。

第6章为电子电路仿真及设计，主要介绍了Multisim14仿真设计软件的基本操作方法；另重点详述了十一个典型的仿真及设计实验实例，内容覆盖了电工学、电路与信号系统、电子技术基础（模拟部分）、电子技术基础（数字部分）等多门专业基础课程。

第7章为综合设计性实验，详述了四种基本单元电路的组成及工作原理，并以此为基础从简述、设计任务与要求、设计思路和电路设计四个方面介绍了直流稳压电源、交流信号源、函数信号发生器、数字钟、交通信号灯、抢答器控制器、数据采集、温度测量、相位计等九种典型电路的设计实例。

参加本书编写的有许志华、孙宏国、姚志树、梁艳。具体分工为：许志华编写了第1章、第3章、第4章、第6章，姚志树编写了第5章，孙宏国编写了第7章，许志华和梁艳共同编写了第2章。本书得到了盐城工学院教材出版基金的资助。全书由许志华组织编写并负责统稿。孙宏国教授审阅了全稿。

本书在编写的过程中，参阅、借鉴了国内外相关单位及高等院校的有关资料，在此对这些资料的作者表示诚挚的感谢。同时，也要特别感谢多位学生、老师，感谢他们在本书的编写过程中提出的宝贵意见和建议，以及提供的帮助。

由于编者的水平有限，书中难免有错误和不妥之处，恳请广大读者给予批评指正。

编 者

2024年12月于盐城工学院

目 录

1　1　基础知识
1　　1.1　实验各环节事项
3　　1.2　仪器设备的选用
4　　1.3　数据的测量与记录
11　　1.4　数据的处理
15　　1.5　实验故障及检查

17　2　常用电工、电子实验仪器设备简介
17　　2.1　功率表
18　　2.2　晶体管特性图示仪
21　　2.3　万用表
24　　2.4　直流稳压电源
26　　2.5　函数信号发生器
31　　2.6　示波器
37　　2.7　交流毫伏表
40　　2.8　逻辑笔
42　　2.9　电工技术实验装置
46　　2.10　信号与系统实验系统
49　　2.11　模拟电子技术实验系统
51　　2.12　数字电子技术实验系统

54　3　电工、电路与信号系统实验
54　　3.1(实验1)　电路基本元件的伏安特性测定
56　　3.2(实验2)　基尔霍夫定律
59　　3.3(实验3)　叠加定理

· 1 ·

60	3.4(实验4)	戴维南定理和诺顿定理
63	3.5(实验5)	CCVS 及 VCCS 受控源的研究
66	3.6(实验6)	三表法测量交流电路等效阻抗
68	3.7(实验7)	日光灯电路功率因数的提高
71	3.8(实验8)	互感电路
75	3.9(实验9)	RLC 串联谐振
78	3.10(实验10)	三相交流电路电压、电流的测量
81	3.11(实验11)	三相电路电功率的测量
84	3.12(实验12)	线性无源二端网络的研究
87	3.13(实验13)	一阶电路的方波响应
90	3.14(实验14)	运算放大器的特性与应用
92	3.15(实验15)	回转器的应用
94	3.16(实验16)	50 Hz 非正弦周期信号的分解与合成
97	3.17(实验17)	无源和有源滤波器
100	3.18(实验18)	二阶网络函数的模拟
103	3.19(实验19)	抽样定理
106	3.20(实验20)	二阶网络状态轨迹的显示

110　4　模拟电子技术实验

110	4.1(实验1)	电子学认识实验
113	4.2(实验2)	晶体管的特性及主要参数的测试
116	4.3(实验3)	共射极单管放大电路
119	4.4(实验4)	两级阻容耦合放大电路
121	4.5(实验5)	场效应管放大电路
125	4.6(实验6)	负反馈放大电路
127	4.7(实验7)	差动放大电路
129	4.8(实验8)	RC 正弦波振荡器
131	4.9(实验9)	信号处理电路
133	4.10(实验10)	整流、滤波、稳压电路

135　5　数字电子技术实验

135	5.1(实验1)	TTL 与非门参数测试
138	5.2(实验2)	集成门电路逻辑功能测试及逻辑变换
140	5.3(实验3)	OC 门和三态门的应用

144	5.4(实验4) 组合逻辑电路的设计
147	5.5(实验5) 译码器和编码器
152	5.6(实验6) 半加器、全加器及数据选择器、分配器
157	5.7(实验7) 触发器
162	5.8(实验8) 计数器及其应用
167	5.9(实验9) 寄存器、移位寄存器及其应用
173	5.10(实验10) D/A 和 A/D 转换

178 6 电子电路仿真及设计

178	6.1 Multisim 14 基本操作指南
178	6.1.1 Multisim 14 简介
178	6.1.2 Multisim 14 的基本界面
187	6.1.3 Multisim 14 电路的创建
197	6.1.4 Multisim 14 常用仪器仪表的使用
208	6.2 Multisim 14 仿真及设计实验实例
208	6.2.1 RLC 串联谐振
211	6.2.2 一阶、二阶电路的暂态响应
216	6.2.3 有源滤波器
221	6.2.4 二阶网络函数的模拟
224	6.2.5 共发射极放大电路
230	6.2.6 差动放大电路
234	6.2.7 函数信号发生器的设计
237	6.2.8 OTL 功率放大器
240	6.2.9 译码器及其应用
243	6.2.10 555 定时器的应用
247	6.2.11 集成计数器的应用

250 7 综合设计性实验

250	7.1 基本单元电路设计
265	7.2 直流稳压电源的设计
268	7.3 模拟三相交流信号源的设计
270	7.4 函数信号发生器的设计
273	7.5 数字钟设计
277	7.6 交通信号灯

281	7.7	多组竞赛抢答器的设计
284	7.8	节日彩灯控制器的设计
286	7.9	数据采集系统
288	7.10	温度测量仪
292	7.11	低频相位计的设计

296　主要参考文献

1 基础知识

在高等院校理工科等各类专业学生的培养过程中,在老师的指导下,按照教学计划和目标,组织学生在一定的条件下观察和研究客观事物的本质和规律,以传授知识、培养能力、提高素质为目的,让学生学会运用实验手段独立完成实验,综合运用所学知识和技能,进行自主实验操作,系统分析、比较、归纳等活动是全面推进素质教育、培养创新人才的重要组成部分。

实验是人们根据一定的目的要求,运用一定的手段,突破客观条件的限制,在人为控制、干预或模拟条件下,观察、探索客观事物的本质和规律的一种科技创造方法。高等院校培养的大学生既要有坚实的理论基础,又要有过硬的实践操作能力,还要具有一定的实验研究能力、分析计算能力、总结归纳能力和解决各种实际问题的能力。开设实验课并让学生做好必要的实验,是学好理论课程的重要教学辅助环节。

1.1 实验各环节事项

1) 实验准备

上课前,要做好实验前的各项准备工作,其中实验预习是关键,直接关系到实验能否顺利进行、实验质量和效率如何等。

(1) 验证性实验预习

① 浏览实验指导书对应章节,复习本次实验内容所涉理论知识,了解实验目的,熟悉实验原理、实验内容与步骤等。

② 根据实验内容部分所给出的电路图等信息,进行必要的理论计算。

③ 仔细阅读本次实验所用仪器设备的使用说明,熟记操作要点。

④ 熟练掌握操作步骤和测量方法。

⑤ 熟悉测试内容的表格或图框、需测试和记录的数据。

(2) 设计性实验预习

对于设计实验,除了进行以上基本步骤外,还应在实验预习中完成以下内容:

① 根据题目要求,设计或选用实验电路和测试电路。设计电路时,计算要正确,步骤要明确,画出的电路要整洁,元器件符号要标准化,数值要符合系列标准。

② 列出本次实验所选用元器件、仪器、仪表和器材的详细清单。

③ 拟定详细实验步骤,包括实验电路的调试和测试步骤,设计实验数据记录表格。

2) 实验操作

进入实验室,在实验课堂上,需关注以下注意事项:

(1) 实验开始前

① 实验指导老师在实验前检查学生的预习情况,不合格者不准参加实验。

② 由实验指导老师讲授本次实验的内容、步骤及注意事项。

③ 学生到指定的实验台(桌)上核对所需仪器及辅助设备是否齐全,性能是否良好,发现有损坏或不齐全时应及时报告。

④ 学生要了解电源配制情况,了解仪器设备的规格及使用方法。

(2) 接线原则

按实验电路图连接实验线路。

① 接线要整齐清楚,尽量避免交叉。

② 要便于操作与读取数据。

③ 接线时应先接主要回路,然后接上其他支路(先串联后并联,实验中需改接线或实验完毕都应先断开电源,然后改接或拆除线路)。

④ 接线要牢固,每个接线柱上不要超过两根连接导线。

⑤ 巧用导线的颜色。为便于检查,可用不同颜色的导线来区分：电源正极用红色导线,负极用蓝色导线,接地线用黑色导线等。

(3) 实验进行时

① 接通电源前,学生必须首先检查所接线路是否正确,然后经指导老师检查认可后方可接通电源。

② 进行实验操作,观察实验现象,记录实验数据,并将测量数据交老师审阅,发现错误及时重做。

③ 实验中要改接线路时,必须在断开电源后进行;线路改接好后,也应严格检查方可接通电源。

④ 发现异常气味或危险现象等不正常的情况时必须立即断开电源,保持原状,并报告指导老师处理,不得私自调换或改接线路。只有在找出并排除故障后,方可继续进行实验。

⑤ 测量数据和调整仪器时要注意人身安全和设备的安全,对市电进行操作时,要特别小心,以免发生触电事故。

(4) 实验结束后

① 实验完毕后断开电源,实验设备经指导老师检查清点后方可拆线并做好仪器设备、实验台(桌)和环境的清理工作。

② 实验原始记录必须经指导老师签字。

③ 认真填写《仪器设备使用情况记载簿》,并经指导老师签字认可。

3) 实验总结

实验报告是对本次实验课的全面总结,要对实验目的、实验仪器与设备、实验原理、实验内容与步骤、注意事项、原始数据及数据处理、思考题等方面进行明确的叙述。

(1) 实验报告必须用规定的实验报告册书写,一般情况下,必须完成前一个实验报告,方可做下一个实验。

(2) 实验报告必须整洁,除画图表可用铅笔外,一律用钢笔、签字笔或圆珠笔书写,不得用红笔。

(3) 实验报告应包括下列各项内容：

① 预习报告。
② 实验目的和要求。
③ 实验所用仪器或器材(需写明名称、规格、编号)。
④ 实验电路图(要用直尺和其他工具作图,特别要注意交接点的圆点)。
⑤ 实验的具体步骤、实验原始数据及实验过程的详细情况记录,实验结果的数据记录表格以及实验数据的处理过程(必须注明实验条件,数据要注明量程和单位)。
⑥ 波形的绘制:必须注明坐标及时间的对应关系和波形的名称。
⑦ 曲线的制作:必须注明函数关系及实验条件,坐标轴应注明单位,尤其是对数坐标要取正确,如一个图上同时要画几条曲线时,应分别指明相应的坐标,曲线应尽量布满全图,不要过大或过小,并且要用曲线板画工整。
⑧ 实验结果的必要分析和问题的讨论必须引用实验中所得的数据与观察到的现象来说明,切勿不用具体数据而空谈理论。
⑨ 回答实验思考题。
⑩ 实验报告不符合要求的要退回修改或重做,并限时完成。

1.2 仪器设备的选用

1) 仪器设备的选择

根据功能的不同,可将仪器设备分为供给量仪器和测量仪器,一般常见的直流稳压电源、函数信号发生器等属于供给量仪器;常见的电压表、毫伏表等属于测量仪器。

测量仪器是指将被测量转换成可供直接观察或记录量值的装置。电工电子类实验常用的测量仪器一般可分为电工测量仪表和电子测量仪表两大类。电工测量仪表一般是指应用电和磁的基本规律而制作的用于测量基本电、磁量(如电压、电流、磁通等)的测量仪器,电工测量仪表分为只读式和较量式两类;电子测量仪表一般是用各种电子元器件为核心而制成的测量仪器,与电工测量仪器相比,电子测量仪器可测量的电参数的种类更多,可测量的幅度范围更大,可测量的频率范围更广,可测量的波形更多样,测量的准确度更高。

实验前,应根据实验内容,正确、合理选用仪器设备,可根据以下四点来选择:

(1) 类型

应根据被测量的性质及测量对象的数值特点选择仪器的类型。例如,交流电量的测量应选用交流仪表,而不能选取直流仪表。

(2) 等级

等级指仪器设备的准确度,一般可分为 0.1、0.2、0.5、1.0、1.5、2.5 和 5.0,共 7 级。其中 0.1~0.2 级常用作标准表或用于精确测量;0.5~1.5 级仪表常用于实验室一般测量;2.5~5.0 级仪表常用作安装仪表或用于工业测量。

(3) 量程

量程指测量仪表的可选择的量程范围。测量过程中,如果量程选用太大,则测量结果误差会很大；如果量程选用过小，则一旦发生超限测量，会产生打表或烧表等情况。工程测量中，量程一般应选为待测量最大估计值的1.2～1.5倍。如果不清楚待测量的大小，则先选用最大量程，后逐渐切换到合适量程。对于指针式测量仪表，其指示值应尽可能不低于满量程时的1/2，尽量大于满量程刻度的2/3，一般指针偏转越大，读数越准确，如万用表的电压和电流的测量。但万用表欧姆挡测量时，尽可能使指针偏转于该挡欧姆中心值的附近。功率表量程范围的选择，则需要注意其直接测量的电压值和电流值的大小，再选用合适的电压和电流量程。

（4）内阻

内阻指仪器设备的内阻。理想状态下，直流电压源的内阻为零，直流电流源的内阻为无穷大。但对信号发生器等其他电源设备必须考虑其内阻，在使用有内阻的电源设备时，负载如需获得最大功率，必须考虑阻抗匹配。

2）仪器设备的使用

① 在使用仪器设备之前，需要仔细研读使用说明书，对仪器设备的类型、等级、量程等需要作进一步的了解，应掌握面板上的各种操作键的功能和使用方法。

② 设备的布局要合理，以保证实验的安全、便捷，防止相互影响。

③ 仪器设备的开关及其余操作键需调至待用状态。

④ 接线时，需从电源开始，先接主回路，再接支路；导线长短应合适，能用短线就不用长线，也应避免导线之间相互缠绕；选用导线时，尽量分色，注意不同颜色导线之间的搭配，以便于检查；同一接线柱上不宜超过两根接线；接好导线后，需要复查，排除连接错误。

3）安全用电

① 接通电源之前，需要检查直流电源、交流电源及函数信号发生器的调节旋钮，以保证其输出处于零值状态。

② 接通电源时，实验指导老师先接通实验室的总开关，然后由实验操作人员打开某个仪器设备的总开关，最后打开该设备需使用的电源、电表的开关。实验结束时，断电的顺序应与接通电源时的顺序相反。

③ 接通电源之后，根据实验需要，需调节或慢慢增加电源的输出，应关注电源的显示以及和电源所接测量仪表显示等，注意有无声响、散发刺鼻气体等异常情况发生，如有，须及时切断电源，排查故障发生的原因。

④ 尽管实验室用电有安全措施，但仪器设备的使用没有绝对的安全，这是因为意外的发生和多种因素（电压、电流、频率的大小，仪器设备个体差异，不当操作等）有关。所以，实验时，实验人员需注意人身安全，切记不能带电连接、更改或拆除线路，操作时人体也不能接触实验设备和器材的带电部分。

1.3 数据的测量与记录

测量是人类对客观事物取得数量观念的过程。为获取各种有关信息而在测量中采用的一系列方法及手段统称为测量技术。电子电路中的电参数形式多样，测量的仪器设备种类繁多,测量方法也不尽相同。

1) 测量方法

从获取测量结果的过程来分类,测量方法可分为直接测量、间接测量和组合测量三种。

(1) 直接测量

直接测量指按照实验要求,用测量仪器对被测量进行直接测量。例如,用电压表测量某元器件两端的电压,通过电压表直接读取元器件两端的电压值。

(2) 间接测量

间接测量指通过直接测量法得到直接测量值,再依据直接测量值与被测量之间的函数关系,求取被测量。例如,通过直流伏安法求取某一线性电阻的阻值。

(3) 组合测量

组合测量指组合了直接测量和间接测量方法进行的测量。

2) 测量对象

电工电子类实验中所要测量的基本电参数包括以下几类:

① 与电能有关的电参数:电压、电流、功率。

② 电路参数:电阻、电感、电容、品质因数等。

③ 电信号的特性:波形、周期、频率、相位等。

④ 电路的特性:频率特性、暂态特性等。

3) 常用电参数及单位

在测量或计算的过程中,经常涉及到变换后的电参数及其单位。目前,我国均采用国际单位制。现把常用电参数及所涉单位统计于表 1.1 中,如下所示。

表 1.1 常用电参数及其单位

序号	电参数	单位名称	SI 单位	
			中文	符号
1	电压	伏特	伏	V
2	电流	安培	安	A
3	功率	瓦特	瓦	W
4	电阻	欧姆	欧	Ω
5	电感	亨利	亨	H
6	电容	法拉	法	F
7	频率	赫兹	赫	Hz
8	周期	秒	秒	s

实际使用时,有些电参数的标准单位并不是常用单位,如电容的单位 F 与 μF。现将单位换算过程中所涉换算倍率的 SI 词头统计于表 1.2 中,如下所示。

表 1.2 SI 词头

序号	词冠	名称		倍率
		中文	符号	
1	吉咖(giga)	吉	G	$\times 10^9$
2	兆(mega)	兆	M	$\times 10^6$
3	千(kilo)	千	k	$\times 10^3$
4	毫(milli)	毫	m	$\times 10^{-3}$
5	微(micro)	微	μ	$\times 10^{-6}$
6	纳诺(nano)	纳	n	$\times 10^{-9}$
7	皮可(pico)	皮	p	$\times 10^{-12}$

4) 数据(电压、电流)的测量

(1) 电压的测量

电压是电子测量领域中的基本参数之一,有许多电参数,如电压增益、频率特性、电流等都可视为电压的派生量。电路各种工作状态,如饱和、截止等,通常都以电压的形式反映出来。电压的测量是许多电参数测量的基础。

在电子电路中,应根据被测电压的波形、频率、幅度、等效内阻,针对不同的测量对象采用不同的测量方法。如测量精度要求不高,可用示波器或普通万用表测量;若希望测量精度较高,则应根据现有条件,选择合适的测量仪器。

另外,为保证电子测量仪器和设备能正常工作,在电子电路实验中,由信号源、被测电路和测试仪器所构成的测试系统必须具有公共的零电位线,被测电路、测量仪器的接地除了保证人身安全外,还可防止干扰或感应电压窜入测量系统或测量仪器形成相互间的干扰,以及消除人为操作的影响,使测量稳定。如在测量放大器的放大倍数或观察其输入、输出波形关系时,要强调放大器、函数信号发生器、晶体管毫伏表以及示波器实行共地测量,以此来减小测量误差与干扰。

① 交流电压的测量

电子技术实验中,交流电压大致可分为正弦和非正弦交流电压两类,交流电压的大小均可用峰值(或峰-峰值)、平均值、有效值来表征。

a. 峰值 U_P

峰值是交流电压在所观察的时间或一个周期内所能达到的最大值,记为 U_P,如图 1.1 所示。峰值是从参考零电平开始计算的。对于双极性且不对称电压波形,就有正峰值 U_{P+} 和负峰值 U_{P-} 之分。正峰值与负峰值电压差称为峰-峰值 U_{P-P}。常用的量还有振幅 U_m,它是以直流电平 U_0 为参考电平计算的。因此,当电压中包含有直流成分时,U_P 与 U_m 是不相等的,只有纯交流电压的 $U_P = U_m$。

b. 平均值

平均值在数学上的定义为:

$$\overline{U} = \frac{1}{T}\int_0^T u(t)\mathrm{d}t$$

由于在实际测量中,总是将交流电压通过检波器变换成直流电压后再进行测量,因此平均值通常是指检波后的平均值。根据检波器的不同平均值又可分为全波平均值和半波平均值,一般不加特别说明时,平均值都是指全波平均值,即:

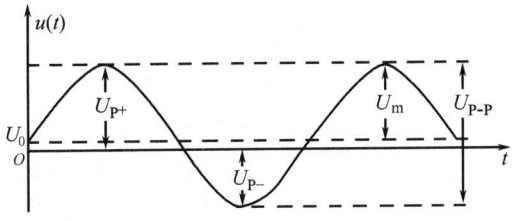

图 1.1 交流电压的峰值与幅度

$$\overline{U} = \frac{1}{T}\int_0^T |u(t)|\mathrm{d}t$$

c. 有效值 U

一个交流电压和一个直流电压分别加在同一电阻上,若它们产生的功率相等,则交流电压的有效值 U 等于该直流电压值,即

$$U = \sqrt{\frac{1}{T}\int_0^T u^2(t)\mathrm{d}t}$$

作为交流电压的一个参数,有效值比峰值、平均值用得更为普遍,当不特别指明时,交流电压的量值均指有效值,各类交流电压表的示值,除特殊情况外,都是按正弦波的有效值来刻度的。几种典型交流电压的波形参数如表 1.3 所示。

表 1.3 几种典型交流电压的波形参数

序号	名称	波形图	波形系数 K_F	波峰系数 K_P	有效值	平均值
1	正弦波		1.11	1.414	$\dfrac{U_P}{\sqrt{2}}$	$\dfrac{2}{\pi}U_P$
2	半波整流		1.57	2	$\dfrac{U_P}{2}$	$\dfrac{1}{\pi}U_P$
3	全波整流		1.11	1.414	$\dfrac{U_P}{\sqrt{2}}$	$\dfrac{2}{\pi}U_P$
4	三角波		1.15	1.73	$\dfrac{U_P}{\sqrt{3}}$	$\dfrac{U_P}{2}$
5	锯齿波		1.15	1.73	$\dfrac{U_P}{\sqrt{3}}$	$\dfrac{U_P}{2}$
6	方波		1	1	U_P	U_P

② 正弦交流电压的测量

实验中对正弦交流电压的测量，一般测量其有效值，特殊情况下才测量峰值。

a. 模拟式万用表测量交流电压

模拟式万用表测量交流电压的频率范围较小，一般只能测量频率在 1 kHz 以下的交流电压。它的优点是：由于模拟式万用表的公共端与外壳绝缘胶木无关，与被测电路无共同机壳接地（即接地），因此，可以用它直接测量两点之间的交流电压。

b. 数字式万用表测量交流电压

数字式万用表的交流电压挡，是将交流电压检波后得到的直流电压，通过 A/D 变换器变换成数字量，然后用计数器计数，以十进制显示被测电压值。与模拟式万用表交流电压挡相比，数字式万用表的交流电压挡输入阻抗高，对被测电路的影响小，但它同样存在测量频率范围小的缺点。

c. 模拟式电子电压表测量交流电压

实验室中常用的晶体管毫伏表就是模拟式电子电压表的一种，这类电压表的输入阻抗高，量程范围广，使用频率范围宽。一般模拟式电子电压表的金属机壳为接地端，另一端为被测信号输入端。因此，这种表一般只能测量电路中各点对地的交流电压，不能直接测量任意两点间的电压，实验中应特别注意。

通常，模拟式电子电压表的表盘都是按正弦波的有效值刻度的，所以，用它测量正弦波形的电压时，可以由表盘直接读取电压有效值。但若用它测量非正弦电压，则不能直接读数，需根据表内检波器的检波方式和被测波形的性质将读数乘上一个换算系数，才能得到被测非正弦波的电压有效值。

d. 示波器测量交流电压

用示波器法测量交流电压与电压表法相比具有如下优点：

● 速度快：被测电压的波形可以立即显示在屏幕上。

● 能测量各种波形的电压：电压表一般只能测量失真很小的正弦电压，而示波器不但能测量失真很大的正弦电压，还能测量脉冲电压等。

● 能测量瞬时电压：示波器具有很小的惰性，因此它不但能测量周期信号峰值，还能观测信号幅度的变化情况，它甚至能够测量单次出现的信号电压。此外，它还能测量信号的瞬时电压和波形上任意两点间的电压差。

● 能同时测量直流电压和交流电压：在一次测量过程中，电压表一般不能同时测量出被测电压的直流分量和交流分量。示波器能方便地实现这一点。

用示波器测量电压主要缺点是误差较大，一般达 5%～10%。现代数字直读式示波器由于采用了先进的数字技术，电压测量误差可减小到 1%以下。

③ 非正弦交流电压的测量

电子技术实验中，一般用得最多的非正弦交流电是三角波、矩齿波、脉冲和方波等。根据这几种波形的特点，直接测量其有效值有难度，一般先测出示值后再进行换算。

a. 用电压表测量

先用电压表测出其波形的示值 U_a（由于电压表的示值都是按正弦波的有效值刻度的，

所以此时的示值并不是待测量波形的有效值),再根据示值 U_a 与平均值、有效值 U 之间的转换关系,换算出该波形的有效值 U。

例如:某三角波的测量示值 $U_a=10$ V,换算方法为先换算成正弦波的平均值:
$$\overline{U}=U_a/K_F=10/1.11=9.0 \text{ V} \quad (\text{正弦波 } K_F=1.11)$$
此值即为待测波的电压平均值,然后用该波的波形系数 K_F 换算成有效值:
$$U=\overline{U}\times K_F=9.0\times 1.15=10.35 \text{ V} \quad (\text{三角波 } K_F=1.15)$$
所以,该三角波的有效值为 10.35 V。

b. 用示波器测量

用示波器可以方便地测出振荡电路、函数信号发生器或其他电子设备输出的非正弦交流电压的峰值。测得峰值后,再换算出该波形的有效值 U 即可。

(2) 电流的测量

在电子测量领域中,电流也是基本参数之一。如静态工作点、电流增益、功率等的测量,许多实验的调试、电路参数的测量,也都离不开对电流的测量。因此,电流的测量也是电参数测量的基础。

电流可分为两类:直流电流和交流电流。测量方法有两种:直接测量和间接测量。直接测量法是将电流表串联在被测支路中进行测量,电流表的示数即为测量结果。间接测量法利用欧姆定律,通过测量电阻两端的电压来换算出被测电流值。一般电流表的内阻越小,对测量结果影响就越小,反之越大。因此,实验过程中应根据具体情况,选择合理的测量方法和合适的测量仪器。

① 直流电流的测量

a. 用模拟式万用表测量直流电流:模拟式万用表的电流挡的内阻随量程的大小而不同,量程越大,内阻越小。用模拟式万用表测量直流电流时是将万用表串联在被测电路中的,因此表的内阻可能影响电路的工作状态,使测量结果出错,也可能由于量程选用不当而烧坏万用表,使用时一定要注意。

b. 用数字式万用表测量直流电流:数字式万用表直流电流挡的基础是数字式电压表,它通过电流电压转换电路,使被测电流流过标准电阻,将电流转换成电压来进行测量。数字式万用表的直流电流挡的量程切换是通过切换不同的取样电阻来实现的。量程越小,取样电阻越大,当数字式万用表串联在被测电路中时,取样电阻的阻值会对被测电路的工作状态产生一定的影响,在使用时应注意。

c. 间接测量法测量直流电流:电流的直接测量法要求断开回路后再将电流表串联接入,这往往比较麻烦,容易被疏忽而造成测量仪表的损坏。当被测支路内有一个定值电阻 R 可以利用时,则可以测量该电阻两端的直流电压 U,然后根据欧姆定律算出被测电流:$I=U/R$。这个电阻 R 一般称为电流取样电阻。

② 交流电流的测量

按电路工作频率,交流电流可分为低频、高频和超高频电流。在超高频段,电路或元件受分布参数的影响,电流分布是不均匀的,因此,无法用电流表来直接测量各处的电流值。只有在低频(45~500 Hz)电流的测量中,可以将交流电流表或具有交流电流测量挡的普通万用表或数字万用表,串联在被测电路中进行交流电流的直接测量。而一般交流电流的测量都采用间接测量法,即先用交流电压表测出电压后,再用欧姆定律换算成电流。

5) 数据的记录

数据的读取与记录作为实验过程中至关重要的一环,决定着后期数据处理的原始数据的准确性,"数据"在仪器设备上呈现的方式可分为数字显示、指针指示和波形呈现。

(1) 数字显示

随着仪器设备的更新换代,获取数据的方式变得更加直接,数字显示作为很多测量仪表的"标配",是通过十进制的数字直接将数据显示出来,无需换算。在电工电子类实验中,电工实验装置中配备的电压表、电流表和功率表都配有数显,实验时十分方便。但在读取数据时,量程范围的选择至关重要,例如,直流电压表配有 2 V、20 V、200 V 的量程,当测量真值为 1.8 V 的电压时,用不同量程显示的数据为(量程/显示数据/有效数字位数):2/1.780/4、20/01.78/3、200/001.8/2。一般选用量程时,最合适的量程为大于且最贴近于待测量,通过比较可知,2/1.780/4 为最合适的选项,使用其余量程都会损失有效数字,易扩大误差。

(2) 指针指示

与数字式测量仪表不同,通过指针式测量仪表获取的数据,需要经过指针指示、再换算后,才可以得到最终的数据。

比如在"共射极单管放大电路"实验中,需要用到指针式万用表 MF-47,测量静态工作点 U_{CE} 时,需要调节万用表的挡位旋钮到直流电压挡至量程 $X=10$ V,调节电路中的电位器 R_{P2},最终将其调至合适的静态工作点,即得到 $U_{CE}=6$ V。这一过程中数据的获取涉及三个步骤:

① 确定指针读数:指针在变化的过程中,逐渐到达 6.0 DIV(格)。

② 确定仪表常数:在指针式仪表的标尺上每分格所代表的被测量的大小称为仪表常数 C,其与量程 X 及标尺的满刻度格数 A 的关系为:$C=X/A=10/10=1$ V/DIV。

③ 代入换算:被测数据=指针读数×仪表常数,所以 $U_{CE}=6.0$ DIV×1 V/DIV=6.0 V。

(3) 波形呈现

示波器是电工电子类实验中常用的测量仪器,一般用于波形的各种参数的测量。在"一阶电路的方波响应"实验中,需要记录"零状态响应和零输入响应"的波形,以求取实验参数 τ。如需把示波器屏幕上的波形近乎完全地"重现"于坐标纸上,一般需要经过以下步骤:

① 操作示波器上的相关功能键,使得波形的幅值、周期及波形起点处于合适的位置。一般横向显示 1 个多周期,最多不超过 2 个周期;纵向尽可能大地显示出波形的波峰和波谷,波谷以最下方一条线为基准线或波形纵向的一半为基准线;起点最好是幅值为 0、前半周期幅值为正、后半周期幅值为负时开始。

② 在坐标纸上用标尺标出坐标原点、横纵坐标的单位,再在坐标中标出波形变化的关键点及其坐标值。关键点为原点、波形变化的转折点、波形与坐标的交点、波峰波谷的位置点等。

③ 将关键点用光滑无突变的线连续地描绘出来,形成一个完整的波形图。如同时描绘多个波形,则需要注意波形的起始位置、相位、幅值、周期的关系。

1.4 数据的处理

人们在科学实验与生产实践的过程中,为了获取被研究实物特征的定量信息,必须准确地进行测量。采用合理的实验方法,运用先进的仪器设备,以获取更加准确的数据。然而,除合理的方法和先进的测量工具外,我们还可以对数据进行合理的处理,计算误差,找到误差产生的原因,进而加以改进、优化,从而得到更加准确的测量结果。

1) 测量误差的定义

被测量的真实数值称为真值,测量结果与真值之间的偏差称为测量误差,测量误差分为绝对误差和相对误差。

(1) 绝对误差

测量仪器的测量值 x 与被测量的真值 A_0 之间的偏差称为绝对误差 Δx。

$$\Delta x = x - A_0$$

被测量的真值是一个理想的数值,实际中一般无法准确获得,为解决实际中的计算问题,将以下介绍的几种值作为真值使用。

① 理论真值,即从理论推导得到的一个值。例如等边三角形的一个角为 60°。

② 约定真值,指计量学方面的基准或标准。

③ 实际值,指由更高一级标准的测量仪器所测得的值,假设这个值为 A,$A_0 \neq A$。

$$\Delta x = x - A$$

绝对误差 Δx 是一个具有大小、符号和单位的值,反映的是测量结果与真值的偏差程度,但不能反映测量的准确程度。

(2) 相对误差

工程中常采用相对误差衡量测量结果的准确程度,相对误差是采用百分数的形式表示误差的大小,用绝对误差 Δx 与被测量的实际值 A 比值的百分数加以表示,一般称为实际相对误差,公式为:

$$\gamma = \frac{\Delta x}{A} \times 100\%$$

示值相对误差 γ_0 是用绝对误差 Δx 与仪器的测量值 x 比值的百分数表示,公式为:

$$\gamma_0 = \frac{\Delta x}{x} \times 100\%$$

满度相对误差 γ_m 是用绝对误差 Δx 与仪器的满刻度值 x_m 比值的百分数表示,公式为:

$$\gamma_m = \frac{\Delta x}{x_m} \times 100\%$$

2) 误差的来源与分类

测量过程中，多种原因导致了误差的产生，因此可依据某些特征及因素对误差进行分类。

(1) 误差的来源

误差的来源有多种，主要来源归纳如下。

① 仪器误差

测量仪器在设计、生产和使用的过程中都会产生误差，如安装不当、刻度不完善等。

② 操作误差

在使用仪器过程中因安装、布置、调节和使用不当而引起的误差。如仪器的放置位置不当、接线太长、阻抗不匹配等。

③ 人员误差

由于操作人员的运动器官、感觉器官、分辨能力和工作习惯所造成的差错而导致的误差。减小这种误差的方法是严格按照技术规程操作，提高操作人员实验技巧和分析能力。

④ 环境误差

不符合测量条件的环境引起的误差。如温度、湿度、气压、声光、振动、电磁场等不合格的环境。

⑤ 方法误差

由于测试方法不完善，实验条件不完全符合理论公式所要求的条件或将复杂的公式作近似、简化处理等情况而引起的误差。例如测量过程中，忽略电源、电表的内阻而将电压值和电流值直接加以计算；忽略实际电容、电感含有串联损耗电阻而直接进行计算。

(2) 误差的分类

根据测量误差的特点、性质和产生原因，误差可分为系统误差、随机误差和粗大误差。

① 系统误差

系统误差是指在相同条件下，多次重复测量同一被测量物时，大小和方向都保持不变，或遵循一定的规律而变化的误差。常见的系统误差有恒定误差、变值系统误差（累进性系统误差、周期性系统误差等）。

可通过实验或分析方法找到系统误差的变化规律，采取一定的措施减少或消除系统误差。

② 随机误差

随机误差是指在相同条件下，多次重复测量同一被测量物时，大小和方向均发生变化，并且无确定的变化规律的误差。

可通过数理统计方法分析随机误差，了解其分布特点，可用有限个测量数据估计总体的数字特征。

③ 粗大误差

粗大误差是由于操作人员的错误操作或疏忽等原因引起的，是指明显偏离测量结果的误差，为异常值。

由于仪器不正常或测量人员疏忽而造成的异常值，应当剔除。但由于某些特殊的原因

(电网电压不稳定等)而导致的异常数据,应该进一步加以分析。

3) 测量数据的处理

由实验得到的数据,一般还不能直接得到实验规律或结果,因此必须对这些实验数据进行整理、计算和分析,进而从中找出实验规律,得到实验结论。测量结果通常用数字或图形表示,数据的处理具体为数据之间的处理规则、方法,以及对由数据得到的图形的优化。由实验直接得到的图形,经处理得到参数(不在本书内容范围内)。

(1) 有效数字

由于误差不可避免,所以测量数据总是近似值。通常把测量结果中可靠的数字加上最后一位的欠准数字统称为测量结果的有效数字。以下就有效数字的使用举实例说明。

① 用直流电流表的 20 mA 挡测得的电流值 16.78 mA 中,前面的数字"16.7"称为可靠数字,最后一位数字"8"称为欠准数字,它表明被测量可能在最后一位数字上变化±1 个量,它是估读出来的或是末位进舍的结果,有可能是"7",也有可能是"9"。

② "0"的位置。如果"0"在数字中间或者数字末尾都算是有效数字,如果在开头,则不算有效数字。例如 390、3.90、0.039 0、0.399 都有三位有效数字。例如 16.800 kΩ,前面四位为准确数字,最后一位"0"为欠准数字。但如果改写成 16.8 kΩ,则最后一位"8"为欠准数字,虽然这两种写法表示同一数值,但实际上却反映了不同的测量准确度。所以最后一位数字"0"不能随意增减,应由测量仪器的准确度来决定。

③ 幂的乘积形式。大数值与小数值在保留有效数字位数时也需注意,例如,某色环电阻为 2 700 Ω,为四位有效数字,当需保留三位有效数字时,应记为 2.70×10^3 Ω;某涤纶电容为 0.047 μF,保留两位有效数字为 4.7×10^{-2} μF。

④ 有些常用的数。如 π、e、$\sqrt{2}$、$\frac{1}{3}$ 等,它们在计算过程中可以根据需要而保留相应位数。

⑤ 四舍五入化整规则。对测量数据进行处理时,应遵守规定"小于 5 舍,大于 5 入,等于 5 取偶",例如将四位有效数字修约为三位有效数字,修约过程如下:

16.24 修约为 16.2(遵循小于 5 舍)。

16.26 修约为 16.3(遵循大于 5 入)。

16.25 修约为 16.2(初看遵循大于 5 入,但 5 前面是偶数 2,所以最终 5 被舍去)。

16.15 修约为 16.2(初看遵循大于 5 入,但 5 前面是奇数 1,所以最终 5 被进位)。

⑥ 有效数字的运算法则。

当几个数据相加减时,如有小数,则运算结果的有效数字以小数点后面最少位数的那个数为准,如 $234.1+0.168+3.65=237.92 \approx 237.9$。

当几个数据相乘或相除时,它们的积或商有效数字位数的保留必须以各数据中有效数字位数最少的数据为准,而与小数点位置无关,如 $1.68 \times 36.13=60.698\ 4 \approx 60.70$。

当进行乘方或开方运算时,所得结果的有效数字位数应保留与原数据相同,也可以多保留一位有效数字。

当用对数进行运算时,所取对数的小数点后的位数(不包括整数部分)应与原数据的有效数字的位数相同。

（2）列表法

列表法是将测量的数据填写在经过设计的表格里，便于从中一目了然地得到实验中的结果以及各数据之间的关系。

表格的样式是需要精心设计的，其关键就在于事先分布好测试点，选择的测试点必须能够准确地反映测试量之间的关系，对于某些"突变"的点，需要多测一些数据，以便得到实验结果和发现实验规律。

（3）图示法

图示法是将测试的数据用曲线或者其他图形表示的方法。列表法中的数据准确，但是图示法比数字、公式、文字等的表示形式更加形象、更加直观。绘制曲线时，需注意以下几点：

① 选择合适的坐标系

坐标系一般有直角坐标系、对数坐标系和极坐标系，每种坐标系各有优点，其共同的特点是需能够反映出实验数据之间的关系，使实验结果能得到更加形象的表达。

② 正确标注坐标轴

坐标系里，横坐标一般设定为自变量，纵坐标为因变量。需标注坐标原点、横纵坐标所代表的物理量及其单位，还需要恰当地进行坐标单位长度的选择。

③ 合理选择测试点

一段范围内的数据中的最大值和最小值需尽量测试，曲线变化平缓部分少一些测试点，"突变"部分需要多一些测试点。

④ 分别标明记号

当坐标内有几条曲线，曲线离得比较近或相似或有交叉，此时标注点的记号需要用不同形状的符号加以区分；同时得到的曲线或图形，亦可以用不同的颜色加以区分。

⑤ 曲线修匀

由于测量误差的存在，实验时，有限次的测量所得到的数据只是关系曲线上的一些离散点，如果将这些点直接连接起来，就会得到一条弯弯曲曲的折线，这样的折线往往是错误的，不能准确反映数据之间的关系或规律，此时需要对曲线进行修匀。

所谓曲线修匀，就是对测量过程中所获取的数据点进行的一种图解处理方法。测量的目的不单是获取一个或几个测量数据，而是要在测量数据的基础上得到某些量之间的关系。

对上述不合理的折线进行修匀时，应该尽可能靠近数据点绘制出拟合曲线，使其成为一条连续、光滑、均匀、无斜率突变的曲线，在修匀过程中，如遇到明显脱离大多数测量数据的点，则需要剔除。

除上述折线修匀的方法外，还可以采用分组平均法修匀曲线的方法，该方法简便、可行。即取相邻的两个数据点连线的中点（或者三个数据点连线的几何重心点），再将这些点连接成一条光滑的曲线，由于取中点/重心点的过程就是取平均值的过程，所以在一定程度上减少了随机误差的影响。

1.5 实验故障及检查

本部分内容不包括调试,我们默认在电工、信号系统、模数电实验中用到的实验电路不需要调试,如果经准确操作后,都能得到正确的结果,不存在电路中还需要调试、再优化的问题。

电工、信号与系统部分的实验,所涉电路简单,如未能得到正常的实验结果,一般为接线有误,电源、仪表不会使用,电路、电源、电表有损坏等情况。具体的故障排查请参考电子电路中的故障排查方法。

1) 故障现象

① 静态调试时,无直流电压或者电压数值不对。

② 输出端测不到对应的波形,波形不稳定或者波形异常。

③ 振荡电路不产生振荡。

④ 搭接的逻辑电路,无正常结果输出。

以上为常见的一些故障现象,此外还有很多各种各样的情况,这里就不一一列举了。

2) 故障原因

故障产生的原因有多种,情况也比较复杂,有时候是一种原因导致了故障的发生,有时候是多种原因共同作用而引起的复杂故障,现做如下简单归纳:

① 电子电路中涉及众多的元器件,例如电阻、电容、电感、二极管、三极管,每种类型的元器件还可细分为多种型号等,如电路中产生故障就有可能和某些元器件的损坏、短路、断路等情况有关,如果涉及可调元器件,例如可变电阻、可调电容等,那么牵涉的问题就会更多。

② 仪器使用不当产生的故障,例如示波器的探头线使用不当,导致短路等情况发生,进而导致输出端波形异常或无信号。

③ 各种干扰引起的故障。

3) 故障检查方法

遇到故障不一定是坏事,在实验中排除故障是一种锻炼,将有助于实验技能的不断提高。故障的发生有时无法避免,一旦发生,需要有一些行之有效的检查方法。

(1) 电阻检测法

用万用表的电阻挡或通断挡测量疑似故障点的元器件的阻值或 PN 结的通断,将测量值与参考值进行对比,从而发现存在故障的元器件。

电阻检测法主要针对电阻、电感、二极管、三极管等元器件。

在使用电阻检测法时,不能在电路系统通电的状态下进行任何测量,同时必须把元器件从电路中独立出来(例如两个引脚的电阻,拆下其中一个引脚即可测量),否则无法消除与被测器件并联支路的影响。如果非得在线测量,那也是粗略估计,准确度不高。

(2) 电压测量法

用万用表的电压挡位测量电路中关键点的电压值,并与参考值相对比,以判断故障源。

电压检测法无需拆焊元器件引脚。

直流电压：可用万用表的直流电压挡测量电源电压、静态工作点、集成电路引脚的电压值。

交流电压：可用万用表的交流电压挡或者晶体管毫伏表测量电路系统中的输入、输出信号。

（3）电流检测法

电流检测法是将电流表或万用表调节到电流挡后串联接入到某一电路中，测到对应的电流并将它与参考电流进行比较，从而判断某一电路有无故障。

一般针对的故障类型包括：电流支路存在短路或过载引起工作电流显著增大、大电流引起保险丝熔断、大功率器件损坏、元器件插装方向错误等。

（4）波形检测法

电阻、电压、电流检测法一般用于电路系统的静态测试，如果需要观察电路中的动态工作情况，可用波形检测法。

在电路系统输入端加入信号，用示波器观测电路系统中的关键节点的波形形状、幅度、频率等参数，将其与参考值相对比，从而判断电路的工作状态。

（5）短路检查法

又称为交流短路法或电容短路法，是将电路中某部分交流短路后，对比短路前后状态的变化。一般是根据信号流向从前向后进行检查。短路检查法主要用于检查交流状态，如干扰、噪声、自激等故障现象。

（6）开路检查法

开路检查法又称为分割测试法或分段查找法，是将可疑部分从实验电路中断开，通过前后状态对比，分析电路有哪些变化，从而发现问题。开路检查法主要用于检查直流状态，判断电流过大或是否存在短路等故障现象。

（7）替换法

当元器件备件充足时，可用全新、完好的元器件直接替代疑似引起故障的元器件进行测试，如果故障排除，则表明疑似故障器件确实已经损坏；如果故障没有排除，仍需继续查找其余故障点。

电路系统中所有的元器件都可能出现故障，出现故障后，对于电阻、电感、电容、二极管、三极管等可直接进行性能测试以准确判断有无故障。但对于集成块、电路模块等无法直接测试有无故障的元器件而言，应首先排除外围元器件故障，以保证其外围元器件无故障，再对其进行替换测试。

替换法的使用必须有的放矢，绝不能盲目地随意更换元器件，以防由于判断失误，从而引起更大范围内元器件的损坏。

由于硬件成本或占比越来越低，可以把一些功能电路从大的电路系统中独立出来，把它做成一个单独的电路模块，再以一个插件的形式接入电路系统中，这样在维修更换时，直接拆卸原模块，加装新模块就可以了。

随着系统的集成度越来越高，替换法已经成为一种最快速、高效的调试和检测方法。

2 常用电工、电子实验仪器设备简介

仪器设备是人们用来对物质实体及其属性进行观察、测量、验证、记录以及数据传输、变换、显示、分析处理与控制的各种器具与系统的总称。本书介绍了电工、电子实验所涉仪器仪表共计十二种：功率表、晶体管特性图示仪、万用表、直流稳压电源、函数信号发生器、示波器、交流毫伏表、逻辑笔、电工技术实验装置、信号与系统实验系统、模拟电子技术实验系统、数字电子技术实验系统。本章重点介绍了这十二种仪器设备的组成及原理/系统构成与特点、面板/外观、使用说明、技术参数、注意事项等。

2.1 功率表

用于测量功率的电动式仪表，称为电动式功率表。电功率包括有功功率、无功功率和视在功率。未作特殊说明时，功率表一般是指测量有功功率的仪表。

1) 组成及原理

功率表测量部分由电流线圈和电压线圈组成，其中电流线圈为固定线圈，电压线圈为可动线圈。在测量负载功率时，如图 2.1(a) 所示，电流线圈与被测对象串联，此时 $I_1=I$，电压线圈串接一个很大的电阻 R 后与负载 R_L 并联，电流 $I_2=U/R$，即 I_2 与 U 成正比，即 $I_2 \propto U$，且相位相同，所以 I_1 和 I_2 之间的相位差角等于电流 I 和电压 U 之间的相位差角，即 $\varphi=\varphi_{12}$。仪表指针的偏转角 $\alpha \propto I_1 I_2 \varphi_{12} = IU\cos\varphi = P$。

(a) 电压线圈前接　　　　(b) 电压线圈后接

图 2.1　功率表接线图

图 2.2　功率表面板

2) 面板

功率表面板如图 2.2 所示。

3) 使用说明

由电动式仪表的工作原理可知，功率表的转矩方向与两线圈中的电流方向有关，如果其中一个线圈中的电流方向发生改变，转矩方向也会改变。为了防止功率表的指针反偏，在功率表两个线圈对应于电流流进的端钮上，都标注有称为发电机端(也称同名端)的"*"标志。功率表在接线时，应使电流线圈和电压线圈带"*"标志的端钮接到电源同极性的端子上，以保证两线圈的电流都从发电机端流入或流出。这就是功率表接线的"发电机端守则"。按此接线规则，功率表有电压线圈前接和电压线圈后接两种方式，如图 2.1 所示。

尽管电压线圈不论前接还是后接,功率表都能正偏,对于某些负载来说,测量的结果相差较小,这时两种接法均可采用。但对于那些电阻(或阻抗)过大或过小的负载来说,两种接法所得结果相差较大,有时甚至出现与理论相矛盾的结果。所以,需要合理选择电压线圈的前、后接方式。

在电压线圈前接方式中,功率表电流线圈的电流虽然等于负载电流,但功率表电压支路两端电压却等于负载电压与功率表电流线圈的电压之和,在功率表读数中多了电流线圈的功率消耗。这种接线方式适用于负载电阻(或阻抗)远比功率表电流线圈电阻(或阻抗)大的情况,这样才能保证功率表本身的功率消耗对测量结果的影响比较小。

在电压线圈后接方式中,功率表电压支路两端的电压虽然等于负载电压,但电流线圈的电流却等于负载电流与功率表电压线圈支路电流之和,功率表读数中多了电压支路的功率消耗。因此,这种接线适用于负载电阻(或阻抗)远比功率表电压支路电阻(或阻抗)小得多的情况,这样才能保证功率表本身的功率消耗对测量结果的影响比较小。

如果被测负载本身功率较大,可以不考虑功率表本身的功率对测量结果的影响,则两种接法可以任意选择。但最好选用电压线圈前接法,因为功率表中电流线圈的功率一般都小于电压线圈支路的功率。

以上内容为接线规则和接线方式介绍,以下内容为面板使用说明。

(1) 接线柱:电压线圈有两个接线柱,在接线时为并联形式;电流线圈也有两个接线柱,在接线时为串联形式。在四个接线柱中,中间两个接线柱有"*"标志,称为同名端,根据功率表的上述使用规则,这两个接线柱在接线时必须短接在一起。

(2) 量程按钮:电压量程范围按钮有 50 V 和 500 V,电流量程按钮有 0.4 A 和 4 A。选择功率表的量程就是选择功率表中的电压量程和电流量程。使用时应使功率表中的电压量程不低于负载电压,电流量程不小于负载电流,而不能仅从功率量程来考虑。具体可根据预估值或理论计算值提前选择合适的电压量程和电流量程。

(3) 超限指示:当所选的电压或电流量程小于实测电压或电流时,超限指示灯会闪烁以提示超限。

(4) 超限记录:当实测功率大于功率表所选功率时,超限指示灯会闪烁同时鸣叫,并记录超限次数。

(5) 功率显示:测量后的功率会显示在数字显示屏上面,读取后记录单位为 W。

(6) 功率因数指示:正常测量后,通过指针指示功率因数的大小及超前或滞后情况,能直观地反映功率因数的变化过程和趋势。

4) 技术参数

本功率表是以 4 位半 0.05 级高精度数字显示表为基础的、带数据输出接口的新型仪表,具有高过载能力、过载自动报警、消除过载自动恢复工作、自动记录过载次数、读数锁存、过载时仪表指针无任何冲击、电压过载与电流过载分别显示等一系列特点。本功率表可测量有功功率,通过数字表直接显示;也可以测量功率因数,通过模拟指针指示。

2.2 晶体管特性图示仪

晶体管特性图示仪是利用电子扫描的原理,在示波管的荧光屏上直接显示半导体器件特性的仪器。它可以用来直接观测器件的静态特性曲线和参数;用来比较两个同类晶体管的特性,以便挑选配对,更好地发挥晶体管的作用。此外,还可以用它来测试晶体管场、效应管及光电耦合器件的特性与参数等。在实验、教学和工程中,利用晶体管特性图示仪不但可以测量各种半导体特性曲线,而且可以测试电子电路的特性,由于它能够直观、完整、细致地观测电路特性的全貌,因而给电路设计和分析带来很多便捷。

1) 组成及原理

晶体管特性图示仪主要由集电极扫描发生器、基极阶梯发生器、同步脉冲发生器、X 轴电压放大器、Y 轴电流放大器、示波管、电源和各种控制电路等组成。晶体管特性图示仪各组成部分的作用简介如下:

(1) 集电极扫描发生器:产生集电极扫描电压,其波形是正弦半波波形,幅值可以调节,用于形成水平扫描线。

(2) 基极阶梯发生器:产生基极阶梯电流信号,其阶梯的高度可以调节,用于形成多条曲线簇。

(3) 同步脉冲发生器:产生同步脉冲,使扫描发生器和阶梯发生器的信号严格保持同步。

(4) X 轴电压、Y 轴电流放大器:把从被测元件上取出的电压信号(或电流信号)进行放大,达到能驱动显示屏发光之所需,然后将信号送至示波管的相应偏转板上,进而在屏幕上形成扫描曲线。

(5) 示波管:在荧屏上显示被测试的晶体管的特性曲线图像。

(6) 电源和各种控制电路:电源提供整机的能源供给,各种控制电路的作用则是使晶体管特性图示仪便于测试转换和调节。

2) 面板(图 2.3)

YB4812 型晶体管特性图示仪面板如图 2.3 所示。

图 2.3 YB4812 型晶体管特性图示仪面板

3) 使用说明

(1) 电源开关:黑色按钮,按下去打开,对应的电源指示灯亮起,按钮弹开,仪器关闭,对应的电源指示灯熄灭。

(2) 显示屏幕:纵向十大格,每大格分成五小格,横向十大格,左右各拓展了一格,共计十二大格,每大格分成五小格。

(3) 辉度：在通电情况下，顺时针旋动该旋钮时辉度变亮，反之变暗直至消失。

(4) 聚焦：获得最清晰、尖细的光迹。

(5) 光迹旋转：用螺丝刀调节，直到认为光迹和水平格线平行。

(6) 电流/度开关：集电极电流 I_c 从 10 μA/div～0.2 A/div 共 14 挡，用于读测电流的偏转值。

(7) 电流/度×0.1 倍率开关：它是配合 Y 轴衰减开关而用的辅助作用开关。按下"按×0.1"按钮，通过增益扩展 10 倍，以达到改变电流偏转系数倍率的目的。

(8) Y 移位：通过旋转该旋钮可改变被测信号或集电极扫描线在 Y 轴方向上的位置。

(9) 电压/度开关：集电极电压 V_{ce} 从 0.05 V/度～50 V/度共 10 挡，其作用是改变电压偏转灵敏度。基极电压 V_{be} 从 0.05 V/度～0.5 V/度共 4 挡，其作用是改变基极电压偏转灵敏度。

(10) X 移位：通过旋转该旋钮可改变被测信号或集电极扫描线在 X 轴方向上的位置。

(11) 显示极性按钮：通过该按钮使图像在 Ⅰ、Ⅲ 象限内相互转换，便于 NPN/PNP 型三极管的转换测试。根据被测管的需要选择，按钮压下时，呈倒相显示，按钮弹出时，呈正相显示。

(12) 峰值电压范围选择开关：通过此开关对集电极变压器的不同输出电压进行选择，分为 0～50 V(2 A)、0～500 V(50 mA)二挡。当按钮压下时选择 0～500 V(50 mA)；而当按钮弹出时选择 0～50 V(2 A)。

(13) 扫描电压(0～100%)调节旋钮：它是峰值电压百分比调节旋钮。峰值电压范围确定后，通过旋钮可连续调节。面板标值的百分值作为近似值，其准确读数应根据 X 轴偏转系数读测。当峰值电压由低挡改换高挡，必须先通过该旋钮将峰值电压调到零，换挡后再按需逐渐调高电压，否则被测晶体管易击穿。

(14) 集电极输出电压极性选择按钮：是转换集电极(漏极)扫描电压正、负极性的开关。根据被测管的需要选择，按钮压下时，呈"一"极性，按钮弹出时，呈"＋"极性。

(15) 功耗限制电阻旋钮：调节该旋钮可控制集电极电流，从而限制最大功耗，该旋钮对应于不同位置，可改变图示仪特性曲线簇的斜率。

(16) 电容平衡旋钮：由于集电极电流输出端对地有各种杂散电容存在，将形成电容性电流，在电流取样电阻上产生电压降，造成测量上的误差。为了尽量减小电容性电流，测试前应调节电容平衡旋钮，使容性电流减至最小状态。

(17) 极性选择开关：是转换基极(栅极)阶梯电压正、负极性开关。根据被测管的需要选择，按钮压下时呈"一"极性，按钮弹出呈"＋"极性。

(18) 级/簇：调节阶梯信号的级数，在 0～10 级范围内可调。

(19) 调零：未测试前，应首先调整阶梯信号起始级零电位的位置。在"扫描开关"和"级/簇"调零的情况下，将 V_c 开关置于 V_{be} 挡，阶梯开关置于 V 挡，调节阶梯调零电位器，使在按动"阶梯极性"的过程中，屏幕上光点在 X 轴方向不随之跳动为止。

(20) 阶梯信号选择开关：它是一个具有两种作用共 15 挡的开关。其中阶梯电流选择开关是改变注入被测管基极电流值的开关。从 5 μA/级～10 mA/级共有 11 挡,其作用是通过改变开关的挡级,使基极电流按 5 μA/级～10 mA/级所在挡级的电流通过被测半导体管;阶梯电压选择开关是改变置于被测管基极电压值的开关。从 0.05 V/级～0.5 V/级共有 4 挡,其作用是使基极电压按 0.05 V/级～0.5 V/级所在挡级的电压施加于被测半导体管。

(21) 串联电阻:当阶梯信号选择开关置于电压/级的位置时,如果压下该按钮,串联电阻 10 kΩ 将串联在被测管的输入电路中,反之,按一下该按钮使之弹出时,串联电阻为零。

(22) 复位按钮:在测试半导体管过程中,如果被测管正向电流超量程时,本机将自动进入保护状态。此时屏幕上图形消失,并且其右侧的"过载指示灯"亮。此时适当调小阶梯挡级或适当调大 Y 偏转挡级,然后按下前面板上的"复位"按钮,"过载指示灯"熄灭,并且屏幕恢复正常显示。

4) 技术参数

(1) 集电极电流范围:10 μA/div～0.2 A/div,分 14 挡,误差不超过±5%。扩展×10,误差不超过±10%。

(2) 集电极电压范围:0.05 V/div～50 V/div,分 10 挡,误差不超过±5%。

(3) 基极电压范围:0.05 V～0.5 V/div,分 4 挡,误差不超过±5%。

(4) 阶梯电流范围:5 μA/div～10 mA/div,分 11 挡,误差不超过±5%。

(5) 阶梯电压范围:0.05 V～0.5 V,分 4 挡,误差不超过±5%。

(6) 每簇级数:0～10 级连续可调。

(7) 串联电阻:0、10 kΩ,误差不超过±10%。

(8) 峰值电压:0～50 V、0～500 V 连续可调。

(9) 电流容量:2 A(0～50 V);500 mA(0～500 V)。

(10) 功耗限制电阻:约 0～100 kΩ 连续可调。

(11) 容性电流:500 V 时,小于 5 μA。

2.3 万用表

万用表是电工、电子测量中最常用的工具之一,它又称为复用表、繁用表或三用表,是一种能测量多种电量的多量程便携式复用测量仪器。一般的万用表以测量交直流电压、交直流电流、电阻为主,有的万用表还可用来测量音频电平、电容量、电感量和晶体管的直流 β 值等。由于万用表结构简单、使用范围广、便于携带,因此它是调试电路和维修设备的重要工具。

万用表的种类很多,按其读数方式可分为模拟式万用表和数字式万用表两类。模拟式万用表通过指针在表盘上摆动的大小来指示被测量的数值,因此也被称为机械指针式万用表。由于模拟式万用表价格便宜、使用方便、量程多、功能全,因此深受使用者的欢迎。本部分内容以 MF-47 型模拟万用表为例。

1) 组成及原理

万用表在结构上主要由指示部分、测量电路、转换装置三部分组成。万用表的面板上有带有多条标度尺的刻度盘、转换开关旋钮、调零旋钮和表棒插孔等。

万用表是由电压表、电流表和欧姆表等各种测量电路通过转换装置组成的综合性仪表，其基本原理是将一只灵敏的磁电式直流电流表（微安表）作为表头，当微小电流通过表头时，就会有电流指示。但是表头不能通过大电流，所以，必须在表头上并联或串联一些电阻进行分流或降压，以此达到扩程的目的，以测出电路中的电流、电压和电阻等。

2）面板

MF-47 型万用表面板如图 2.4 所示。

图 2.4　MF-47 型万用表面板

3）使用说明

（1）使用前应检查表头指针是否指在机械零位上，如不指在零位时，可旋转表盖上的调零器使指针指示在零位上。

（2）将红黑表棒分别插入"＋""－"插孔中，如选择的量程为交、直流 2 500 V 或直流 5 A 时，红表棒则应分别插入标有"2 500 V"或"5 A"的插孔中。

（3）直流电流的测量：测量 0.05～500 mA 电流时，转动开关至所需电流挡；测量 5 A 电流时，转动开关可放在 500 mA 直流电流量限上，而后将表棒串接于被测电路中。

（4）交、直流电压的测量：测量交流 10～1 000 V 或直流 0.25～1 000 V 电压时，转动开关至所需电压挡。测量交、直流 2 500 V 电压时，转动开关应分别旋转至交流 1 000 V 或直流 1 000 V 位置上，而后将表棒跨接于被测电路两端。

（5）直流电阻的测量：装上电池（1.5 V 二号电池及 9 V 层叠电池各一只），转动开关至所需测量的电阻挡，将红黑表棒两端短接，调整零欧姆调节旋钮，使指针对准欧姆挡"0"位上，再将表棒分开，测量未知电阻的阻值。如短路测试时，调整零欧姆调节旋钮不能使指针对准欧姆挡"0"位上，则表示电池电压不足，应尽早取出并更换新电池。

测量电路中的电阻时，应先切断电源，如电路中有电容则应先行放电。

(6) 音频电平的测量：测量方法与测量交流电压相似，转动开关至相应的交流电压挡，并使指针有较大的偏转。

音频电平刻度是根据 0 dB＝1 mW、600 Ω 输送线标准而设计的。音频电平(N)与功率、电压的关系是：

$$N = 10\lg\left(\frac{P_2}{P_1}\right) = 20\lg\left(\frac{U_2}{U_1}\right)$$

式中：P_1 为在 600 Ω 负荷阻抗上 0 dB 的标称功率，$P_1 = 1$ mW；

U_1 为在 600 Ω 负荷阻抗上消耗功率为 1 mW 时的相应电压，即

$$U_1 = \sqrt{P_1 \times R} = \sqrt{0.001 \times 600} = 0.775 \text{ V}；$$

P_2 为被测功率；

U_2 为被测电压。

音频电平以交流 10 V 为基准刻度，如指示值大于＋22 dB 时，可在 50 V 以上各量限测量，其示值可按表 2.1 所示值修正。

表 2.1 音频电平测量量限及范围

量限(V)	按电平刻度增加值(dB)	电平的测量范围(dB)
10		－10～＋22
50	14	＋4～＋36
250	28	＋18～＋50
500	34	＋24～＋56

(7) 电容的测量：转动开关至交流 10 V 位置，被测电容串接于任一表棒，然后跨接于 10 V 交流电压电路中进行测量。

(8) 电感的测量：与电容测量方法相同。

(9) 晶体管直流放大倍数 h_{FE} 的测量：先转动开关至 ADJ 位置上，将红黑表棒两端短接，调节欧姆电位器，使指针对准 300h_{FE} 刻度线上，然后转动开关至 h_{FE} 位置，将要测的晶体管脚分别插入晶体管测试座的 e、b、c 管座内，指针偏转所示数值约为晶体管的直流放大倍数 β 值。NPN 型晶体管应插入 N 型管孔内，PNP 型晶体管应插入 P 型管孔内。

4) 技术参数

万用表的测量范围及精度等级如表 2.2 所示。

表 2.2 万用表的测量范围及精度等级

测量类型	量限范围	灵敏度及电压降	精度	误差表示方法
直流电流	0～0.05 mA～0.5 mA～5 mA～50 mA～500 mA～5 A	0.3 V	2.5	以上量限的百分数计算
直流电压	0～0.25 V～1 V～2.5 V～10 V～50 V～250 V～500 V～1 000 V～2 500 V	20 000 Ω/V	2.5 5	以上量限的百分数计算

续表 2.2

测量类型	量限范围	灵敏度及电压降	精度	误差表示方法
交流电压	0～10 V～50 V～250 V～ (45～65～5 000 Hz) 500 V～1 000 V～2 500 V (45～65 Hz)	4 000 Ω/V	5	以上量限的 百分数计算
直流电阻	$R\times 1;R\times 10;R\times 100$ $R\times 1$ k;$R\times 10$ k	$R\times 1$ 中心刻度为 16.5 Ω	2.5	以标度尺弧长 的百分数计算
			10	以指示值的 百分数计算
音频电平	−10 dB～+22 dB	0 dB=1 mW、600 Ω		
晶体管直流 放大倍数	0～300 h_{FE}			
电感	20～1 000 H			
电容	0.001～0.3 μF			

5) 注意事项

(1) 在测试时,不能旋转仪表开关旋钮。

(2) 测量电路中的电阻阻值时,应将被测电路的电源切断,如果电路中有电容,应先将其放电后才能测量。切勿在电路带电情况下测量电阻。

(3) 测未知的电压或电流时,应先选择最高量限,待第一次读取数值后,方可逐渐转至适当位置以取得较准确读数并避免烧坏万用表。

(4) 电阻各挡所用干电池应定期检查、更换,以保证测量精度。

(5) 每次使用结束后,应将万用表量程开关置于交流电压最大挡。

(6) 仪表应保持清洁和干燥,以免影响准确度和损坏仪表。

(7) MF-47 型万用表衍生出很多种万用表,如图 2.4 中的 MF47-6 和 MF47E 万用表,尽管它们的基本功能相似,但使用时仍需认真阅读所用表的说明书。

2.4 直流稳压电源

直流稳压电源又称为直流稳压器,它的供电电压大都是交流电压。它是利用降压、整流、滤波、稳压等电路原理进行工作,将交流市电电压转换成稳定的、输出功率符合要求的直流电的设备。当交流供电电源的电压或输出的负载变化时,直流稳压电源的直接输出电压都能保持稳定。直流稳压电源有多个输出量程,可以根据电路的要求提供所需要的电压值,是各种电子电路或仪器不可或缺的组成部分。

1) 组成及原理

直流稳压电源由整流滤波电路、辅助电源、基准电压电路、电压比较放大电路、电流比较放大电路、放大电路、调整电路、电压取样电路、电流取样电路等组成。

当输出电压由于电源电压或负载电流变化引起变动时,通过电压取样将变动的信号与基准电压比较,所得误差信号经电压比较放大器放大后,再经放大器控制调整电路将输出电压调整为给定值。因为比较放大器由集成运算放大器组成,增益很高,所以输出端有微小的电压变动也能得到调整,以达到高稳定输出的目的。稳流调节与稳压调节基本一样,因此同样具有高稳定性。固定 5 V 电源控制部分是由单片集成稳压器组成的。

2) 面板

YB1732A 2A 型三路直流稳压电源面板如图 2.5 所示。

图 2.5　YB1732A 2A 型三路直流稳压电源面板

3) 使用说明

(1) 电源开关(POWER):电源开关按键弹出即为"关"位置;按下电源开关即接通电源。

(2) 电压调节旋钮(VOLTAGE):对于主路及从路电压调节旋钮,顺时针调节时,电压由小变大;逆时针调节时,电压由大变小。

(3) 电流调节旋钮(CURRENT):对于主路及从路电流调节旋钮,顺时针调节时,电流由小变大;逆时针调节时,电流由大变小。

(4) 恒压指示灯(C.V.):主路及从路处于恒压状态时,C.V. 指示灯亮。

(5) 恒流指示灯(C.C.):主路及从路处于恒流状态时,C.C. 指示灯亮。

(6) 输出端口(CH3):固定 5 V 输出端口。

(7) 输出端口(CH1):主路(CH1)输出端口。

(8) 输出端口(CH2):从路(CH2)输出端口。

(9) 显示窗口:从左向右为主路(CH1)电压显示窗口、主路(CH1)电流显示窗口、从路(CH2)电压显示窗口、从路(CH2)电流显示窗口。

(10) 电源独立/组合控制开关:此开关弹出,两路电源可分别独立使用。开关按入,电源进入跟踪状态。

(11) 电源串联/并联选择开关:独立/组合开关按入,串联/并联开关弹出,为串联跟踪,此时调节主电源电压调节旋钮,从路输出电压严格跟踪主路输出电压,使输出电压最高可达两路电压的额定值之和。独立/组合开关和串联/并联开关都按入,为并联跟踪,此时调节主电源电压调节旋钮,从路输出电压严格跟踪主路输出电压;调节主电源电流调节旋钮,从路输出电流跟踪主路输出电流,使输出电流最高可达两路电流的额定值之和。

4) 技术参数

(1) 输出电压:0~30 V(双路);5 V(固定输出)。

(2) 输出电流:0~2 A(双路);2 A(固定输出)。

(3) 负载效应:CV—$5\times10^{-4}+2$ mV;CC—20 mA。

(4) 电源效应:CV—$1\times10^{-4}+0.5$ mV;CC—$1\times10^{-3}+5$ mA。

(5) 纹波及噪声:CV—1 mV_{rms};CC—1 mA_{rms}。

(6) 输出调节分辨率:CV—20 mV;CC—30 mA。

(7) 可靠性 MTBF:$\geqslant$2 000 h。

(8) 显示精度:2.5 级。

(9) 电源电压:AC 220 V$\pm$10%;频率:50 Hz$\pm$5%。

(10) 工作温度:0~40℃。

2.5 函数信号发生器

信号发生器按用途可分为通用信号发生器和专用信号发生器。通用信号发生器一般包括正弦信号发生器、脉冲信号发生器、函数信号发生器;专用信号发生器是为了某种特殊的测量目的而研制的,一般包括脉冲编码信号发生器等。按输出信号频率范围,可分为低频信号发生器、高频信号发生器、超高频信号发生器等。

信号发生器一般具有较宽的频率范围,且频率、输出电压可连续调节;具有较高的频率准确度和稳定度;在可调节频率范围内具有良好的输出波形,即波形失真较小;输出电压基本不随频率的改变而变化,即有较强的带载能力。

1) 组成及原理

信号发生器的主要部件有频率产生单元、调制单元、缓冲放大单元、衰减输出单元、控制单元、显示单元。早期的信号发生器基本采用模拟电路,现代信号发生器更多采用数字电路或单片机控制单元,其内部电路结构上有了很大的变化。

频率产生单元是信号发生器的核心部件。信号发生器的工作频率范围、频率稳定度、频率设置精度、相位噪声、信号频谱纯度都与频率产生单元有关,这些也是信号发生器性能的重要指标。早期的低频信号发生器基本采用文氏电桥振荡器和 RC 移相振荡器,高频信号发生器则大多采用模拟电路 LC 振荡器。尽管 RC 振荡器和 LC 振荡器的结构简单,可以产生连续变化的频率,但其缺点是频率不稳定。随着电子技术的发展,后来常采用压控振荡器替代 LC 振荡器,该振荡器摆脱了 LC 振荡器较大的机械结构,可以大大缩减仪器的体积,同时也简化了电路,降低了成本,使得频率稳定度得以提升。随着 PLL 锁相环频率合成器电路的兴起,信号发生器纷纷采用频率合成技术,其优点是频率可以步进调节,频率输出稳定且可以直接设置,显示单元可数字化。目前,信号发生器常采用更先进的DDS频率直接合成技术,它具有频率合成范围宽、频率输出稳定度高、信号频谱纯净度高等多个优点。

2) 面板1

YB1603P功率函数信号发生器面板如图2.6所示。

图2.6　YB1603P功率函数信号发生器面板

3) 使用说明1

(1) 电源开关(POWER):电源开关按键弹出即为"关";按下电源开关即接通电源。

(2) LED显示窗口:此窗口指示输出信号的频率,当"外测"开关按入,显示外测信号的频率。如超出测量范围,溢出指示灯亮。

(3) 频率调节旋钮(FREQUENCY):调节此旋钮改变输出信号频率。顺时针旋转,频率增大;逆时针旋转,频率减小。微调旋钮可以微调频率。

(4) 占空比(DUTY):包括占空比开关和占空比调节旋钮。将占空比开关按下,占空比指示灯亮,调节占空比旋钮,可改变波形的占空比。

(5) 波形选择开关(WAVE FORM):按下对应波形的某一键,可得到需要的波形。

(6) 衰减开关(ATTE):电压输出衰减开关,二挡开关组合为20 dB、40 dB、60 dB。

(7) 频率范围选择开关(并兼频率计闸门开关):根据所需要的频率,按其中任一键进行选择。

(8) 计数、复位开关:按计数键,LED显示开始计数;按复位键,LED显示全为0。

(9) 计数/频率端口:计数、外测频率输入端口。

(10) 外测频开关:按下此开关,LED显示窗口显示外测信号频率或计数值。

(11) 电平调节:按下电平调节开关,电平指示灯亮,此时旋转电平调节旋钮,可改变直流偏置电平。

(12) 幅度调节旋钮(AMPLITUDE):顺时针调节此旋钮可增大电压输出幅度。逆时针调节此旋钮可减小电压输出幅度。

(13) 电压输出端口(VOLTAGE OUT):电压由此端口输出。

(14) TTL/CMOS输出端口:由此端口输出TTL/CMOS信号。

（15）功率输出端口：功率信号由此端口输出。

（16）扫频：按下扫频开关，电压输出端口输出信号为扫频信号，调节速率旋钮，可改变扫频速率，改变线性/对数开关可产生线性扫频和对数扫频。

（17）电压输出指示：3位LED显示输出电压值，输出接50 Ω负载时应将读数除以2。

（18）功率按键：按下此键，按键上方左边绿色指示灯亮，功率输出端口输出信号；当输出过载时，右边红色指示灯亮。

4）技术参数1

（1）电压输出

① 频率范围：0.3 Hz～3 MHz。

② 频率调整率：0.1～1。

③ 输出波形：正弦波、方波、三角波、脉冲波、斜波、50 Hz正弦波。

④ 输出阻抗：50 Ω。

⑤ 输出信号类型：单频、调频、扫频。

⑥ 扫频类型：线性、对数。

⑦ 输出电压幅度：20 V_{P-P}(1 MΩ)；
　　　　　　　　10 V_{P-P}(50 Ω)。

⑧ 对称度调节：20%～80%。

⑨ 直流偏置：±10 V(1 MΩ)；
　　　　　　±5 V(50 Ω)。

⑩ 50 Hz正弦波输出：约2 V_{P-P}。

（2）TTL/CMOS输出

① 输出幅度：≤0.6 V为"0"电平，≥2.8 V为"1"电平。

② 输出阻抗：600 Ω。

（3）频率计数

① 分辨率：0.1 Hz。

② 闸门时间：10 s、1 s、0.1 s。

③ 外测频范围：1 Hz～10 MHz。

④ 计数范围：六位(999 999)。

（4）功率输出

① 频率范围：0～30 kHz。

② 输出电压：35 V_{P-P}。

③ 输出功率：≥10 W。

④ 直流电平偏移范围：+15 V～-15 V。

⑤ 输出过载指示：指示灯亮。

（5）幅度显示

① 显示位数：三位。

② 显示单位：V_{P-P}或 mV_{P-P}。

③ 分辨率：1 mV$_{P-P}$(40 dB)。

(6) 一般特性

① 工作温度：0～+40℃。

② 电源：AC220 V±22 V；50 Hz±2.5 Hz。

③ 视在功率：约 10 V·A。

5) 面板 2

EE1642B 型函数信号发生器/计数器面板如图 2.7 所示。

图 2.7　EE1642B 型函数信号发生器/计数器面板

6) 使用说明 2

(1) 扫描速率调节旋钮(RATE)：调节该旋钮可以改变内扫描的时间长短。在外测频时，逆时针旋到底(绿灯亮)，为外输入测量信号经过低通开关进入测量系统。

(2) 宽度调节旋钮(WIDTH)：调节该旋钮可调节扫频输出的扫频范围。在外测频时，逆时针旋到底(绿灯亮)，为外输入测量信号衰减"20 dB"进入测量系统。

(3) 外部输入插座(INPUT)：当"扫描/计数"按键功能选择在外扫描状态或外测频功能时，外扫描控制信号或外测频信号由此输入。

(4) TTL 信号输出端(TTL OUT)：输出标准的 TTL 幅度的脉冲信号，输出阻抗为 600 Ω。

(5) 函数信号输出端(50 Ω)：输出多种波形受控的函数信号，输出幅度为 20 V$_{P-P}$(1 MΩ 负载)，10V$_{P-P}$(50 Ω 负载)。

(6) 函数信号输出幅度调节旋钮(AMPL)：调节范围为 20 dB。

(7) 输出信号直流电平预置调节旋钮(OFFSET)：调节范围为 −5 V～+5 V(50 Ω 负载)，当该旋钮处在"关"位置时，则为 0 电平。

(8) 输出波形对称性调节旋钮(SYM)：调节该旋钮可以改变输出信号的对称性，当该旋钮处在"关"位置时，则输出对称信号。

(9) 函数信号输出幅度衰减开关(ATT)："20 dB""40 dB"键均不按下，输出信号不经过衰减直接输出。"20 dB""40 dB"键分别按下，则可选择 20 dB 或 40 dB 衰减。若上述二键同时按下，则衰减 60 dB。

(10) 波形选择按钮：可选择正弦波、三角波、脉冲波输出。

(11) 扫描/计数按钮：可选择多种扫描方式和外测频方式：

① 内扫描/扫频信号输出：当选定内扫描方式时，分别调节扫描速率调节旋钮（RATE）、宽度调节旋钮（WIDTH），从函数信号输出端、TTL 信号输出端均输出相应的内扫描的扫频信号。

② 外扫描/扫频信号输出：当选定外扫描方式时，由外部输入插座（INPUT）输入相应的控制信号，即可得到相应的受控扫描信号。

③ 外测频功能：当选定外计数方式时，用本机提供的测试电缆，将函数信号引入外部输入插座（INPUT），观察显示频率应与"内"测量时相同。

(12) "频段选择"按钮：每按一次此按钮，输出频率向下调整 1 个频段。

7) 技术参数 2

主要技术参数如表 2.3 所示。

表 2.3　主要技术参数

一、函数信号发生器技术参数

项目		技术参数
输出频率		0.2 Hz～10 MHz　按十进制分类共分八挡
输出阻抗	函数输出	50 Ω
	TTL 同步输出	600 Ω
输出信号波形	函数输出	正弦波、三角波、方波（对称或非对称输出）
	TTL 同步输出	脉冲波
输出信号幅度	函数输出	不衰减：（1 V_{P-P}～10 V_{P-P}），±10%连续可调 衰减 20 dB：（0.1 V_{P-P}～1 V_{P-P}），±10%连续可调 衰减 40 dB：（10 mV_{P-P}～100 mV_{P-P}），±10%连续可调
	TTL 同步输出	"0"电平：≤0.8 V；"1"电平：≥1.8 V（负载电阻≥600 Ω）
函数输出信号直流电平（OFFSET）调节范围		关或（-5 V～+5 V）±0.5 V（50 Ω 负载） "关"位置时输出信号所携带的直流电平为：<0 V±0.1 V 负载电阻≥1 MΩ 时，调节范围为（-10 V～+10 V）±1 V
函数输出信号衰减		0 dB、20 dB 或 40 dB
输出信号类型		单频信号、扫频信号、调频信号（受外控）
函数输出非对称性（SYM）调节范围		关或 25%～75% "关"位置时输出波形为对称波形，误差≤2%
扫描方式	内扫描方式	线性/对数扫描方式
	外扫描方式	由 VCF 输入信号决定
输出信号特征	正弦波失真度	≤2%
	三角波线性度	>90%（输出幅度的 10%～90%区域）
	脉冲波上（下）升（降）沿时间	≤30 ns

续表 2.3

项目		技术参数
幅度显示	显示位数	三位（小数点自动定位）
	显示单位	$V_{P\text{-}P}$ 或 $mV_{P\text{-}P}$
频率显示	显示范围	0.200 Hz～10 000 kHz
	显示有效位数	五位：10 Hz～20 000 kHz；四位：0.200 Hz～9.999 Hz
二、频率计数器技术参数		
频率测量范围		0.2 Hz～20 000 kHz
输入电压范围（衰减度为 0 dB）		50 mV～2 V（10 Hz～20 000 kHz）
		100 mV～2 V（0.2～10 Hz）
输入阻抗		500 kΩ/30 pF
波形适应性		正弦波、方波
滤波器截止频率		大约 100 kHz（带内衰减，满足最小输入电压要求）
测量时间		0.1 s（$f_i>10$ Hz）
		单个被测信号周期（$f_i<10$ Hz）
显示方式	显示范围	0.2 Hz～20 000 kHz
	显示有效位数	五位：10 Hz～20 000 kHz；四位：0.200 Hz～9.999 Hz
时基	标称频率	10 MHz
	频率稳定度	$\pm 5\times 10^{-5}$/d
三、工作条件		
电压、频率		220 V±22 V；50 Hz±2.5 Hz
功耗、工作环境		≤30 V·A；0～+40 ℃

2.6 示波器

示波器是一种综合性电信号显示和测量仪器，具有输入阻抗高、频率响应好、灵敏度高等优点。示波器不但能像电压表、电流表那样测量信号的幅值/有效值，还能像频率计、相位计那样测试信号的周期/频率、相位，而且还能观察信号的的失真程度，测量脉冲波形的各种参数等，常用于观察电信号随时间变化的波形及变化规律。双通道和多通道示波器还可用于多种波形之间的相互比较，研究它们之间的关系。

示波器根据工作方式可分为模拟示波器和数字示波器。其中，模拟示波器采用的是模拟技术，能直接显示模拟信号；而数字示波器则是融合了模拟与数字技术，将模拟信号转换为数字信号得以显示。模拟示波器因其价格低廉、操作简单、垂直分辨率高、数据更新快、具有实时带宽和实时显示的优点而被广泛应用。

1) 组成及原理

模拟示波器主要由示波管显示电路、水平系统（X轴信号通道）、垂直系统（Y轴信号通道）、电源供给电路等组成。

示波管显示电路包括示波管及其控制电路，其主要作用是显示信号波形，并对波形进行亮度、清晰度和波形位置的控制。

水平系统主要由触发同步电路、扫描电路、水平放大电路三部分组成。其主要作用是产生锯齿波扫描电压并保持与Y通道输入被测信号同步，放大扫描电压或外触发信号，产生增辉或消隐作用以控制示波器Z轴电路。

垂直系统主要由输入耦合选择器、衰减器、延迟电路和垂直放大器等组成，其作用是将被测信号送到垂直偏转板，以再现被测信号的真实波形。

电源供给电路的功能是为示波管显示电路、水平系统和垂直系统提供所需的灯丝电压、负高压等。

2) 面板1

YB4320C型示波器面板如图2.8所示。

图 2.8　YB4320C型示波器面板

3) 使用说明1

（1）电源开关（POWER）：电源开关按键弹出即为"关"位置，将电源线接入，按下电源开关，以接通电源，同时电源指示灯亮。

（2）辉度旋钮（INTENSITY）：顺时针方向旋转该旋钮，亮度增强。

（3）聚焦旋钮（FOCUS）：用亮度控制旋钮将亮度调节到合适的位置，然后调节聚焦控制钮直至轨迹达到最清晰的程度，虽然调节亮度旋钮时聚焦可自动调节，但聚焦有时也会轻微变化。如果出现这种情况，需重新调节聚焦。

（4）轨迹旋转旋钮（TRACE ROTATION）：由于磁场的作用，当轨迹在水平方向轻微倾斜时，该旋钮可调节轨迹，使其与水平刻度线平行。

（5）刻度照明控制旋钮（SCALE ILLUM）：该旋钮用于调节屏幕刻度亮度。如果该旋钮顺时针方向旋转，亮度将增加，该功能主要用于黑暗环境或为了方便拍照时的操作。

（6）通道1输入端（CH1 INPUT）：该输入端用于垂直方向的输入，在X-Y方式时输入端的信号成为X轴信号。

（7）通道2输入端（CH2 INPUT）：和通道1一样，只是在X-Y方式时使输入端的信号成为Y轴信号。

(8) 交流-接地-直流耦合选择开关(AC-GND-DC)：用于选择垂直放大器的耦合方式。

① 交流(AC)：垂直输入端由电容器来耦合，此时输入信号中的直流成分被阻断。

② 接地(GND)：放大器的输入端接地(输入信号不接地)，荧光屏上出现接地电平，可作测量基准或用于寻迹。

③ 直流(DC)：垂直放大器输入端与信号直接耦合，此时输入信号的所有成分都被显示。

(9) 衰减器开关(VOLTS/DIV)：用于选择垂直偏转灵敏度。如果使用的是 10∶1 的探头，计算时将幅度×10。

(10) 垂直微调旋钮(VARIABLE)：垂直微调用于连续改变电压偏转灵敏度。将该旋钮逆时针方向旋到底，垂直方向的灵敏度可下降到 1/4 以下。在正常情况下该旋钮应位于顺时针方向旋到底的位置。

(11) CH1×5 扩展、CH2×5 扩展(CH1×5MAG、CH2×5MAG)：按下"×5"扩展按键，垂直方向的信号扩大 5 倍，最高灵敏度变为 1 mV/div。

(12) 垂直位移(POSITION)：调整轨迹在屏幕中的垂直位置。

(13) 通道 1 选择(CH1)：屏幕上仅显示 CH1 的信号。

(14) 通道 2 选择(CH2)：屏幕上仅显示 CH2 的信号。

(15) 双踪选择(DUAL)：同时按下 CH1 和 CH2 按钮，屏幕上会出现双踪并自动以断续或交替方式同时显示 CH1 和 CH2 上的信号。

(16) 叠加(ADD)按钮：显示 CH1 和 CH2 输入信号的代数和。

(17) CH2 极性开关(INVERT)：按下此开关时 CH2 显示反相电压值。

在双踪显示模式下，如先按下 CH2 的倒相"INVERT"按钮，再按下"叠加"(ADD)按钮，则屏幕上将显示 CH1 和 CH2 相减后的信号。

(18) 扫描时间系数选择开关(TIME/DIV)：共 20 挡，可在 0.1 μs/div～0.2 s/div 范围内选择扫描速率。

(19) 扫描微调旋钮(VARIABLE)：在正常工作中，该旋钮应位于校准位置(顺时针旋到底)。

(20) 水平位移(POSITION)：用于调节轨迹在水平方向上移动。顺时针方向旋转该旋钮轨迹向右移动，逆时针方向旋转该旋钮轨迹向左移动。

(21) 扫描系数(×5MAG)扩展控制键：按下此键时，扫描系数乘以 5 扩展，扫描时间是"TIME/DIV"开关指示数值的 1/5。

(22) 交替扩展按钮(ALT-MAG)：按下此键时，扫描系数×1、×5 交替显示。

同时使用垂直双踪方式和水平扩展交替可在屏幕上同时显示 4 条轨迹。

(23) "X-Y"控制按键：在 X-Y 工作方式时，垂直偏转信号接入 CH2 输入端，水平偏转信号接入 CH1 输入端。

(24) 触发源选择开关(SOURCE)：用于选择触发信号源。

① 内触发(INT)：CH1 或 CH2 上的输入信号是触发信号。

② 通道 2 触发(CH2)：CH2 上的输入信号是触发信号。

③ 电源触发(LINE)：电源频率成为触发信号。

④ 外触发(EXT)：触发输入上的触发信号是外部信号，用于特殊信号的触发。

(25) 外触发输入插座(EXT INPUT)：用于外部触发信号的输入。

(26) 交替触发(ALT-TRIG)：在双踪交替显示时，触发信号交替来自于两个 Y 通道，此方式可用于同时观察两路不相关信号。

(27) 触发极性按钮(SLOPE)：用于选择信号的上升或下降沿触发。

(28) 触发方式选择(TRIG MODE)

① 自动(AUTO)：在自动方式时扫描电路自动进行扫描，在没有信号输入或输入信号没有被触发同步时，屏幕上仍然可以显示扫描基线。

② 常态(NORM)：有触发信号才能扫描，否则屏幕上无扫描线显示。当输入信号的频率低于 20 Hz 时，请用"常态"触发方式。

③ TV. H：用于观察电视信号中行信号波形。

④ TV. V：用于观察电视信号中场信号波形。

(29) 校准信号(CAL)：电压幅度为 $0.5\ V_{p-p}$，频率为 1 kHz 的方波信号。

(30) 触发电平旋钮(TRIG LEVEL)：用于调节被测信号在某一电平触发同步。将该旋钮顺时针旋转到底（电平锁定），则无论信号如何变化，触发电平自动保持在最佳位置，不需人工调节电平。

4) 技术参数 1

(1) 垂直系统

① CH1 和 CH2 的灵敏度：5 mV/div～5 V/div(1 mV/div～1V/div：×5 扩展)，125 挡，10 挡。

② 精度：×1±5%；×5±10%。

③ 频带宽度(5 mV/div)：DC(DC～20 MHz)；AC(10 Hz～20 MHz)。

④ 上升时间：≤17.5 ns。

⑤ 输入阻抗：1 MΩ±2%，25 pF±3 pF。

⑥ 最大输入电压：400 V(DC＋AC 峰值)。

⑦ 输入耦合系统：AC⊥DC。

⑧ 工作系统：CH1(仅通道 1 工作)；CH2(仅通道 2 工作)；ADD(CH1 和 CH2 的叠加)；双踪(同时显示通道 1 和通道 2)。

⑨ 倒相：仅通道 2 的信号可转换。

(2) 水平系统

① 扫描方式：×1，×5，×1、×5 交替。

② 扫描时间：0.1 μs/div～0.2 s/div(±5%)，20 挡可调，1-2-5 挡。

③ 扫描扩展：20 ns/div～40 ms/div。

④ 交替扩展触发：至多四迹。

⑤ 轨迹分挡微调：≤1.5 div。

(3) 一般特性

① 工作环境：温度 0℃～＋40℃；湿度 20%～90%。

② 电源：AC220 V±22 V；50 Hz±2.5 Hz。

③ 功耗：35 W。

5）面板 2

YB4340G 型示波器面板如图 2.9 所示。

图 2.9　YB4340G 型示波器面板

6）使用说明 2

这里仅介绍与 YB4320C 型示波器有所区别的部分控制按键。

(1) 延迟扫描辉度控制旋钮（B 辉度）：顺时针方向旋转此旋钮，增加延迟扫描 B 显示光迹亮度。

(2) 校准信号输出端子（校准信号）：提供 1 kHz(±2%)、2 V_{P-P}(±2%)方波作为本机 Y 轴、X 轴校准用。

(3) 断续工作方式开关（断续）：CH1、CH2 两个通道按断续方式工作，断续频率为 250 kHz，适用于低速扫描。

(4) 主扫描时间系数选择开关（A TIME/DIV）：共 21 挡，在 0.1 μs/div～0.5 s/div 范围内选择扫描速率。

(5) 扫描非校准状态开关键（扫描非校准）：按入此键，扫描时基进入非校准调节状态，此时调节扫描微调有效。

(6) 扩展控制键（×10 扩展）：按下此键后，扫描因数×10 扩展，扫描时间是 TIME/DIV 开关指示数值的 1/10。

(7) 延迟扫描 B 时间系数选择开关（B TIME/DIV）：分 12 挡，可在 0.1 μs/div～0.5 ms/div 范围内选择 B 扫描速率。

(8) 水平工作方式选择（水平方式）

① 主扫描(A)：按入此键主扫描 A 单独工作，该扫描方式用于一般波形观察。

② A 加亮：将 A 扫描的某区段扩展为延迟扫描，可用此扫描方式。与 A 扫描相对应的 B 扫描区段（被延迟扫描）以高亮度显示。

③ 被延迟扫描(B)：单独显示被延迟扫描 B。

④ B 触发：选择连续延迟扫描和触发延迟扫描。

(9) 延迟时间调节旋钮(延迟时间)：调节该旋钮可在主扫描起始后一段时间后启动延迟扫描，可在主扫描全程任何时段启动延迟扫描。

(10) 交替触发：在双踪交替显示时，触发信号来自于两个垂直通道，此方式可用于同时观察两路不相关信号。

(11) 触发电平旋钮(电平)：用于调节被测信号在某选定电平触发，当旋钮转向"＋"时显示波形的触发电平上升，反之触发电平下降。

(12) 电平锁定(锁定)：无论信号如何变化，触发电平自动保持在最佳位置，不需人工调节。

(13) 释抑：当信号波形复杂，用电平旋钮不能稳定触发时，可用"释抑"旋钮使波形稳定同步。

(14) 触发极性按钮(极性)：触发极性选择，用于选择信号的上升沿和下降沿触发。

(15) 触发方式选择(TRIG MODE)

① 自动(AUTO)：在"自动"扫描方式时，扫描电路自动进行扫描。在没有信号输入或输入信号没有被触发同步时，屏幕上仍然可以显示扫描基线。

② 常态(NORM)：有触发信号才能扫描，否则屏幕上无扫描线显示。当输入信号的频率低于 50 Hz 时，请用"常态"触发方式。

③ 单次(SINGLE)：当"自动(AUTO)""常态(NORM)"两键同时弹出示波器被设置于单次触发工作状态，当触发信号来到时，准备(READY)指示灯亮，单次扫描结束后指示灯熄，复位键(RESET)按下后，电路又处于待触发状态。

7) 技术参数 2

(1) 垂直系统

① 偏转系数：1 mV/div～5 V/div，1-2-5 进制分 12 挡；误差±5%。

② 偏转系数微调比：≥2.5∶1。

③ 频带宽度：5 mV/div～5 V/div，DC～40 MHz；1 mV/div～2 mV/div，DC～15 MHz。

④ 上升时间：5 mV/div～5 V/div，约 8.8 ns；1 mV/div～2 mV/div，约 23 ns。

⑤ 输入阻抗：1 MΩ±2%，约 25 pF。

⑥ 最大输入电压：400 Vpk，频率≤1 kHz。

⑦ 工作方式：CH1、CH2、双踪、叠加。

⑧ 相位转换：180°(仅 CH2 通道可转换)。

(2) 触发系统

① 触发源：CH1、CH2、电源、外接。

② 触发方式：自动、常态、单次。

③ 最大输入电压：100 Vpk，频率≤1 kHz。

(3) 水平系统

① 水平显示方式：A、A 加亮、B、B 触发。

② A 扫描时基：0.1 μs/div～0.5 s/div(±5％)，1-2-5 进制分 21 挡。

③ B 扫描时基：0.1 μs/div～0.5 ms/div(±5％)，1-2-5 进制分 12 挡。

④ 延迟时间：1 μs/div～5 ms/div 连续可调。

(4) 一般特性

① 工作环境：温度 0～+40℃。

② 电源：AC220 V±22 V；50 Hz±2 Hz；功耗：约 40 W。

2.7 交流毫伏表

万用表可以用来测量交流电压，但是，许多交流电压的测量普通万用表却难以胜任。从测量频率上看：交流电的频率范围很宽，有高至数千兆赫的高频信号，低到几赫兹的低频信号，而万用表则是以测量 50 Hz 交流电的频率为标准进行设计制作的；从测量电压大小上看，有些交流电的幅度很小，甚至可以小到毫微伏，用再高灵敏度的万用表也无法对其进行测量；从测量波形上看，交流电的波形种类多，除了正弦波外，还有方波、锯齿波、三角波等，这些波形必须用专门的电压表来测量。总之，交流毫伏表较之万用表具有输入阻抗高、频率范围宽、电压测量范围广、灵敏度高等优点。

作为一种专门测量正弦波电压有效值的仪器，交流毫伏表的分类有多种。按电路中的元器件类型可分为电子管毫伏表、晶体管毫伏表和集成电路毫伏表。其中，晶体管毫伏表最为常见。按照测量信号的频率范围可分为宽频毫伏表、高频毫伏表。按照测量信号的输入通道可分为单通道毫伏表和双通道毫伏表。按照数据的显示方式可分为指针式毫伏表和数字显示毫伏表。

1) 组成及原理

通常，交流毫伏表先将微小信号进行放大，然后进行测量，同时采用输入阻抗高的电路作为输入级，以尽量减少测量仪器对被测电路的影响。

根据电路组成结构的不同，交流毫伏表可分为放大-检波式、检波-放大式和外差式。常用的交流电压表属于放大-检波式电子电压表，它主要由衰减器、交流电压放大器、检波器和整流电源四部分组成。

被测电压先经衰减器变化到合适交流放大器输入的数值，再经交流电压放大器放大，最后经检波器检波变为直流流过磁电式电表，由表头指示被测电压的大小，或再经数显显示。

指针式交流毫伏表的表头指针的偏转角度正比于被测电压的平均值，而面板是按正弦交流电压有效值进行刻度的，因此交流毫伏表只能用以测量正弦交流电压的有效值。当测量非正弦交流电压时，其读数没有直接意义，需要进行系数换算才能得到被测电压的有效值。

2）面板 1

YB2172 型交流毫伏表面板如图 2.10 所示,YB2173 型交流毫伏表面板如图 2.11 所示。

图 2.10　YB2172 型交流毫伏表面板　　　图 2.11　YB2173 型交流毫伏表面板

3）使用说明 1

（1）关闭电源开关。

（2）检查指针是否指在零点,如有偏差,用小起子调节表头的机械调零装置,使其指针分别指在零点。

（3）接通交流电源。

（4）将量程开关置于 100 V 挡,然后打开电源开关。

（5）将被测信号接入本机输入端子,拨动量程选择开关,使表头指针所指的位置在大于或等于满度的 1/3 处,以便能方便地读出读数。

（6）仪表暂时不用时,应将量程开关置于最大量程位置上,以免输入端开路时因外界感应信号使电表指针偏转过大而损坏表头。

（7）"MODE"方式开关（仅对 YB2173）

当此开关弹出时,CH1、CH2 量程选择开关仅控制各自的量程；当此开关按入时,CH1 的量程开关可同时控制 CH1、CH2 的电压量程,此时 CH2 的量程选择开关失去作用。

（8）接地选择开关（仅对 YB2173）

当此开关拨向上方,CH1、CH2 是不共地的,它们的地是各自通过一个 100 kΩ 电阻的悬浮地；当此开关拨向下方,CH1、CH2 共地。

4）技术参数 1

三种交流毫伏表的技术参数如表 2.4 所示。

表 2.4　三种交流毫伏表的技术参数

参数	YB2172	YB2173	YB2173B
通道	单	双	双
显示	指针	指针	数显
电压量程	12 级 1 mV～300 V	12 级 300 μV～100 V	6 级 30 μV～300 V
频率范围	5 Hz～2 MHz	5 Hz～2 MHz	10 Hz～2 MHz
电压误差	≤满刻度的±3%（以 1 kHz 为基准）		±0.5%±2 个字（以 1 kHz 为基准）
最大输入电压	300 V（1 mV～1 V 量程）	300 V（300 μV～1 V 量程）	300 V（3 mV～300 mV 量程）
DC＋AC$_{P-P}$	500 V（3 V～300 V 量程）	500 V（3 V～100 V 量程）	500 V（3 V～300 V 量程）
输入阻抗	≥10 MΩ	≥1 MΩ	≥10 MΩ
输入电容	≤50 pF	≤50 pF	≤35 pF
输出电压	1 V$_{rms}$±10%	0.1 V$_{rms}$±10%	1 V$_{rms}$±10%
输出电压频响	10 Hz～200 kHz，误差：±3%（以 1 kHz 为基准，无负载）		
电源电压	AC 200 V±10%；50 Hz±4%		

5）面板 2

YB2173B 型双路数字交流毫伏表面板如图 2.12 所示。

图 2.12　YB2173B 型双路数字交流毫伏表面板

6）使用说明 2

(1) 按电源开关以接通电源，将机器预热五分钟。

(2) 将量程旋钮调至最大量程 300 V 处，对应量程指示灯应亮。

(3) 通过双头线将输入信号由输入端口接入交流毫伏表。

(4) 在测量输入信号电压时，若输入信号幅度超过满量程的+14%左右，仪器的数字面板会自动闪烁，此时请调节量程旋钮，使其处于相应的量程，以确保仪器测量的准确性（每挡量程都具有超量程自动闪烁功能），使数字面板能正确显示输入信号的电压值。

（5）该型号交流毫伏表是双路的，如果需要同时测量两路信号，则在两个输入端分别接入信号，按上面的步骤进行测量。

（6）如需要同步操作，请按下同步/异步操作开关，将两个交流信号分别接入交流毫伏表的两个输入端，此时由通道1的量程旋钮进行同步控制，通道2的量程旋钮不起作用。不断调节 CH1 量程旋钮，两个数字面板分别显示两个信号的交流有效值。

（7）如果是用交流毫伏表调制一个信号，那么输入信号的大小和量程范围都在不停地变化和选择，最终方能调节到所需大小的信号。

7）技术参数2

见表2.4中三种交流毫伏表的技术参数中的 YB2173B 型各参数说明。

2.8 逻辑笔

数字系统的故障问题需要判断其逻辑功能，观察系统的输出序列信号，将之与理论输出序列相对比，判读其正确性，这样才能找到故障的位置，分析故障产生的原因。

数字系统的故障诊断仪器有逻辑笔、逻辑分析仪、特征分析仪等，逻辑笔是最简单且直观的测试仪器，它结构简单、外形轻巧、使用方便，特别适合测试一般门电路和触发器的逻辑关系。

1）组成及原理

逻辑笔主要由输入保护电路，高、低电平比较器，高、低电平扩展电路，指示驱动电路以及高、低电平指示电路五部分组成。

被测信号由探针接入，经过输入保护电路后，同时分别加到高、低电平比较器，然后将比较结果分别加到高、低脉冲扩展电路进行展宽，以保证测量单个窄脉冲时也能有足够的时间点亮指示灯，可检测频率高达 50 MHz、宽度最小至 10 ns 的信号。扩宽电路的另一个作用是通过高、低电平扩宽电路的互换，使电平测试电路在一段时间内指示某一确定的电平，从而只有一种颜色的指示灯亮。保护电路可防止输入信号电平过高而损坏检测电路。

2）外观

LP-1 逻辑笔的外观如图2.13所示。

3）使用说明

逻辑笔主要用来判断信号的稳定电平、单个脉冲或低速脉冲序列，它采用不同颜色的指示灯来指示数字电平高低，使用逻辑笔可快速检测出数字电路中有故障的芯片。在实际工作中，逻辑笔主要用于测试电路板上的逻辑电位或主板上的高低电位，是一

图 2.13 LP-1 逻辑笔

种新颖的测试工具。在此功能上，它能代替示波器、万用表等测试工具，对 DTL、TTL、CMOS 等数字集成电路构成的各种电子仪器设备进行检测、调试和维修。

逻辑笔的型号较多，但功能基本相同。LP系列逻辑测试笔是使用较为广泛的一类逻辑笔。它具有质量轻、体积小、使用灵活、清晰直观、判别迅速准确、携带方便等优点。

（1）测量 TTL 电平的逻辑和脉冲信号

LP 系列逻辑笔用于测量 TTL 逻辑电平和脉冲信号,其测量带宽达到 200 MHz,并以 10 Hz、100 Hz、1 kHz、10 kHz、100 kHz、1 MHz、10 MHz、100 MHz 为分界指示出被测信号的频率,其独特的九段频率声光指示器清晰易记、非常实用。

LP 系列逻辑笔的 LED 指示灯具有红、蓝、绿三种颜色。其中,蓝色表示被测信号为低电平,频率在 Hz 量级频段;绿色表示被测点处于高阻抗状态(悬空状态),频率在 kHz 量级频段;红色表示被测信号为高电平,频率在 MHz 量级频段。

LP 系列逻辑笔的蜂鸣器具有三种音调和三种通断速率。低音表示被测信号频率在 Hz 量级频段,中音表示频率在 kHz 量级频段,高音表示频率在 MHz 量级频段。

此外,LP 系列逻辑笔还能够捕捉单个脉冲信号,它具有不会丢失的全时监视能力,其 LED 指示灯和蜂鸣器都会对单个脉冲做出反应。

(2) LP 系列逻辑笔测量状态信号

除了测量脉冲信号外,LP 系列逻辑笔在测量状态信号时也具有独到功能:它能分辨出被测信号的高阻抗状态(悬空状态)。LED 指示灯为红色,表示被测信号是高电平,蓝色表示低电平,而绿色则表示被测点处于高阻抗状态。

LP 系列逻辑笔在测量状态信号时,在高电平时蜂鸣器发出中音,低电平时蜂鸣器发出低音,而高阻抗状态时蜂鸣器是静默的。

(3) 逻辑笔的记忆功能

为了便于记录下被测点的状态,部分逻辑笔还具有记忆功能。即当某测试点为低电平时,蓝灯点亮,此时,如果将逻辑笔移开测试点,蓝灯仍继续亮。当不需要记录此状态时,可扳动逻辑笔上的存储开关使其复位。

(4) 其他功能

精密性:配有独特的精密防颤测试探针,能够消除手抖动造成的干扰,可点测非常微小的电路。

兼容性:LP 系列逻辑笔的信号和电源均采用"0.64 mm PIN"标准插接接口,可以与多种夹具直接连接。

保护性:LP 系列逻辑笔的保护功能非常完善,其输入端子可以耐受 8 000 V 静电冲击和+60 V 电源冲击;电源端子可以耐受 2 000 V 静电冲击,并且具备电源接反保护特性;逻辑笔内部还带有过热保护系统。

4) 技术参数

(1) 输入信号电平:TTL/CMOS。

(2) 输入电压范围:$-0.5 \sim +6.0$ V。

(3) 输入频率范围:0 Hz~200 MHz(LP-200)。

(4) 最小脉冲宽度:2.5 ns(LP-200)。

(5) 输入阻抗:100 kΩ/10 pF。

(6) 最高输入电压:±60 V。

(7) 操作电源:DC 4~16 V/100 mA。

(8) 输入信号接口:标准 0.64 mm 插孔,可选装防颤测试探头和各种测试夹具。

(9) LED 指示灯:三种颜色,三种闪烁速率,闪动表示有脉冲信号,恒亮表示无脉冲信号。

(10) 蜂鸣器:三种音调,三种通断速率,断续鸣响表示有脉冲信号,持续鸣响表示无脉冲信号。

2.9 电工技术实验装置

本书中电工、电路部分的实验项目、线路、步骤按 GDDS 型高性能电工实验装置编写。

1) 系统构成与特点

(1) 实验台台体采用优质钢板模压结构、双层喷塑,外观轻巧、强度大、不变形,工作台板采用耐热、防火、抗潮加厚密度板,具有高绝缘、防漏电安全性能,实验台前后均设有多个抽屉、存放柜,以及扩展设备安装室,便于发展更新之用。实验台还设有带刹车的移动轮子,侧面装有挂线箱。

(2) 实验屏容量大,全部实验所需仪器仪表、各种电源及实验部件均装于屏上,而且都处于待用状态,形成"全天候"式结构,可随时调用组合,进行任何实验无需装卸移动,可开实验的质与量较"挂件"式老结构大幅提高。

(3) 实验台采用全套高性能仪表、实验电源以及实验部件,以使实验质量得到保证,特别是全套测试仪表采用先进的双显示结构,能使数字表与模拟指针表的优点互补为一体。同时所有仪表均具有超强过载能力,能自动显示过载报警,自动记录过载次数,消除过载自动恢复正常测试,指针表无任何过载冲击,并具有读数锁存等一系列优良性能。另外,全套仪表还具有 0.5 级基本精度,以及较任何现行仪表有高得多的实际测试精度,更接近于理想型仪表。

(4) 根据需要,实验台可加装学生操作微机控制系统,用于采集、存储各测量表读数,与实验室主计算机进行数据信息传送、交换,以及输出打印等。

(5) 实验台除基本配置外,还备有多种仪器仪表、电源、实验部件等扩展件,可根据实验的发展,提高要求,选择使用。

2) 面板

电工实验装置面板如图 2.14 所示。

3) 使用说明

(1) 实验台电源系统的使用

① 合上实验台电源总开关进行漏电模拟实验,如果漏电保护功能正常,则可合上电源总开关。实验台左上方 20 W 照明日光灯亮,右上方 20 W 日光灯是否接通电源由实验部件 D04 板上双投开关控制,此开关在"内接电源"位置表示实验台内部已将 220 V 电源送至日光灯作照明之用,如扳向"外接电源"位置则表示应在该日光灯开关下方插口送入电源,此功能可配合测量仪表等部件进行日光灯功率因数提高等实验。

② 接通带锁开关"仪表电源"指示灯亮,所有仪表电源接通,预热 30 s 准备测量,注意带锁开关只控制测量仪表供电电源。

图 2.14 电工实验装置面板

③ 进行三相电路实验时,三相交流电压可从三相电源控制板接线柱输出,三相电源控制板采用具有高分断能力(6 000 A)的自动空气开关进行瞬时短路及过载延时切断保护。另外还设有熔丝管作小电流速断保护,三相电压数值由控制板上三只电压表作粗略指示。

④ 单相调压电源由单相调压电源控制板接线柱输出,该电源通过单相调压器可使输出电压在 0~250 V 之间改变,调压器容量为 500 VA,输出电压由板上方指示电表作粗略指示,该电源通过(6 000 A)自动空气开关及熔丝管,实现瞬时短路及过载延时切断保护功能。

⑤ 直流电源输出控制板共设有两路完全独立的稳压电源及一路独立的稳流电源,三路电源均具有过载、短路、过热等保护功能,稳压电源在电源开关接通后通过粗、细两个调节旋钮调节电压。操作上注意在关断电压源时应先将输出电压调节至零,然后关断其本身电源开关,最后切断交流总电源开关,以避免过度电压使仪表报警记录,如需直接关断交流电源总开关,可将仪表量限先置于 200 V 挡。稳流电源虽允许开路,但在教学原则上应强调正确的概念,即实际电流源是不允许开路的(如实际的电流互感器次级开路会造成损坏)。因此,在使用电流源时应预先连接好外部线路后,再接通电源开关输出电流,本稳流电源具有预调功能,可使输出电流达到要求之值,即在电源开关关断情况下接通一个内部负载,通过调节可在板上方指示电表上显示电流值,当电源开关接通时就断开内部负载,向外部负载输出已调节的电流,内转外时无任何瞬时开路冲击现象。使用电流源时应注意:当电源开关接通时,在任何情况下不要中断外部负载,否则会产生较高的输出电压,此时如再度接通外部负载,就可能产生冲击电流使仪表过载记录。

如需改接外部负载线路,应先断开电源开关,此时内部负载与外部负载是并联的,断开外部电路不会使电流源开路。本电流源的反复使用可使学生牢固建立正确的电流源操作理念。

另外,需注意电源板上方小电流表的量限能随着输出电流粗调开关位置同步转换,在

0~10 mA 位置时满偏是 20 mA，在 0~200 mA 位置时满偏为 200 mA。

上述三路电源都具有过热保护，当发生过热情况时电源能自动关闭，消除过热现象后又能自动恢复工作。

(2) 实验台测量仪表的使用

① JDA-21 型高性能直流毫安安培组合表

本表是以 4 位半 0.05 级高精度数字显示表为基础的、带数据输出接口的新型仪表，结构上是一种直流毫安双显示仪表、直流安培双显示仪表以及单一模拟指针表三位一体的多用途组合表。仪表左边两输入接线口及对应的按键开关为 3 个量限的直流毫安表，右边两输入接线口及对应的按键开关为 3 个量限的直流安培表，两表显示部分及其余部分共用，量限按键开关互相机械连锁，所以只能择一个使用，并且只能选择与接线口对应的量限按键。

另外，仪表右下方有一钮子开关，上下两个位置控制模拟指针表内接或外接，内接时模拟表与数字表共同组成双显示仪表，外接时模拟表与数字表及其余部分完全脱离，由仪表下方两接线插口接出正负端子，形成一个独立的具有高灵敏度（满偏电流约为 100 μA）的指针式表头，此功能提供灵活的仪表组合方式，可开设多种仪表测量或其他设计性实验。

本表另一特点是毫安级量限具有很低内阻，因此具有较高的实际测量精度。

使用本表应特别注意按压量限开关需迅速且用力适当，避免在开关转换过程中启动过载记录器。

为使毫安表工作更安全，在输入端串接了一个 2 A 熔丝管座，装在仪表背部，一般情况下熔丝不会熔断，如需要更换，打开实验屏后门即可。

② JDV-21 型双显示直流电压表

本表是以 4 位半 0.05 级高精度数字显示表为基础的、带数据输出接口的新型仪表，具有对交直流电压有高过载能力、过载时指针无冲击、不影响测量电路工作状态、正向及反向过载自动报警、消除过载自动恢复工作、自动记录过载次数、读数锁存、改变量限操作简便等一系列优点。

③ JDA-11 型双显示交流电流表

除具有双显示系统仪表相同特点外，还具有真有效值响应测量功能，仪表的频率响应可扩展至 50 Hz 基波的 11 次谐波，因此很适合非正弦波测试。

交流电流表在任何量限下，因误操作直接接入 220 V 交流电网电压时，由于仪表内阻抗极低，冲击电流可达到数千安培，仪表不会损坏，但可能出现下述现象：

a. 仪表在超大电流冲击的瞬时，模拟表指针无任何机械冲击，但当电源开关跳闸或熔断丝烧断，线路电流被切断后，仪表指针会缓慢来回摆动数次，释放输入冲击的能量。

b. 仪表保护系统中设置了一个能根据冲击能量大小自动分级的标准，如在正弦峰值瞬间短路被视为严重故障，超限记录器会加倍记录两次；如在正弦零值瞬间短路则被视为较轻故障，可免于记录。在其他绝大部分情况下则为一般故障记录一次。

④ JDV-24 型双显示交流电压表

本表是以 4 位半 0.05 级高精度数字显示表为基础的、带数据输出接口的新型仪表，具有高过载能力、过载自动报警、消除过载自动恢复工作、自动记录过载次数、读数锁存、真有效值响应、频率范围宽、能测量非正弦信号等一系列特点。

⑤ JDW-32 型双显示功率表

本表是以 4 位半 0.05 级高精度数字显示表为基础的、带数据输出接口的新型仪表,具有高过载能力、过载自动报警、消除过载自动恢复工作、自动记录过载次数、读数锁存、过载时仪表指针无任何冲击、电压过载与电流过载分别显示等一系列特点。

(3) 部件介绍

① D01 组合式大功率十进制可变电阻箱

本电阻箱是一个多用途元件,由 4 个高质量特制多位开关及大功率线绕电阻器构成。4 位独立可变电阻盘与面板中部 4 个固定线绕电阻器联合串联使用,可形成 0~9 999 Ω 可变电阻器。如全部分开使用,则可组成多种电阻网络,也可连接在多条实验线路支路中作调节电流之用。如相互并联连接,则可作微细增量调节电阻。用几个度盘还可接成可变分压器,得到可变小电压信号源。

② D02 直流电路实验部件

本部件包含一个由电阻、电容、二极管等元件排列成的元件库及一个桥式电路,可用于各种直流电路实验。桥式电路供实验教学初期进行叠加原理实验使用,其余实验可由学生任意选择搭配元件组合。

③ D03 有源元件实验板

本部件由回转器、负阻器、VCCS 及 CCVS 受控源、运算放大器、电子开关等 5 种有源元件及进行上述有源元件实验时常用的电阻、电容无源元件组合而成。另外,为使实验概念清晰,面板上标有彩色的电路元件符号,而具体接线及所有有源元件的 ±15 V 供电稳压电源已在后面印刷电路板上连接,部件仅需接上 220 V 电源即可工作。

对于 4 种受控源的另外两种 VCVS 及 CCCS,可由面板上两种受控源输出/输入端级联而成。

运算放大器和负阻变换器共用同一元件,由运算放大器上方双投开关控制,使用时需特别注意开关位置。

负阻器左上方有一电子开关输出端,此开关受 50 Hz 交流信号控制,开关一端接负阻输入端,另一端接地,因此如果把电子开关输出插座与负阻器输入端相连,即可使负阻器输入端以 50 Hz 频率接地与断开,其输出端就会以 50 Hz 频率将负阻器断开与接入。

④ D04 互感、电度表、日光灯实验单元

本互感器是高品质因数线性互感器,在电路实验中可作多种应用,如在互感器系数测量,串联、并联谐振,一阶、二阶电路响应,阻抗的频率特性测量等实验中均可搭配应用,使用时要注意控制工作电流小于额定电流。L1 与 L2 两线圈输出端各装熔丝管一只、电流插座一只。每一只互感器的互感值都标注在元件上。

⑤ D05——三相阻容组合负载单元

本单元由电容器、白炽灯、切换开关等元件组成,能进行多种三相电路实验,如三相对称与不对称电路,有中线与无中线电路,三相有功、无功功率测量,星形三角形连接实验,以及将本单元作为三相变压器负载等实验。本单元的特点是无需改变电网电压即可进行各

种三相电路实验,使学生进一步了解和掌握电网三相系统的实际状况。白炽灯负载可通过开关切换单灯使用,也可串、并联使用,视外加电压而灵活变化。

⑥ D06——电容箱、三相变压器组实验单元

十进制可变电容箱可在直流电路或单相交流电路中作为电容量调节元件,电容元件均采用额定电压为交流 400 V 以上的油浸纸介电容器,配合大电流容量切换开关可方便进行十进制容量变换。电容箱接线端子上并联有放电开关,接线时必须先按下放电按钮 3~5 s,使用完后必须先放电后拆线。

4) 注意事项

(1) 各种电源输出端之间严禁直接连接(如严禁将交流电网源输出端直接连至信号电源或直流电源输出端等)。

(2) 在利用三相电源进行实验时如发生误接线或误操作使电源直接短路的情况时,由于瞬间短路电流极大,其热效应可能导致保险丝管内气压过大而爆破碎裂,更换时可能不易将碎玻璃取出。如需避免这种情况,根据本电源具有多级短路、过载保护系统(熔断丝作前级短路保护,三相空气开关实行第二级短路、过载保护,断开最大瞬时电流 6 000 A,三相四线电源总开关作第三级短路、过载保护)的特点可将熔断丝管额定电流减小至 0.5 A,以减少熔断能量,或将熔丝管额定电流加大至 10 A 以上使短路时由空气开关执行跳闸断电。

(3) 使用交流电源时,在通电之前应检查系统上电源开关的位置是否处于打开状态,做完实验后必须将总电源切断。

2.10 信号与系统实验系统

本书中信号与系统部分的实验项目、线路、步骤按 THKSS-C 型信号与系统实验系统编写。

1) 系统构成与特点

THKSS-C 型信号与系统实验箱是专为信号与系统这门课程而配套设计的。它集实验模块、扫频电源、交流毫伏表、稳压源、信号源、频率计于一体,整个实验功能板放置并固定在体积为 460 mm×360 mm×140 mm 的高强度保护箱内,结构紧凑,性能稳定可靠,使用灵活方便,有利于培养学生的动手能力。

本实验箱主要是由一整块单面敷铜印刷线路板构成,其正面(非敷铜面)印有清晰的图形、线条、字符,使其功能一目了然。板上提供实验必需的扫频电源、信号源、频率计、交流毫伏表等。实验箱具有实验功能强、资源丰富、使用灵活、接线可靠、操作快捷、维护简单等优点。

2) 面板

信号与系统实验系统面板如图 2.15 所示。

3) 实验项目

本实验系统所提供的实验项目有:

(1) 无源滤波器和有源滤波器特性的观测(LPF、HPF、BPF、BEF)。

图 2.15　信号与系统实验系统面板

(2) 基本运算单元(在自由布线区设计电路)。

(3) 50 Hz 非正弦周期信号的分解与合成(同时分析法)。

(4) 二阶网络状态轨迹的显示。

(5) 信号的采样与恢复(抽样定理)。

(6) 二阶网络函数的模拟(在自由布线区设计电路)。

(7) 系统时域响应的模拟解法(在自由布线区设计电路)。

4) 使用说明

(1) 实验箱的供电

实验箱的后方设有带保险丝管(1 A)的 220 V 单相交流电源三芯插座,另配有三芯插头电源线一根。箱内设有三只降压变压器,为实验板提供多组低压交流电源。

(2) 实验电路板

实验电路板由一块大型(430 mm×320 mm)单面敷铜印刷线路板构成,正面印有清晰的各部件及元器件的图形、线条和字符,并焊有实验所需的元器件。

该实验板包含以下各部分内容:

① 实验板左下角装有电源总开关及电源指示灯各一只,该电源总开关是整个实验箱的电源总开关。

② 60多个具有高可靠性的自锁紧式、防转、叠插式插座。它们与固定器件、线路的连接已设计在印刷线路板上。这类锁紧式插件，其插头与插座之间的导电接触面很大，接触电阻极其微小（接触电阻≤0.003 Ω，使用寿命＞10 000次以上）。在插头插入时略加旋转后，即可获得极大的轴向锁紧力。拔出时，只要沿反方向略加旋转即可轻松地拔出，无需任何工具。同时插头与插头之间可以叠插，从而可形成一个立体布线空间，使用起来极为方便。

③ 扫频电源：采用可编程器件 ispLSI1032 和单片机 AT89C51 设计而成，提供 15 Hz～50 kHz，幅度 0～18 V_{P-P} 连续可调的正弦波。

④ 直流稳压电源：提供±15 V/0.5 A，±5 V/0.5 A 共四路输出，每路均有短路保护自动恢复功能。在电源总开关打开后，四路输出处于待用状态，使用前可用万用表测量电压值加以核对。

⑤ 函数信号发生器：输出正弦波、三角波、矩形波，频率范围 2 Hz～2 MHz 分七挡连续可调，1 Hz～10 MHz 数字频率计指示，幅度 0～15 V_{P-P} 连续可调，带有 20 dB 和 40 dB 衰减输出。使用时只要开启电源开关和函数信号发生器处的开关，函数信号发生器即进入工作状态。两个电位器旋钮用于输出信号的"频率调节"（左）和"幅度调节"（右），都是顺时针增大、逆时针减小。七段频率段和两个衰减按钮相配合，可以调节得到所需的信号。信号输出可通过探头线或普通导线接出。

⑥ 频率计：频率测量范围为 1 Hz～10 MHz，以六段数码管显示读取频率。当打开自带开关后，频率计即处于待工作状态，频率计还带有内测和外测功能，即当内外测切换开关置于内测时，频率计可测量、显示自带函数信号发生器输出信号的频率；当内外测切换开关置于外测时，频率计可测量、显示外来信号源信号的频率值，显示单位为 Hz 或 kHz。

⑦ 50 Hz 非正弦多波形信号发生器：提供半波、全波、方波、矩形波、三角波。

⑧ 数字式真有效值交流毫伏表：测量范围为 0～20 V，分 200 mV、2 V、20 V 三挡，采用按键开关切换，三位半数显，频带范围 10 Hz～1 MHz，基本测量精度±0.5%。即使测试与正弦波形状截然不同的窄脉冲信号，也能测得精确的信号有效值大小，其适用的波峰因素最大可达到 10。

真有效值交流毫伏表由输入衰减器、阻抗变换器、定值放大器、真有效值 AC/DC 转换器、滤波器、A/D 转换器和显示模块组成。输入衰减器用来使大于 2 V 的信号衰减，定值放大器用来将小于 200 mV 的信号放大。本机 AC/DC 转换由一块具有宽频带、高精度的真有效值转换器完成，它能将输入的交流信号（不论是正弦波、三角波、方波、锯齿波，甚至窄脉冲波）精确地转换成与其有效值大小等价的直流信号，再经滤波器滤波后加到 A/D 转换器，变成相应的数字信号，最后由显示模块显示出来。

⑨ 本实验箱附有充足的长短不一的实验专用连接导线一套。

⑩ 提供的实验模块功能有：a. 无源滤波器和有源滤波器特性的观测；b. 50 Hz 非正弦周期信号的分解与合成；c. 二阶网络状态轨迹的显示；d. 信号的采样与恢复。

（3）线路扩展

自由布线区：为便于自由组合实验线路进行实验，设有可装、卸固定线路实验小板的插座四只,配有"二阶网络函数的模拟""八阶巴特沃斯滤波器"实验板各一块,可采用固定线路或灵活组合进行实验,提高实验效果。

5) 注意事项

(1) 使用前应先检查各电源是否正常,检查步骤为:

① 先关闭实验箱的所有电源开关,然后用随箱的三芯电源线接通实验箱的 220 V 交流电源。

② 开启实验箱上的电源总开关,指示灯应被点亮。

③ 用万用表的直流电压挡测量面板上的 ±15 V 和 ±5 V 挡是否正常。

④ 开启信号源开关,则信号源应有输出,当频率计打到"内测"时,应有相应的频率显示。

⑤ 开启交流毫伏表,数码管应被点亮。

(2) 接线前务必先熟悉实验的原理及实验方法。

(3) 实验接线前必须先断开总电源与各分电源开关,不要带电接线。接线完毕,检查无误后,才可进行实验。

(4) 在整个实验过程中,实验板上要保持整洁,不可随意放置杂物,特别是导电的工具和多余的导线等,以免发生短路等故障。

(5) 实验完毕,应及时关闭各电源开关,并及时清理实验板面,整理好连接导线并放置到规定的位置。

(6) 实验时需用到外部交流供电的仪器(如示波器等)的外壳应妥善接地。

2.11 模拟电子技术实验系统

本书中模拟电子技术的实验项目、线路、步骤按 DJ-A9+模拟电子技术实验系统编写。

1) 系统构成与特点

本实验系统强调基本实验技能训练,其特点是把所有基本的模拟电子技术实验电路集中在一块电路板上(尺寸为:493 mm×345 mm)。系统由直流电源输入(备用),交流电源信号变换(内置),单级、多级、负反馈放大电路及 RC 振荡器,差动放大器,场效应管放大电路,晶闸管实验电路,集成运算放大器,集成功率放大器,整流、滤波、稳压电路,电位器,分立元件扩展(扬声器、指示灯、切换开关、音频接口、麦克风、电阻、电容、电位器等多种分立元器件)等多个单元组成。面板采用逻辑符号(均为新国标)形式,实验板安装在 500 mm× 300 mm×100 mm 的箱体中,具有结构简单紧凑、直观清楚、实验可靠、使用方便灵活、便于实验室管理的优点。所选实验为模拟电子技术课程中的基本实验,便于学习掌握该课程的基本概念。所选实验电路具有一定的代表性和典型性,其电路参数选择合理,容易调试,电路中预留测试点,便于测试。成品模拟电路实验箱外尺寸参数为 540 mm(长)×380 mm(宽)×110 mm(高)。

2) 面板

模拟电子技术实验系统面板如图 2.16 所示。

图 2.16　模拟电子技术实验系统面板

3）实验项目

在本实验系统上可完成的基本实验项目有：基本放大电路(包括共射、共集、共基等3种基本电路的特征及应用)，多级放大器、负反馈放大电路、场效应管放大电路、RC 正弦波振荡电路、差动放大电路、晶闸管实验电路、集成运算放大器的特性和参数测试，基本运算电路(反相放大电路、同相放大电路、减法器、加法器、积分器、微分电路)、运放电压型 RC 文氏桥正弦波振荡器、信号处理电路、脉冲波形的产生与变换、绝对值电路、音频功率放大集成电路、整流滤波电路、集成化稳压电源的性能测试等。

本系统还开辟了分立元件扩展单元，可安插小于 0.8 mm 的二引脚及三引脚的元件(如电阻、电感、电容、二极管、三极管、场效应管、WS-5 系列电位器等)。利用该单元和集成运算放大器单元中的电阻，学生可自行进行一些综合性、设计性的实验。

4）使用说明

(1) 实验前，必须认真预习实验指导书及相关内容。

(2) 打开箱盖(箱盖可取下)，检查实验系统是否完好，有无明显损坏的现象。

(3) 熟悉实验系统的结构、各单元功能及分布位置，特别要熟悉各种电压输出模块。

(4) 根据实验电路图，选择相应的实验单元，用连接线搭接实验电路。

(5) 在实验箱箱体的后面接入交流 220 V 电源。实验时，如需要使用实验系统里的各种直流电源，那么直接从所需电源处接到实验所需模块即可，此处特别需要强调的是：不再需要将实验台上的直流稳压电源调制后,接入实验箱的左上角的±5 V处。也即实验箱自带交-直流变换模块。如需使用实验系统中的直流电源,直接打开实验箱左上角220 V交流电源开关即可获取具有多种常用数值的直流电源。

(6) 实验箱左上角的±12 V是备用电源接口,即实验箱自带交-直流变换模块损坏时,可将实验台备用直流稳压电源调节好后接至±12 V处。

(7) 实验时,可用万用表检查所需直流电源的输出值是否符合要求,然后关闭电源,再将电源接到所需模块;信号源的输出信号应根据实验内容及要求调节得到,将信号源关闭后,接到所需模块。

(8) 检查线路,确定无误后,接通所需电压源、信号源,即可进行正常实验。

(9) 实验完毕后,关闭实验箱左上角220 V交流电源开关,拆除并整理导线放入抽屉中,合上箱盖,扣好锁扣。

5) 注意事项

(1) 本系统采用内接电源法,实验前应将220 V电源线接至实验箱后面的插座。

(2) 本系统配备的电阻功率为0.25 W,电位器功率为0.5 W,电容器的耐压值为25 V,三极管为3DG6($\beta=50\sim60$),场效应管为K105。实验时,不能超过它们的额定参数。

(3) 对集成元件,应注意电源电压与极性,应用连接线搭接实验电路。

(4) 实验过程中,禁止带电操作。搭接线路时,应合理布线,能用短线就不用长线,避免产生干扰,影响实验;注意各种颜色导线的配合使用,以便于检查。

(5) 实验使用的接插件均采用高性能的叠式自锁紧接插件。使用时,把插头插入插座略加旋转,就可获得极大的轴向锁紧力,接触十分可靠(由于插头与插座接触面大,接触电阻R_j甚微,$R_j<0.000\ 8\ \Omega$);拔出时采用旋转方式,便可迅速拔出接插件。在使用过程中,由于这种接插件自锁紧效应很强,禁止抓住导线拔出插头,以免拉断导线。

(6) 使用完毕后,应关好实验箱,避免灰尘落在面板上,影响使用寿命。

2.12 数字电子技术实验系统

1) 系统构成与特点

数字电子技术实验系统与模拟电子技术实验系统不同,模电实验需要在电路板上制作好实验所需电路,而数电实验系统所需各种模块尽管也都集中在一块电路板上,但是数电实验项目的开设基本是和集成电路紧密联系的,数电实验电路板上留有多个常用集成电路底座,根据实验需要,在底座上换插需要的集成电路就可以了。例如若需测量与非门的参数,那么换上74LS00集成电路即可正常实验了,成品数字电路实验箱外尺寸参数为540 mm(长)×380 mm(宽)×110 mm(高),箱内电路板的尺寸为493 mm×345 mm。

2) 面板

数字电子技术实验系统面板如图2.17所示。

3) 实验项目

利用实验箱和多种典型集成电路可组成多个数字电子技术实验电路,可实现如下应

图 2.17　数字电子技术实验系统面板

用：TTL 与非门参数测试,集成门电路逻辑功能测试,OC 门和三态门的应用,组合逻辑电路的设计,译码器和编码器,半加器、全加器及数据选择器、分配器,触发器,计数器设计及其应用,寄存器、移位寄存器及其应用以及 D/A 和 A/D 转换等。

4) 使用说明

上述实验所需要的电源、信号源、集成电路底座、逻辑电平开关等都集中在一块电路板上。各模块介绍如下：

电源模块：±5 V,±12 V 各 1 个。注意：实验箱后侧接有 220 V 交流电压,实验时打开实验箱左上角交流 220 V 电源开关,经过交流直流变换模块即可得到数字电子技术实验系统所需的±5 V、±12 V 直流电压,而不是由实验台上的直流稳压电源调节并接至+5 V、GND 及 Vx 处所得!

信号源模块：多个频率固定脉冲 10 个、可调连续脉冲 1 个、手动单脉冲 2 个。

集成块底座：电路板上有 14 脚集成电路底座 10 个,16 脚的底座 8 个,40 脚的底座 1 个,可覆盖多个实验项目所需集成电路底座种类和数量。

元器件区：多种数值电阻、电容,1 kΩ、20 kΩ、100 kΩ 电位器各 1 个,二极管、三极管各 2 个。

测量区：频率计、多功能数字表各 1 个。

指示区：红、黄、蓝三色 LED 灯各 5 个,共计 15 个,蜂鸣器、逻辑笔各 1 个。

输入区：逻辑电平开关 15 个，向上置高、向下置低。

扩展区：可插装两个引脚元器件的插孔多个，可用于插装元器件区没配备的元器件；面包板 1 块，可用于放置闲置元器件。

5）注意事项

（1）本系统采用内接电源法，实验前应确保将 220 V 电源线接至实验箱后面的插座。

（2）集成块的插装要注意插装方向，所有的引脚都应该插入底座孔内，暂时不用的集成块可插在面包板上。

（3）二极管、三极管在使用时注意极性，暂时不用的各种元器件可插在面包板上。

（4）实验过程中，禁止带电操作。搭接线路时，应合理布线，能用短线就不用长线，避免产生干扰，影响实验；注意各种颜色导线的配合使用，以便于检查。

（5）实验使用的接插件均采用高性能的叠式自锁紧接插件。使用时，把插头插入插座略加旋转，就可获得极大的轴向锁紧力，接触十分可靠；拔出时采用旋转方式，便可将接插件迅速拔出。在使用过程中，由于这种接插件自锁紧效应很强，禁止抓住导线拔出插头，以免拉断导线。

（6）使用完毕后，应关好实验箱，避免灰尘落在面板上，影响使用寿命。

3 电工、电路与信号系统实验

3.1（实验1） 电路基本元件的伏安特性测定

1）实验目的
(1) 掌握几种元件的伏安特性的测定方法，加深对线性电阻元件、非线性电阻元件伏安特性的理解。
(2) 掌握直流电压源和直流电流源的使用方法。
(3) 掌握直流电压表和直流电流表的使用方法。
(4) 熟悉电工实验装置的基本使用方法。
2）实验仪器与设备
(1) 直流电压源
(2) 直流电压表
(3) 直流电流表
(4) D02 直流电路实验单元
3）实验原理

在电路中，电路元件的特性一般用该元件上的电压 U 与通过该元件的电流 I 之间的函数关系 $U=f(I)$ 来表示，这种函数关系称为该元件的伏安特性，有时也称外部特性。而电源的外特性则是指它的输出端电压和输出电流之间的关系，通常用 U 和 I 分别作为纵坐标和横坐标绘成曲线，这种曲线就叫做伏安特性曲线或外特性曲线。

本实验中所用元件为线性电阻、白炽灯泡、一般半导体二极管整流元件及稳压二极管等常见的电路元件。其中线性电阻的伏安特性是一条通过原点的直线，如图 3.1(a)所示，该直线的斜率等于该电阻的阻值。白炽灯泡在工作时灯丝处于高温状态，其灯丝电阻随着温度的改变而改变，并且具有一定的惯性，又因为温度的改变与流过灯丝的电流有关，所以它的伏安特性为一条曲线，如图 3.1(b)所示，电流越大，温度越高，对应的电阻也越大。一般灯泡的"冷电阻"与"热电阻"可相差几倍至十几倍。一般半导体二极管整流元件也是非线性元件，当正向运用时其外特性曲线如图 3.1(c)所示。稳压二极管是一种特殊的半导体器件，其正向伏安特性类似普通二极管，但其反向伏安特性则较特别，如图 3.1(d)所示，在反向电压开始增加时，其反向电流几乎为零，但当电压增加到某一数值时（一般称稳定电压）电流突然增加，之后它的端电压维持恒定，不再随外加电压升高而增加，这种特性在电子设备中有着广泛的应用。

4）实验内容与步骤
(1) 测定线性电阻 R 的伏安特性

按图 3.2(a)接线，调节直流稳压电源的输出电压，即改变电路中的电流，可测得多组待测电阻两端的电压和流过该电阻的电流。将所测数据填入表 3.1 中。

3 电工、电路与信号系统实验

(a) 线性电阻　　(b) 白炽灯泡　　(c) 硅、锗二极管　　(d) 硅、锗稳压二极管

图 3.1　几种电路基本元件的伏安特性曲线

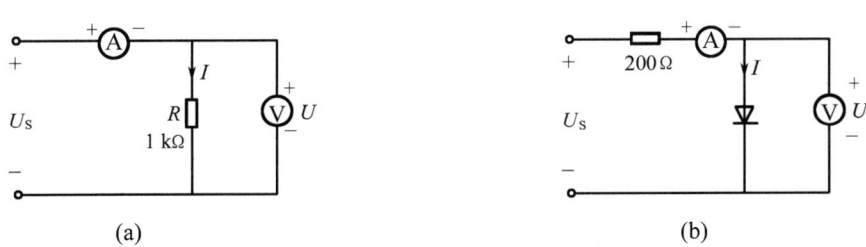

图 3.2　电阻和二极管伏安特性测试电路

表 3.1　基本元件的伏安特性测试表

线性电阻 R 的伏安特性							
$U(V)$							
$I(mA)$							
白炽灯泡的伏安特性							
$U(V)$							
$I(mA)$							
一般硅二极管正向伏安特性							
$U(V)$							
$I(mA)$							
稳压二极管反向伏安特性							
$U(V)$							
$I(mA)$							

（2）测定白炽灯泡的伏安特性

将直流稳压电源重新调节至零值,把上述电路中的电阻换成白炽灯泡,重复上述步骤即可测得白炽灯泡两端的电压及相应的电流,数据填入表3.1。实验过程中,也可以用指示灯(内含小灯泡)替代白炽灯泡,但需按图3.2(b)接线,图中被测元件二极管需换成小灯泡。

（3）测定二极管的伏安特性

将直流稳压电源重新调节至零值,按图3.2(b)接线,同样调节直流稳压电源的输出电

压,并测量一般硅二极管的电压和电流,数据填入表3.1。

(4) 测定稳压二极管的反向伏安特性

将步骤(3)中的一般二极管换成稳压二极管,并反向接入电路,重复(1)中步骤并将所测数据填入表3.1。

5) 注意事项

(1) 实验时,电流表应串接在电路中,电压表应并接在被测元件上,极性切勿接错。

(2) 合理选择量程,切勿使电表超过量程。

(3) 直流稳压电源输出应由小到大逐渐增加,输出端切勿短路。

6) 实验报告

(1) 根据所测得的数据,在坐标纸上分别绘制出各元件的伏安特性曲线。

(2) 分析、总结实验结果,并分析出现测量误差的原因。

7) 思考题

理论上,电压表的内阻无穷大,电流表的内阻为零,但实际中,电压表的内阻不是无穷大,只是很大,电流表的内阻不是零值,只是很小。基于此,在使用电压表和电流表测定元件的伏安特性时,需要考虑电压表和电流表以及待测元件这三者之间的位置关系/接线方式:如果电流表接在电压表(测量元件时)的内侧,称为电流表内接;如果电流表接在电压表(测量元件时)的外侧,称为电流表外接。那么,请问:理论上,这两种接线方式有没有区别?实际测量时,应该怎么选择这两种接线方式?

3.2(实验 2)　基尔霍夫定律

1) 实验目的

(1) 加深对基尔霍夫定律、参考方向概念的理解。

(2) 用实验数据验证基尔霍夫定律。

(3) 继续学习直流仪器仪表的使用方法。

2) 实验仪器与设备

(1) 直流电压源。

(2) 直流电压表。

(3) 直流电流表。

(4) D02 直流电路实验单元。

3) 实验原理

基尔霍夫定律是电路理论中最基本的定律之一,它阐明了电路整体结构必须遵守的规律,应用极为广泛。基尔霍夫定律有两条:电流定律(KCL)和电压定律(KVL)。

(1) 基尔霍夫电流定律

在任一时刻,流入到电路任一节点的电流总和等于从该节点流出的电流总和。换句话说,就是在任一时刻,流出或流入到电路任一节点的所有支路电流的代数和为零。这一定律实质上是电流连续性的表现。运用这条定律时必须注意电流的方向。如果不知道电流的真实方向,可以先假设每一电流的正方向(也称参考方向),根据参考方向就可写出基尔霍夫的电流定律表达式,例如图3.3中为电路中某一节点N,共有5条支路与它相连,5个电流的参考正方向如图3.3所示,根据基尔霍夫电流定律就可写出:

$$I_1+I_2+I_3+I_4+I_5=0$$

  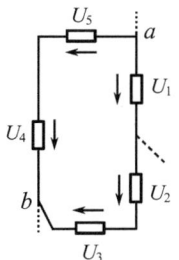

图3.3 节点N　　　图3.4 封闭面S　　　图3.5 闭合回路

如果把基尔霍夫电流定律写成一般形式就是$\sum I=0$。显然,这条定律与各支路上接的是什么样的元件无关。不论是线性电路还是非线性电路,都遵循此定律。

基尔霍夫电流定律原是运用于电路中某一节点,我们也可以把它推广运用于电路中的任一假设的封闭面,例如图3.4所示,封闭面S所包围的电路有3条支路与电路其余部分相连接,其电流分别为I_1、I_2、I_3,则

$$I_1+I_2+I_3=0$$

因为对任一封闭面来说,电流仍然是连续的。

(2) 基尔霍夫电压定律

在任一时刻,沿任一闭合回路所有支路的电压降的代数和总等于零。把这一定律写成一般形式即为$\sum U=0$,例如在图3.5所示的闭合回路中,电阻两端的电压参考正方向如箭头所示,如果从节点a出发,顺时针方向绕行一周又回到a点,便可写出:

$$U_1+U_2+U_3-U_4-U_5=0$$

显然,基尔霍夫电压定律也和闭合回路上元件的性质无关。因此,不论是线性电路还是非线性电路,都遵循此定律。

4) 实验内容与步骤

用图3.6所示实验电路验证基尔霍夫电流定律和电压定律。

图中$U_S=10\text{ V}$为实验台上直流电压源输出电压,实验中调节好后保持不变,实验时各条支路电流及总电流用电流表测量,回路中各电压用电压表测量。

(1) 基尔霍夫电流定律

将直流电流表串接于电路各支路中,测出图3.6电路中所标示的各电流值,数据填入表3.2。

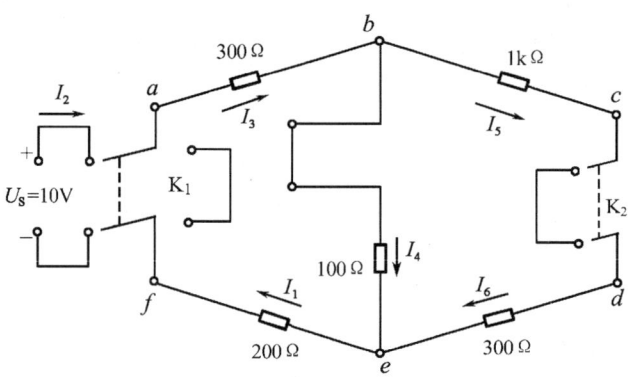

图 3.6 基尔霍夫定律实验电路图

表 3.2 基尔霍夫电流定律

项 目	I_1	I_2	I_3	I_4	I_5	I_6
测量值（mA）						
$\sum I$ 测量值（mA）	$\sum I_b =$			$\sum I_e =$		

（2）基尔霍夫电压定律

将直流电压表并接于图 3.6 的电路中，测量并记录表 3.3 中各电压值。例如在测量 U_{ab} 时，应将电压表的正负接线柱分别接于 a 和 b。

表 3.3 基尔霍夫电压定律

项 目	U_{ab}	U_{bc}	U_{de}	U_{ef}	U_{fa}	U_{be}
测量值（V）						
$\sum U$ 测量值（V）	$\sum U_{(abcdefa)} =$		$\sum U_{(abefa)} =$		$\sum U_{(bcdeb)} =$	

5）注意事项

（1）用直流电压表调节 U_s 时，应注意电源和电压表之间极性的对应，选好量程，调节准确。

（2）用直流电流表测量三条支路电流时，将电流表串联接入所在支路，注意电流表的极性需参考图中标注的参考方向。在用电压表测量电压时，当读数有负号时，符号不能省略。

（3）计算表中节点电流或回路电压时，应注意需要的参数和测量所得的参数之间的联系或区别。

6）实验报告

（1）根据实验所测数据，计算表中 $\sum I$ 和 $\sum U$。

（2）根据基尔霍夫定律及电路参数计算出图 3.6 中各支路的电流及电压，将计算结果与实验测量结果进行比较，说明出现误差的原因。

（3）总结对基尔霍夫定律的认识。

7）思考题

电压和电位有什么区别？如何确定电路中电压、电流的实际方向？

3.3（实验 3） 叠加定理

1）实验目的

(1) 通过实验来验证线性电路中的叠加定理及其适用范围。

(2) 熟练掌握常用仪器仪表的使用方法。

2）实验仪器与设备

(1) 直流电压源、直流电流源

(2) 直流电压表、直流电流表

(3) D02 直流电路实验单元

3）实验原理

在线性电路中，如果有多个独立电源共同作用，它们在电路中任一支路产生的电流或电压，等于各个独立电源分别单独作用时，在该支路产生的电流或电压的代数和，这一结论称为线性电路的叠加定理；如果网络是非线性的，叠加定理不适用。

本实验中，先使电压源和电流源分别单独作用，测量电路中各点间的电压，然后再使电压源和电流源共同作用，测量各点间的电压，验证是否满足叠加定理。

独立电源单独作用，是指当某个独立电源单独作用于网络时，其余的电压源短路，电流源开路。

4）实验内容与步骤

(1) 按图 3.7 接线，先不加 I_S，调节好 $U_1=10$ V，$U_2=5$ V。

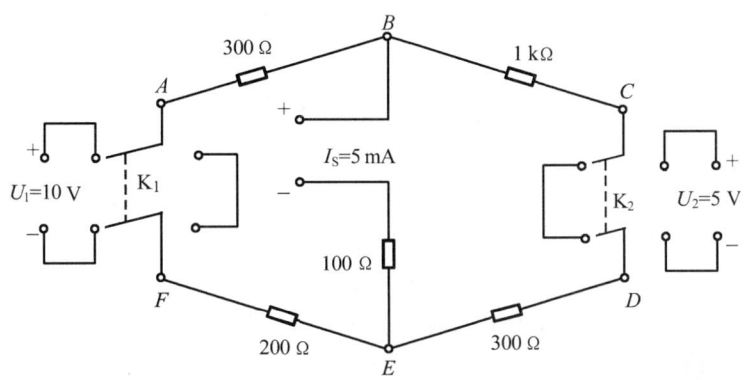

图 3.7　叠加定理实验电路图

(2) K_1 接通电源，K_2 打向短路侧，用直流电压表测量表 3.4 中各电压值，注意测量值的符号，将数据填入表 3.4。

(3) K_2 接通电源，K_1 打向短路侧，重复测量并记录表 3.4 中各电压值。

(4) K_1、K_2 都打向短路侧，I_S 输出经电流表接至电路"+"及"−"端，并调节至 5 mA，重复实验测量。

(5) 在上一步骤测量完后将 K_1、K_2 都接至电源，重复测量并记录各电压值，完成表 3.4。

表 3.4 叠加定理验证电路的测试数据

项目	U_{AB}(V)	U_{BC}(V)	U_{FE}(V)	U_{ED}(V)	U_{BE}(V)
U_1 单独作用					
U_2 单独作用					
I_S 单独作用					
U_1、U_2、I_S 共同作用					
各电源单独作用之和					
共同作用的理论值					
绝对误差					
相对误差					

5) 注意事项

(1) 调节直流电压源和直流电流源时,需注意对应电表的量程和极性,且需调节准确。

(2) 电压源置零时,需将拨开关打到短路一侧;电流源置零时,需要从电路中拔掉电流源的导线。

(3) 在测量某电压 U_{AB} 时,需要将电压表的正接线柱接至 A,负接线柱接至 B,然后读取显示值,有负号则表明 U_{AB} 为负值,无负号则表明 U_{AB} 为正值。

6) 实验报告

(1) 将测量数据列表,计算三个电源单独作用时实验所测的各电压值之和,并将其与三个电源共同作用时实验所测的各电压值相比较,初步验证叠加定理;计算三个电源共同作用时的各个电压的理论值,将其与三个电源共同作用时实验所测的各电压值相比较,并计算两者之间的绝对误差和相对误差,填入表 3.4。

(2) 可选做含非线性元件的电路的实验,证明是否适用叠加定理(如将电路中 1 kΩ 电阻换成稳压管)。

7) 思考题

(1) 如果把与 I_S 串联的 100 Ω 电阻换成 200 Ω,则对三个电源共同作用时的各电压的测量值有何影响?

(2) 如果电压源有不可忽略的内电阻,电流源有不可忽略的内电导,那么在实验中使用该电源应该如何处理?

3.4(实验 4) 戴维南定理和诺顿定理

1) 实验目的
(1) 通过实验来验证戴维南定理和诺顿定理。
(2) 通过实验来验证电压源与电流源进行等效变换的条件。

2) 实验仪器与设备
(1) 直流电压源、直流电流源。

(2) 直流电压表、直流电流表。
(3) D02 直流电路实验单元。
(4) D01 大功率组合电阻箱。

3) 实验原理

戴维南定理：对于任何一个线性有源二端网络 N，如图 3.8(a)所示，对端口外部电路而言，可以用一个电压源与一个电阻的串联组合来等效代替，如图 3.8(b)所示，电压源的电压等于该网络 N 端口 a、b 处的开路电压 U_{OC}，其串联电阻 R_0 等于该网络 N 中所有独立电源为零时(电压源短路，电流源开路)得到的无源网络在端口 a、b 之间的等效电阻。

诺顿定理：任何一个线性有源二端网络 N，如图 3.8(a)所示，对端口外部电路而言，可以用一个电流源与一个电阻的并联组合来等效代替，如图 3.8(c)所示，电流源的电流等于该网络 N 端口 a、b 处的短路电流 I_{SC}，其并联电阻 R_0 等于该网络 N 中所有独立电源为零时(电压源短路，电流源开路)得到的无源网络在端口 a、b 之间的等效电阻。

(a) 有源二端网络　　(b) 戴维南等效电路　　(c) 诺顿等效电路

图 3.8　线性有源二端网络及等效电路

4) 实验内容与步骤

本实验用图 3.9 所示线性网络来验证戴维南定理和诺顿定理。

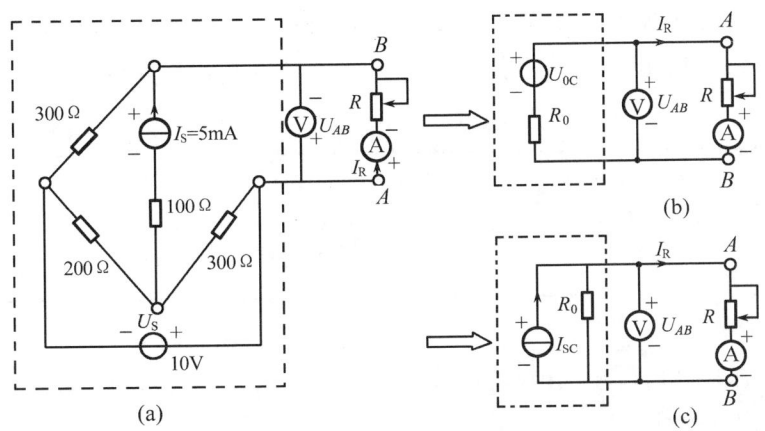

图 3.9　戴维南定理和诺顿定理实验电路图

(1) 按图 3.9(a)接线，改变负载电阻 R，测量对应的 U_{AB} 和 I_R 的数值，数据填入表 3.5，特别注意要测出 $R=\infty$ 及 $R=0$ 时的电压和电流。

表 3.5　有源二端网络的外特性

$R(\Omega)$	0	100	200	300	400	500	600	700	800	900	∞
$U_{AB}(V)$											
$I_R(mA)$											

（2）测量无源二端网络的等效电阻

将电压源置零(实际操作时,应该先关掉电压源,再把接电压源的两根导线从电路中取下来,此时电压源未接入电路中,然后把接电压源的两个接线柱用一根导线短接),将电流源置零(实际操作时,应该先关掉电流源,再把接电流源的两根导线从电路中取下来,此时电流源未接入电路中,原来接电流源的两个接线柱处于断开状态),再将负载断开,用直流伏安法或者用万用表的电阻挡直接测量 A、B 两点之间的电阻 R_{AB},该电阻即为无源二端网络的等效电阻。

（3）验证戴维南定理

选用实验台上适当的电阻和电阻箱的电阻进行组合,使其等于 R_{AB},然后将直流电压源的输出电压调到 U_{OC}(步骤(1)时所测得的开路电压),并将其与 R_{AB} 串联,如图 3.9(b)所示。重复测量 U_{AB} 和 I_R,数据填入表 3.6,并与步骤(1)所测得的表 3.5 中数据进行对比、分析,以验证戴维南定理。

表 3.6　戴维南定理测量表

$R(\Omega)$	0	100	200	300	400	500	600	700	800	900	∞
$U_{AB}(V)$											
$I_R(mA)$											

（4）验证诺顿定理

将直流电流源的输出电流大小调到步骤(1)中所测得的短路电流 I_{SC},将其与等效电阻 R_{AB} 并联后组成实际电流源,接上负载电阻,如图 3.9(c)所示,重复步骤(1)的测量,将数据填入表 3.7,并将其与步骤(1)所测得的表 3.5 中数据进行对比、分析,以验证诺顿定理。

表 3.7　诺顿定理测量表

$R(\Omega)$	0	100	200	300	400	500	600	700	800	900	∞
$U_{AB}(V)$											
$I_R(mA)$											

5）注意事项

（1）直流电压源和电流源的值需调节准确;接入电路时,需注意电源极性的方向;测量数据时,确保电源开关都打开。

（2）每次测量时,变阻箱需从小到大变化。需注意每次测量及重新测量时直流电压表和电流表量程的切换。

6）实验报告

根据实验测得的 U_{AB} 及 I_R 数据,在同一坐标系中分别绘出 $U_{AB}=f(I_R)$ 曲线,验证它们的等效性,并分析误差产生的原因。

7) 思考题

(1) 设有源二端网络是封闭的,对外只伸出两个端钮,并要求两个端钮之间不允许短路。试问如何确定该网络的等效电路?

(2) 根据步骤(1)所测得的开路电压 U_{OC} 和短路电流 I_{SC},计算有源二端网络的等效内阻,与步骤(2)所测得的 R_{AB} 进行比较。

3.5(实验 5) CCVS 及 VCCS 受控源的研究

1) 实验目的
(1) 熟悉受控源的基本特性。
(2) 掌握受控源转移参数的测量方法。

2) 实验仪器与设备
(1) 直流电压源、直流电流源。
(2) 直流电压表、直流电流表。
(3) D03 电路有源元件实验单元。
(4) D01 大功率组合电阻箱。

3) 实验原理

电源有独立电源(如电池、发电机等)与非独立电源(或称受控源)两种。

独立电源的电压或电流是某一固定数值或某一时间函数,不随电路其余部分的状态而改变,且理想独立电压源的电压不随其输出电流而改变,理想独立电流源的输出电流与其端电压无关。

受控源的电压或电流随着电路网络中另一支路的电压或电流的变化而变化,当控制的电压或电流消失或等于零时,受控源的电压或电流也将为零。

受控源又与无源元件不同,无源元件的电压和它自身的电流有一定的函数关系,而受控源的输出电压或电流则与另一支路(或元件)的电流或电压有某种函数关系。

独立电源与无源元件是二端器件,受控源则是四端器件(或称为双口器件),它有一对输入端和一对输出端。输入端用来控制输出端电压或电流的大小,施加于输入端的控制量可以是电压或电流,因此受控源可分为电压控制电压源(VCVS)、电流控制电压源(CCVS)、电压控制电流源(VCCS)、电流控制电流源(CCCS)4 种类型。

当受控源的电压(或电流)与控制支路的电压(或电流)成正比时,该受控源是线性的。

理想受控源的控制支路中只有一个独立变量(电压或电流),另一个独立变量等于零。在控制端,对电压控制的受控源,其输入电阻为无穷大($I_i = 0$);对电流控制的受控源,其输入电阻为零($U_i = 0$)。即从入口看,理想受控源或者是开路,或者是短路。

在受控端,对于受控电压源,其输出电阻为零,输出电压恒定;对于受控电流源,其输出电阻为无穷大,输出电流恒定。因此,从出口看,理想受控源或者是一个理想电压源,或者是一个理想电流源。

表示受控源的控制端与受控端关系的关系式称为转移函数,4 种受控源的转移函数参量分别用 r、g、μ、β 表示,它们的定义如下:

① CCVS: $r=U_2/I_1$, 转移电阻;

② VCCS: $g=I_2/U_1$, 转移电导;

③ VCVS: $\mu=U_2/U_1$, 转移电压比(或电压增益);

④ CCCS: $\beta=I_2/I_1$, 转移电流比(或电流增益)。

4) 实验内容与步骤

(1) CCVS 的伏安特性及转移电阻 r 的测量

① 实验电路如图 3.10 所示。

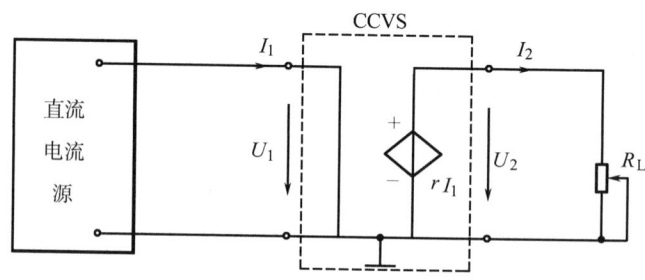

图 3.10 CCVS 实验电路图

② 实验步骤

a. 按图 3.10 接线,接通直流电流源。

b. 调节直流电流源的输出电流使 $I_1=5$ mA,然后改变 R_L,测量 R_L 为不同值时对应的 U_2、I_2,将所测数据填入表 3.8,并绘制出 CCVS 的负载特性曲线 $U_2=f(I_2)$。

为使 CCVS 能正常工作,应使 I_2 在 ± 5 mA 以内,U_2 在 ± 5 V 以内,$R_L \geqslant 1$ kΩ。

表 3.8 CCVS 负载特性表 ($I_1=5$ mA)

R_L(kΩ)	1	2	3	4	5	6	7	8	9	10	∞
U_2(V)											
I_2(mA)											

c. 固定 $R_L=1$ kΩ,改变直流电流源的输出电流 I_1,在其为不同数值时分别测量 U_2、I_2,将所测数据填入表 3.9,计算转移电阻 r,并绘制出转移特性曲线 $U_2=f(I_1)$。

表 3.9 CCVS 转移特性表 ($R_L=1$ kΩ)

I_1(mA)	U_2(V)	I_2(mA)	$r=U_2/I_1$ (Ω)
1			
−1			
2			
−2			

续表3.9

I_1(mA)	U_2(V)	I_2(mA)	$r=U_2/I_1$ (Ω)
5			
−5			

(2) VCCS 的伏安特性及转移电导 g 的测量

① 实验电路如图 3.11 所示。

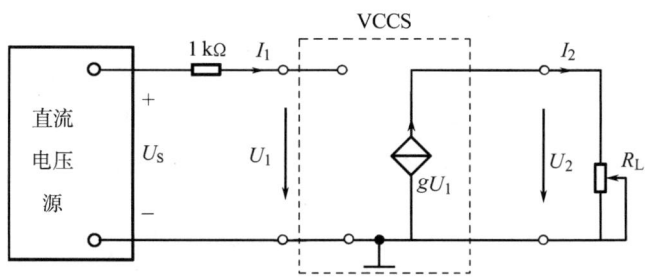

图 3.11　VCCS 实验电路图

② 实验步骤

a. 按图 3.11 接线，接通直流电压源。

b. 调节直流电压源的输出电压使 $U_S=5$ V，然后改变 R_L，测量 R_L 为不同值时对应的 U_2、I_2，将所测数据填入表 3.10，并绘制出 VCCS 的负载特性曲线 $I_2=f(U_2)$。

为使 VCCS 能够正常工作，应使 U_1（或 U_2）在±5 V 以内，I_1（或 I_2）在±5 mA 以内，$R_L \leqslant 1$ kΩ。

表 3.10　VCCS 负载特性表($U_S=5$ V)

R_L(Ω)	1 000	900	800	700	600	500	400	300	200	100
U_2(V)										
I_2(mA)										

c. 固定 $R_L=1$ kΩ，改变直流电压源的输出电压 U_S，在其为不同数值时分别测量 U_1、I_2，将所测数据填入表 3.11，计算转移电导 g，并绘制出 VCCS 的转移特性曲线 $I_2=f(U_1)$。

表 3.11　VCCS 转移特性表($R_L=1$ kΩ)

U_S(V)	U_1(V)	I_2(mA)	$g=I_2/U_1$(1/Ω)
1			
−1			
2			

续表3.11

U_S(V)	U_1(V)	I_2(mA)	$g = I_2/U_1(1/\Omega)$
−2			
5			
−5			

5) 注意事项

(1) 准确选择 CCVS 模块和 VCCS 模块。

(2) 需注意所用直流电源数值的准确性,以及电源正负极性的对调使用。

(3) 测量表 3.8 中数据时,图 3.10 中×1 kΩ 变阻箱在变化过程中不能切换到 0 挡位,即短路状态;在测量表 3.10 中数据时,图 3.11 中×100 Ω 变阻箱在变化过程中不能切换到 ∞ 挡位,即开路状态。

(4) 计算表 3.9 中的转移电阻 r 和表 3.11 中的转移电导 g 时,注意电压(V)和电流(mA)的单位。

6) 实验报告

根据实验数据,在坐标纸上绘制出表 3.8 的 CCVS 受控源的负载特性曲线图;绘制出表 3.9 的转移特性曲线图,并计算出相应的转移电阻 r;绘制出表 3.10 的 VCCS 受控源的负载特性曲线图;绘制出表 3.11 的转移特性曲线图,并计算出相应的转移电导参数 g。

7) 思考题

(1) 受控源与独立源相比有何异同点?受控源的控制特性是否适用于交流信号?

(2) 若令受控源的控制极性反向,试问其输出极性是否发生变化?

3.6(实验 6)　三表法测量交流电路等效阻抗

1) 实验目的

(1) 掌握交流电压表、交流电流表、功率表的使用方法。

(2) 学习用交流电压表、交流电路表、功率表测量交流电路等效参数的方法。

2) 实验仪器与设备

(1) 函数信号发生器。

(2) 功率表。

(3) 交流电压表、交流电流表。

(4) 电容箱、互感器实验模块。

(5) D01 大功率组合电阻箱。

3) 实验原理

在正弦交流电路中,负载可以是电阻、电感或电容,也可能是它们的组合。如用阻抗 $Z = R + jX$ 表示其电路参数,该负载可以等效为电阻 R 与电抗 X 的串联。

用交流电压表、交流电流表和功率表分别测量元件或无源网络的电压、电流和有功功率,即可间接测得交流电路元件的等效参数,这种测量方法称为"三表法",该方法是测量正弦交流电路参数的基本方法。三表法测量电路原理图如图 3.12 所示。

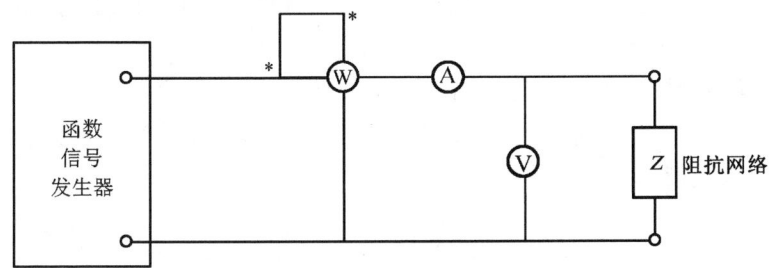

图 3.12 三表法测量电路

电压 U、电流 I、有功功率 P 及阻抗 Z 有以下关系:

阻抗的模 $\quad |Z| = \dfrac{U}{I}$

功率因数 $\quad \cos\varphi = \dfrac{P}{UI}$

等效电阻 $\quad R = \dfrac{P}{I^2} = |Z|\cos\varphi$

等效电抗 $\quad X = |Z|\sin\varphi$

被测阻抗如果为感性,对应的等效参数为:$R = |Z|\cos\varphi$, $L = \dfrac{X}{\omega} = \dfrac{X}{2\pi f}$

被测阻抗如果为容性,对应的等效参数为:$R = |Z|\cos\varphi$, $C = \dfrac{1}{\omega X} = \dfrac{1}{2\pi f X}$

由"三表法"测得的 U、I、P 的数值还不能判别被测阻抗属于感性还是容性,除了常采用并联适当电容的方法外,还可利用示波器观察阻抗元件的电流及端电压之间的相位关系,电压超前电流为感性,反之为容性。

4) 实验内容与步骤

(1) 图 3.12 中阻抗网络 Z 可采用图 3.13 的结构,其中图 3.13 中的(a)图为容性阻抗网络:C 为 4 μF,可用电容箱中的电容,R 选用电阻箱中的 100 Ω 电阻;(b)图为感性阻抗网络:L 为互感器线圈原边,原边可等效为纯电感(约 100 mH)和线性电阻 R_L(约为 10 Ω~30 Ω)的串联,R 选用电阻箱中的 100 Ω 的电阻。

图 3.13 三表法实验电路图

(2) 按图3.12接好线路,功率表同名端连在一起,电流量限选用0.4 A,电压量限选用50 V。

(3) 调节函数信号发生器的频率旋钮,满足测量容性阻抗网络时频率为500 Hz,输出电压从9 V逐渐减小至0,在此过程中,读取交流电流表、电压表和功率表的读数,挑选多组数据记入表3.12中对应部分。

(4) 把容性阻抗网络换成感性阻抗网络,重新调节信号发生器的频率至200 Hz/0.2 kHz,输出电压从9 V逐渐减小至0,在此过程中,读取交流电流表、电压表和功率表的读数,挑选多组数据记入表3.12中对应部分。

表3.12 三表法实验测量表

阻抗	直接测量值			中间计算值			网络等效参数	
	$U(V)$	$I(mA)$	$P(W)$	$Z(\Omega)$	$\cos\varphi$	$X(\Omega)$	$R(\Omega)$	L 或 C
容性阻抗 $f=500$ Hz								
感性阻抗 $f=200$ Hz								

5) 注意事项

(1) 将功率表的同名端按标准接法连在一起,否则功率表中模拟表指针反偏而数字表无显示。

(2) 使用功率表测量时必须正确选定电压量限与电流量限,按下相应的按键开关,否则功率表将有不适当显示。

(3) 由于函数信号发生器的电压输出较小,最大值大约为9.6 V,这样会导致实验过程中,最终测出的功率值比较小,甚至有时候由于功率值太小而无法被功率表显示。所以在实验过程中,需要减小负载的阻抗值,尽量增大电流值,使最终显示的功率值变大,以便功率表能准确显示。

6) 实验报告

(1) 根据实验原理部分的公式,计算表3.12中的各个参数,并最终得到电容值和电感值。

(2) 计算所得电容值、电感值与实际电容值、电感值的误差,并分析误差产生的原因。

7) 思考题

(1) 用直流电流表和直流电压表测定电阻伏安特性时的两种接线方式(电流表内外接),在测定交流电路的参数时,是否也需要考虑接线方式?

(2) 在无源二端口网络可并联一个小容量的电容,通过测量并联电容前后电流的变化来判断该无源二端口网络是容性阻抗还是感性阻抗。请说明这种方法的依据,并分析电流参数变化的过程。

3.7(实验7) 日光灯电路功率因数的提高

1) 实验目的

(1) 掌握日光灯电路的工作原理,并能正确迅速连接电路。

(2) 通过实验了解提高功率因数的原理及意义。

(3) 熟练掌握功率表的使用方法。

2) 实验仪器与设备

(1) 单相可调电源

(2) 功率表

(3) 交流电压表、交流电流表

(4) 日光灯实验模块

3) 实验原理

日光灯电路由灯管 A、镇流器 L(带铁芯电感线圈)、启辉器 S 组成,具体见图 3.14。当接通 220 V 交流电源后,启辉器内发生辉光放电,双金属片受热弯曲,触点接通,将灯丝预热使其发射电子,启辉器接通后辉光放电停止,双金属片冷却,又将触点断开,这时镇流器感应出的高电压加在灯管两端使日光灯管放电,产生大量紫外线,灯管内壁的荧光粉吸收后辐射出可见光,日光灯开始正常工作。启辉器相当于一只自动开关,能自动接通电路(加热灯

图 3.14 日光灯电路原理图

丝)和断开电路(使镇流器产生高压,使灯管产生弧光放电),镇流器的作用除了感应出高电压使灯管放电外,在日光灯正常工作时,还起到限制电流的作用,镇流器的名称也由此而来。由于电路中串联着镇流器,它是一个电感量较大的线圈,因而整个电路的功率因数较低。

在电力系统中,当负载的有功功率一定,电源电压一定时,功率因数越小,供电线路中的电流就越大,在供电线路上的功率损耗(称为线损)越大,线路上的压降越大,从而降低了电能的传输效率,影响供电质量,也使电源容量得不到充分利用。为了提高功率因数,一般最常用的方法是在负载两端并联一个补偿电容器,以抵消负载电流的一部分无功分量。在日光灯电路接电源两端并联一个可变电容,见图 3.15(a)中虚线框内所示,当电容的容量逐渐增加时,电容支路电流 $\dot{I}_C$ 也随之增大,因 $\dot{I}_C$ 超前电压(U)90°,可以抵消电流 $\dot{I}_G$ 的一部分无功分量 $\dot{I}_{GL}$,结果总电流 $\dot{I}$ 逐渐减小,但如果电容器 C 增加过多(过补偿),那么 $\dot{I}_C$ 就会大于 $\dot{I}_{GL}$,使得总电流又将增大。向量关系如图 3.15(b)所示。

(a) 实验图

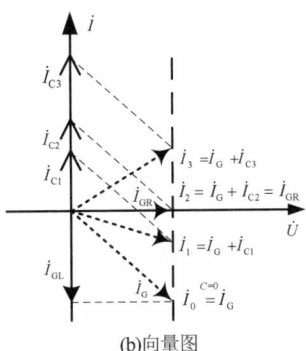
(b) 向量图

图 3.15 日光灯电路实验图及相量图

4) 实验内容与步骤

（1）检查日光灯实验模块：实验前，将拨开关扳向"内接220 V"，此时由内部将220 V电源接至日光灯单元，以检查日光灯单元是否完好，能否进行正常的实验。如果有问题需要检查日光灯单元，重点检修启辉器和日光灯灯管，如果灯管正常照明，则表明可以进行下一步的实验，紧接着需要把拨开关扳向"外接220 V"，通过外接电源，经过多种电表，最终把220 V电压加到日光灯单元端口处，从而进行各种参数的测量。

（2）检查单相可调交流电源，并用交流电压表将其调节至220 V待用，检查交流电压表、交流电流表和功率表，并且为各电表选择合适的量程，确保电表处于待用状态，再按照图3.15(a)进行接线，最后经检查后，才可通电进行实验。

（3）改变可变电容箱中的电容值，先使$C=0$，用交流电压表分别测量日光灯单元端口的总电压U，镇流器两端的电压U_L，灯管两端的电压U_A；用交流电流表测得总电流I；用功率表测得有功功率P，并将各参数记入表3.13中。

（4）按照表3.13中的要求，逐渐增加电容C的数值，重复步骤（3）。

（5）把交流电流表分别串联于日光灯支路和电容支路，按照表3.13中的要求，逐渐增加电容C的数值，测量并记录日光灯支路电流I_G和电容支路电流I_C。

表3.13 日光灯电路测量表

电容C(μF)	总电压U(V)	U_L(V)	U_A(V)	总电流I(mA)	I_C(mA)	I_G(mA)	P(W)	$\cos\varphi$
0								
0.47								
1.0								
1.47								
2.0								
2.47								
3.0								
3.47								
4.0								
4.47								
5.0								
5.47								
6.0								

5) 注意事项

（1）本实验为强电实验，电压值达220 V，实验时须特别注意安全，不允许带电操作；接完线需要复查线路，确认无误后，再通电实验；导线不允许串接变长后使用；一个接线柱接入导线不允许超过两根。

（2）日光灯电路是一个复杂的非线性电路，原因有二：其一是灯管在交流电压接近零时熄灭，使电流间隙中断；其二是镇流器为非线性电感。

（3）为保护功率表中指针表免受开机冲击，JDW32型功率表采用指针表开机延时工作方式，仪表通电后约10 s两表自动进入同步显示。

（4）本实验如数据不符合理论规律，首先检查供电电源波形是否过度畸变，因目前电网波形高次谐波分量相当高，如能安装电源进线滤波器，则基本能解决波形畸变问题。

（5）日光灯启动电压随环境温度会有所改变，一般在180 V左右可启动，日光灯启动时电流较大（约0.6 A），工作时电流约0.37 A。实验过程中应注意仪表量程范围的选择。

（6）日光灯管功率（本实验中日光灯标称功率为20 W）和镇流器所消耗功率都随温度而变化，在不同环境温度及接通电路不同时间后功率会有所变化。

（7）日光灯灯管两端各有两个引脚，测量其两端电压 U_L 时，两端各取一个引脚所对应的接线柱用电压表加以测量即可，尽管有多种测法，但数值不尽一样。

6）实验报告

（1）根据表3.13中的数据计算 $\cos\varphi = P/UI$，并分析各参数变化的规律及变化原因。

（2）在坐标纸上绘制出总电流 $I = f(C)$ 的曲线图，并结合表中总电流 I 和功率 P 的一对一关系加以分析。

7）思考题

（1）从理论上分析，当总电流在什么状态时电路可以达到完全补偿？实际测量时，总电流为多少时功率因数达到最大值，最大值是多少？

（2）并联电容后功率表的读数有无变化？请具体分析。

3.8（实验8） 互感电路

1）实验目的

（1）学会互感电路同名端的判定方法，以及互感系数、耦合系数的测定方法。

（2）通过将两个具有互感耦合的线圈顺向串联和反向串联的实验，加深理解互感对电路等效参数以及电压、电流的影响。

2）实验仪器与设备

（1）直流电压源。

（2）直流电压表、直流电流表。

（3）函数信号发生器。

（4）交流电压表、交流电流表。

（5）互感器实验模块。

3）实验原理

进行互感电路的分析计算时，除了需要考虑线圈电阻、电感等参数的影响外，还应特别注意互感电势（或互感电压降）的大小及方向的正确判定。为了测定互感电势的大小，可将两个具有互感耦合的线圈中的一个线圈（例如线圈2）开路而在另一个线圈（线圈1）上加一定电压，用电流表测出这一线圈中的电流 I_1，同时用电压表测出线圈2的端电压 U_2，如果所用的电压表内阻很大，可近似认为 $I_2 = 0$（即线圈2可看作开路），这时电压表的读数就近似地等于线圈 2 中互感电动势 E_{2M}，即：

$$U_2 \approx E_{2M} = \omega M I_1$$

式中：ω 为电源的角频率。可算出互感系数 M 为：

$$M \approx U_2 / \omega I_1$$

正确判断互感电动势的方向，必须首先判定两个具有互感耦合的同名端，如图 3.16(a)所示的判定互感电路同名端的方法是：用一个直流电源经开关与互感线圈 1 接通，在线圈 2 的回路中接一个直流毫安表，在开关 K 闭合的瞬间，线圈 1 回路中的电流 I_1 通过互感耦合将在线圈 2 中产生互感电动势并在线圈 2 回路中产生电流 I_2，使所接毫安表发生偏转。根据楞次定律及图 3.16 所假定的电流正方向，当毫安表正向偏转时，线圈 1 与电源正极相接的端点 1 和线圈 2 与直流毫安表正极相接的端点 2 便为同名端；如毫安表反向偏转，则此时线圈 2 与直流表负极相接的端点 $2'$ 和线圈 1 与电源正极相接的端点 1 为同名端（注意上述判定同名端的方法仅在开关 K 闭合瞬间才成立）。

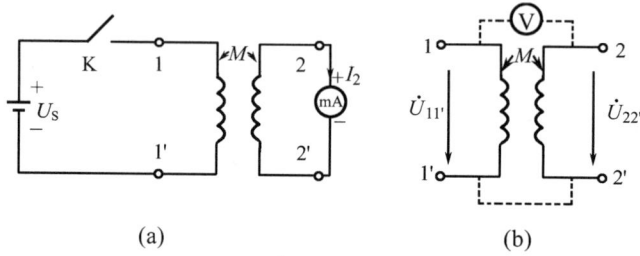

图 3.16 互感电路同名端的判定方法

互感电路同名端也可利用交流电压来测定，如图 3.16(b)所示，将线圈 1 的一个端点 $1'$ 与线圈 2 的一个端点 $2'$ 用导线连接。在线圈 1 两端施加交流电压，用电压表分别测出 1、$1'$ 两端与 1、2 两端的电压，设这两个电压分别为 $U_{11'}$ 与 U_{12}，如果 $U_{12} > U_{11'}$，则用导线连接的两个端点（$1'$ 与 $2'$）应为异名端（也即 $1'$ 与 2 以及 1 与 $2'$ 为同名端），因为如果我们假定正方向为 $U_{11'}$，当 1 与 $2'$ 为同名端时，线圈 2 中互感电压的正方向应为 $U_{2'2}$，所以 $U_{12} = U_{11'} + U_{2'2}$（因 $1'$ 与 $2'$ 相连）必然大于电源电压 $U_{11'}$。同理，如果 1、2 两端电压的读数 U_{12} 小于电源电压（即 $U_{12} < U_{11'}$），此时 $1'$ 与 $2'$ 为同名端。

互感电路的互感系数 M 也可以通过将两个具有互感耦合的线圈顺向串联和反向串联而测出。

当两线圈顺接时，如图 3.17(a)，有：

$$\begin{aligned}\dot{U} &= \dot{I}(R_1 + j\omega L_1) + \dot{I}j\omega M + \dot{I}(R_2 + j\omega L_2) + \dot{I}j\omega M \\ &= \dot{I}[(R_1 + R_2) + j\omega(L_1 + L_2 + 2M)] \\ &= \dot{I}(R_{等效} + j\omega L_{等效})\end{aligned}$$

由此可得出顺接时电路的等效电感：

$$L_{等效} = L_1 + L_2 + 2M$$

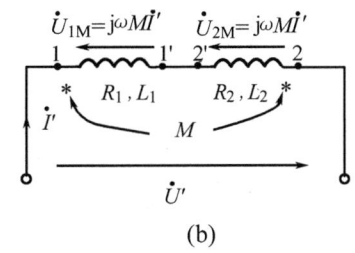

图 3.17 互感电路的互感系数 M 的测量方法

如图 3.17(b)所示，两个线圈反接时，电压方程式为：

$$\dot{U}' = \dot{I}'(R_1 + j\omega L_1) - \dot{I}'j\omega M + \dot{I}'(R_2 + j\omega L_2) - \dot{I}'j\omega M$$
$$= \dot{I}'[(R_1 + R_2) + j\omega(L_1 + L_2 - 2M)]$$
$$= \dot{I}'(R'_{等效} + j\omega L'_{等效})$$

由此可得出反接时电路的等效电感：

$$L'_{等效} = L_1 + L_2 - 2M$$

如果用直流伏安法或万用表测出两线圈的电阻 R_1 和 R_2，再用电压表和电流表分别测出顺接时的电压 U 和电流 I，反接时的电压 U' 和电流 I'，则：

$$Z_{等效} = \sqrt{R_{等效}^2 + (\omega L_{等效})^2}$$
$$Z'_{等效} = \sqrt{R_{等效}^2 + (\omega L'_{等效})^2}$$
$$X_{等效} = \sqrt{Z_{等效}^2 - (R_1 + R_2)^2} = \omega L_{等效} = \omega(L_1 + L_2 + 2M)$$
$$X'_{等效} = \sqrt{Z'^2_{等效} - (R_1 + R_2)^2} = \omega L'_{等效} = \omega(L_1 + L_2 - 2M)$$

算得：
$$M = \frac{X_{等效} - X'_{等效}}{4\omega}$$

上述方法也可判定两个具有互感耦合的线圈的极性，当两线圈用正、反两种方法串联后，加以同样电压，电流数值大的一种接法是反向串联，电流数值小的一种接法是顺向串联，由此可判定出线圈极性(同名端)。

4) 实验内容与步骤

(1) 用直流电源和交流电源分别测试互感线圈的同名端，自定方法，但需注意直流电源只能在开关合闸瞬间接通线圈，看出电表偏转方向后即打开开关，线路中电流不超过 0.25 A，电表可单独使用 JDA-21 型电流表中的指针表头。

(2) 用交流伏安法测定线圈的 L_1、L_2 及 M，电源可用函数信号发生器正弦波输出，频率可调至 200 Hz (如果直接用电网电压，有波形差、干扰大、电压不稳等缺点)，电流不超过 0.25 A。

(3) 用顺串法与反串法测量 M，电流不超过 0.25 A，完成表 3.14～表 3.16。

表 3.14　线圈 2 开路测量表

线圈 1 电阻 $R_1 = $ ____ Ω　　　频率 $f = 200$ Hz

测量次数	测量值				计算结果					
	U_1 (V)	I_1 (A)	U_2 (V)	I_2 (A)	Z_1 (Ω)	X_1 (Ω)	L_1 (H)	M (H)	$L_{1平均}$ (H)	$M_{平均}$ (H)
①										
②										
③										

表 3.15　线圈 1 开路测量表

线圈 2 电阻 $R_2 = $ ____ Ω　　　频率 $f = 200$ Hz

测量次数	测量值				计算结果					
	U_1 (V)	I_1 (A)	U_2 (V)	I_2 (A)	Z_2 (Ω)	X_2 (Ω)	L_2 (H)	M (H)	$L_{2平均}$ (H)	$M_{平均}$ (H)
①										
②										
③										

表 3.16　线圈 1 和线圈 2 顺向和反向串联测量表($f = 200$ Hz)

连接方法	测量次数	测量值		计算结果				
		U (V)	I (A)	$R_{等效}$	$Z_{等效}$	$X_{等效}$	互感系数 M	$M_{平均}$
顺向连接	①							
	②							
	③							
反向连接	①							
	②							
	③							

5) 注意事项

(1) 实验时,注意信号源频率在 200 Hz 时的调节,因为 200 Hz 为频率第 1 挡和 2 挡的临界点。

(2) 在表 3.14 中,互感器原边(线圈 1)开路时,电流 I_1 为 0;在表 3.15 中,互感器副边(线圈 2)开路时,电流 I_2 为 0,在上述采用两种接线方式测量互感系数 M 的电路中,根本不需要、更不能串联接入电流表以测量原边或副边开路时的电流值,若接入电流表,则形成短路,所以开路时的电流直接记为 0 即可。

(3) 线圈 1 和线圈 2 顺向连接或反向连接时,注意互感器同名端的标注位置。

6) 实验报告

(1) 总结互感线圈同名端的判定方法、互感系数的实验测试方法。

(2) 计算表格中的各参数,比较三个表格中由三种不同接线方式所得的原始数据,经计算后所得到的三个互感系数 M 的大小,并分析这些差别产生的原因。

7) 思考题

用直流通断法判断同名端时,将开关闭合和断开,判断的结果是否一致?

3.9(实验 9)　*RLC* 串联谐振

1) 实验目的

(1) 学会用实验方法测定 *RLC* 串联谐振电路的电压和电流以及学会绘制谐振曲线。

(2) 加深理解串联谐振电路的频率特性和电路品质因数的物理意义。

2) 实验仪器与设备

(1) 函数信号发生器。

(2) 交流电压表、交流电流表。

(3) 电容箱、互感器实验模块。

(4) D01 大功率组合电阻箱。

3) 实验原理

含有电感和电容元件的电路,在一定条件下可以呈现电阻性,即整个电路的总电压与总电流同相位,这种现象称为谐振。谐振时,电路的电抗为零,电路的复阻抗 $Z = R + jX = R$,此时阻抗值最小,电路对外呈现纯电阻性,在输入电压 U_i 为定值时,电路中的电流达到最大值。当电路的参数一定时,调节信号源的频率,在某一特定的频率点,电路会产生谐振现象(称为变频调谐);当电源的频率一定时,改变电路的参数 L 或 C 的数值,如 L 和 C 的取值得当,也可使电路发生谐振。

在 *RLC* 串联谐振电路中,当外加正弦交流电压的频率可变时,电路中的感抗、容抗和电抗都随着外加电源频率的改变而变化,因而电路中的电流也随着频率而变化。将这些物理量随频率而变化的特性绘成曲线,就是它们的频率特性曲线。

由于

$$X_L = \omega L, X_C = \frac{1}{\omega C}$$

$$X = X_L - X_C = \omega L - \frac{1}{\omega C}$$

$$Z = \sqrt{R^2 + \left(\omega L - \frac{1}{\omega C}\right)^2}$$

$$\varphi = \arctan \frac{\omega L - \frac{1}{\omega C}}{R}$$

将它们的频率特性曲线绘出,就得到如图 3.18 所示的一系列曲线,将 $X_L = X_C$ 时的频

率 ω 叫做串联谐振频率 ω_0，这时电路呈谐振状态，谐振角频率为：

$$\omega = \omega_0 = \frac{1}{\sqrt{LC}}$$

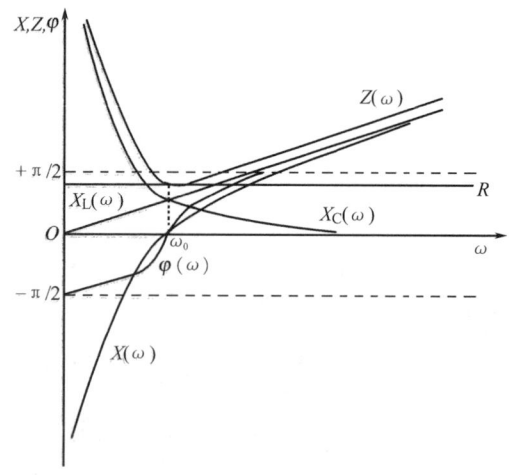

图 3.18　串联谐振电路频率特性曲线图　　　　图 3.19　不同 Q 值时的电流谐振曲线

谐振频率为：

$$f_0 = \frac{1}{2\pi\sqrt{LC}}$$

可见谐振频率由电路参数 L 及 C 决定，随着频率的变化，在 $\omega < \omega_0$ 时电路的性质呈容性；$\omega > \omega_0$ 时呈感性；$\omega = \omega_0$ 时，即在谐振点电路呈纯电阻性。

如维持外加电压 U 不变，可将谐振时的电流表示为：

$$I_0 = \frac{U}{R}$$

电路的品质因数 Q 为：

$$Q = \frac{\omega_0 L}{R} = \frac{1}{\omega_0 CR} = \frac{1}{R}\sqrt{\frac{L}{C}}$$

改变外加电压的频率，作出如图 3.19 所示的电流谐振曲线，它的表达式为：

$$\frac{I}{I_0} = \frac{1}{\sqrt{1 + Q^2\left(\frac{\omega}{\omega_0} - \frac{\omega_0}{\omega}\right)^2}}$$

当电路的 L 及 C 维持不变，只改变 R 的大小时，可以作出具有不同 Q 值的谐振曲线。Q 值越大，曲线越尖锐。在这些不同 Q 值谐振曲线图上在纵坐标 $I/I_0 = 0.707$ 处作一平行于横轴的直线，该直线与各谐振曲线交于两点：ω_1 及 ω_2，Q 值越大，这两点之间的距离越小。可以证明：

$$Q = \frac{\omega_0}{\omega_2 - \omega_1}$$

上式说明,电路的品质因数越大,谐振曲线越尖锐,电路的选择性越好,相对通频带 $(\omega_2 - \omega_1)/\omega_0$ 越小,这就是 Q 值的物理意义。

4) 实验内容与步骤

(1) 实验电路如图 3.20 所示,选 $C = 1\ \mu\text{F}$,$R = 100\ \Omega$,$L = 100\ \text{mH}$ [用互感器原边,原边可等效为纯电感(约 100 mH)和线性电阻 R_L(约为 $10\ \Omega \sim 30\ \Omega$ 之间)的串联],保持 $\dot{U}_i = 8\ \text{V}$,调节信号源的频率由小逐渐变大(注意要维持信号源的输出幅度不变),当电路中的电流 $\dot{I}$ 的读数为最大时,信号源输出信号的频率即为电路的谐振频率 f_0。在谐振点两侧,依次各取 $4 \sim 6$ 个频率测量点,逐点测出电路中对应的电流 $\dot{I}$。

图 3.20 串联谐振实验电路图

(2) 选 $C = 1\ \mu\text{F}$,$R = 400\ \Omega$,$L = 100\ \text{mH}$,重复步骤(1),完成表 3.17。

表 3.17 串联谐振测量表

串联谐振回路参数				
$R = 100\ \Omega$ 或 $R = 400\ \Omega$	$C = 1\ \mu\text{F}$	$L = 100\ \text{mH}$	$U_i = 8\ \text{V}$	$R_L = \underline{\quad}\ \Omega$
$R = 100\ \Omega$ 实验测量数据	$f_0 = \underline{\quad}$ Hz,	$f_H = \underline{\quad}$ Hz,	$f_L = \underline{\quad}$ Hz,	$Q = \underline{\quad}$
f(Hz)				
I(mA)				
$R = 400\ \Omega$ 实验测量数据	$f_0 = \underline{\quad}$ Hz,	$f_H = \underline{\quad}$ Hz,	$f_L = \underline{\quad}$ Hz,	$Q = \underline{\quad}$
f(Hz)				
I(mA)				

5) 注意事项

(1) 发生串联谐振现象时,电路中的阻抗为电阻 R 与 R_L 之和。

(2) 如果把频率作为自变量,电流作为因变量,那么在选取测量参数时,除谐振点的频率不一定为整数外,其余频率点尽量取整;也可以把电流看作"自变量",选取参数时,将电流取整数,而频率取对应的数值。

(3) 实验过程中,需要注意反映函数信号发生器质量变差的两个现象:函数信号发生器自身的带载能力变差,即空载和带载时电压值输出不同;在调节频率时,频率的变化会引起输出电压值的变化。

6) 实验报告

(1) 在坐标纸上同一坐标内绘制出电阻为 100 Ω 和电阻为 400 Ω 时的电流谐振曲线,并比较这两条曲线的特点。

(2) 计算 Q 值与相对通频带。

(3) 根据实验电路给出的元件参数值，计算电路的谐振频率。

7) 思考题

(1) 改变电路的哪些参数可以使电路发生谐振，电路中 R 的数值是否影响谐振频率值？

(2) 如何判断电路是否发生谐振？测试谐振点的方案有哪些？

(3) 要提高 RLC 串联谐振电路的品质因数，电路参数应如何改变？

(4) 在谐振时，对应的 U_L 与 U_C 是否相等？如有差异，原因何在？

3.10（实验 10） 三相交流电路电压、电流的测量

1) 实验目的

(1) 学会三相负载星形和三角形的连接方法，掌握这两种接法中的线电压和相电压、线电流和相电流的测量方法。

(2) 验证对称三相电路中电压之间、电流之间的 $\sqrt{3}$ 倍关系。

(3) 观察分析三相四线制中，当负载不对称时中线的作用。

(4) 学会相序的测试方法。

2) 实验仪器与设备

(1) 三相电源。

(2) 交流电压表。

(3) 交流电流表。

(4) D05 三相组合负载。

3) 实验原理

将三相负载[图 3.21(a)]各相的一端 X、Y、Z 连接在一起接成中点 N'，A、B、C（或 U、V、W）分别接于三相电源即为星形连接，如图 3.21(b) 所示，这时相电流等于线电流。如电源为对称三相电压，则因线电压是对应的相电压的矢量差，在负载对称时线电压是相电压的 $\sqrt{3}$ 倍，即：

$$U_{线} = \sqrt{3} U_{相}$$

(a) 三相负载　　(b) 星形连接　　(c) 三角形连接

图 3.21　三相负载及星形、三角形连接

这时各相电流也对称，电源中点 N 与负载中点 N' 之间的电压为零，如用中线将两中点连接起来，中线 NN' 中的电流也等于零。如果负载不对称，则中线就有电流流过，这时如将

中线断开,三相负载的各相相电压不再对称,各相电灯出现亮、暗不同的现象,这就是中点位移引起的各相电压不等的结果。

如果将实验图 3.21(a) 的三相负载的 X 与 B、Y 与 C、Z 与 A 分别相连,再在这些连接点上引出三根导线至三相电源,即为三角形连接法,如图 3.21(c) 所示。这时线电压等于相电压,但线电流为对应的两相电流的矢量差,负载对称时,它们之间也有 $\sqrt{3}$ 倍的关系,即:

$$I_{线} = \sqrt{3} I_{相}$$

若负载不对称,虽然不再有 $\sqrt{3}$ 倍的关系,但线电流仍为相应的相电流矢量差,这时只有通过矢量图方能计算出它们的大小和相位。

在三相电源供电系统中,电源线相序的确定是极为重要的事情,因为只有同相序的系统才能并联工作,三相电动机的转子的旋转方向也完全决定于电源线的相序,许多电力系统的测量仪表及继电保护装置也与相序密切相关。

确定三相电源相序的仪器称为相序指示器,它实际上是一个星形连接的不对称电路,一相中接有电容 C,另两相分别接入相等的电阻 R(或两个相同的灯泡),如图 3.22 所示。

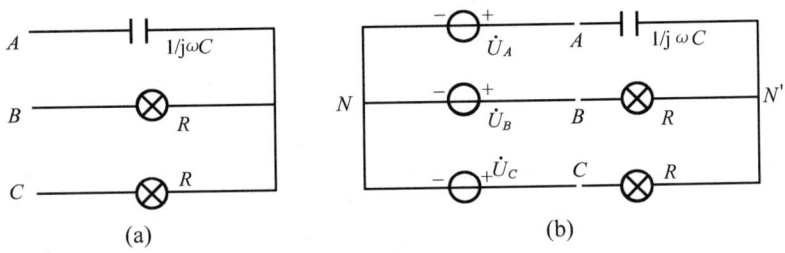

图 3.22 相序指示器

如果把图 3.22(a) 的电路接到对称三相电源上,等效电路如图 3.22(b) 所示,则如果认定接电容的一相为 A 相,那么,其余两相中相电压较高的一相必定是 B 相,相电压较低的一相是 C 相。B、C 两种电压的相差程度决定于电容的数值,电容可取任意值,在极限情况下 B、C 两相电压相等,即如果电容 $C=0$,A 相断开,此时 B、C 两相电阻串接在线电压上,如两电阻相等,则两相电压相同;如电容 $C \to \infty$,A 相短路,此时 B、C 两相都接在线电压上,如电源对称,则两相电压也相同。当电容为其他值时,B 相电压高于 C 相,一般为便于观测,B、C 两相用相同的灯泡代替 R,如选择 $1/\omega C = R$,这时有下述计算过程:

设三相电源电压 $\dot{U}_A = U \angle 0°$,$\dot{U}_B = U \angle -120°$,$\dot{U}_C = U \angle 120°$,电源中点 N,负载中点 N',两中点间电压为:

$$\dot{U}_{N'N} = \frac{j\omega C \dot{U}_A + \dot{U}_B/R + \dot{U}_C/R}{j\omega C + 1/R + 1/R} = \frac{jU \angle 0° + U \angle -120° + U \angle 120°}{j+2} = (-0.2 + j0.6)U$$

B 相负载的相电压:

$$\dot{U}_{BN'} = \dot{U}_{BN} - \dot{U}_{N'N} = U \angle -120° - (-0.2 + j0.6)U = (-0.3 - j1.47)U$$
$$= 1.5U \angle -101.5°$$

C 相负载的相电压：

$$\dot{U}_{CN'} = \dot{U}_{CN} - \dot{U}_{N'N} = U\angle 120° - (-0.2+j0.6)U = (-0.3+j0.266)U = 0.4U\angle 138.4°$$

由计算可知，B 相电压比 C 相电压高 2.8 倍，所以 B 相灯泡较 C 相亮，电源相序就可确定了。

4) 实验内容与步骤

（1）将三相负载按星形接法连接，接至三相对称电源。

（2）电路中有中线时，测量负载对称和不对称的情况下，各线电压、相电压、相（线）电流和中线电流的数值。

（3）拆除中线后，测量负载对称和不对称的情况下，各线电压、相电压、相（线）电流的数值。观察各相灯泡的亮暗，测量电源中点 N 与负载中点 N′ 之间的电压，分析中线的作用，完成表 3.18。

（4）将三相负载按三角形接法连接，测量负载对称和不对称时的各线电压、相电流、线电流数值，分析它们相互间的关系，完成表 3.19。

（5）用两相灯泡负载与一相电容器组成相序指示器接上三相对称电源检查相序，并测量指示器各相电压、线电压、线电流及指示器中点与电源中点间的电压，完成表 3.20。

表 3.18　星形连接测量表

负载状态		线电压(V)			相电压(V)、相（线）电流(A)						中线电流(A)	中点间电压(V)	线电压/相电压		
		U_{AB}	U_{BC}	U_{CA}	U_A	U_B	U_C	I_A	I_B	I_C			U_{AB}/U_A	U_{BC}/U_B	U_{CA}/U_C
有中线	对称														
	不对称														
无中线	对称														
	不对称														

表 3.19　三角形连接测量表

负载状态	线电压(V)			相电流(A)			线电流(A)			线电流/相电流		
	U_{AB}	U_{BC}	U_{CA}	I_{AB}	I_{BC}	I_{CA}	I_A	I_B	I_C	I_A/I_{AB}	I_B/I_{BC}	I_C/I_{CA}
对称												
不对称												

表 3.20　相序指示器测量表

U_{AB}	U_{BC}	U_{CA}	$U_{AN'}$	$U_{BN'}$	$U_{CN'}$	I_A	I_B	I_C	$U_{N'N}$	R_B	R_C	C

5) 注意事项

（1）如使用电流表插座，应控制插头快速进出，同时将电流表量限适当选大一些，防止电容负载电流瞬态冲击使过载记录器启动。

(2) 本实验为强电实验,电压值达 380 V,实验时须特别注意安全,不允许带电操作;接完线需要复查线路,确认无误后,再通电实验;禁止使用破损导线;导线不允许串接变长后使用;一个接线柱不允许接入超过两根导线。

6) 实验报告

(1) 根据测量数据验证对称三相电路中线电压与相电压、线电流与相电流的关系。

(2) 由实验数据分析中线的作用。

7) 思考题

(1) 试分析在无中线情况下,三相星形连接不对称负载,当某相负载开路或短路时会出现什么情况? 如果接上中线,情况又如何?

(2) 试画出对称三相电路断开一相负载后,负载为三角形连接时电流的相量图及负载为星形连接时电压的相量图。

(3) 在三相四线制中,中线是不允许接保险丝的,试分析其原因。

3.11（实验 11） 三相电路电功率的测量

1) 实验目的
(1) 熟悉功率表的使用方法。
(2) 掌握三相电路中有功功率的多种测量方法。

2) 实验仪器与设备
(1) 三相电源。
(2) 功率表。
(3) D05 三相组合负载。

3) 实验原理

(1) 工业生产中经常碰到要测量对称三相电路与不对称三相电路的有功功率的情况。测量的方法很多,原则上讲,只要测出每相功率(即每相接一只功率表),再将每相功率相加就是三相总功率。但这种方法只有在三相四线制系统中使用才是方便的。如果负载为三角形连接或虽为星形连接但无中线引出来,在这种情况下要测每相功率是比较困难的,因而还需要其他方法进行测量。

(2) 二瓦计法

在三线制负载情况下常采用二瓦计法测量三相总功率,接线方式有 3 种,如图 3.23 所示。

以接法 1 为例证明两表读数之和等于三相总功率。

瞬时功率
$$p_1 = u_{AB}i_A = (u_A - u_B)i_A$$
$$p_2 = u_{CB}i_C = (u_C - u_B)i_C$$
$$p_1 + p_2 = u_A i_A + u_C i_C - u_B(i_A + i_C)$$

图 3.23 二瓦计法测量三相电路总功率

由于在三线制中 $i_A + i_B + i_C = 0$

所以 $-(i_A + i_C) = i_B$

于是 $p = p_1 + p_2 = u_A i_A + u_B i_B + u_C i_C$

功率表读数为功率的平均值：

$$p = p_1 + p_2 = \frac{1}{T}\int_0^T (u_A i_A + u_B i_B + u_C i_C)\mathrm{d}t = p_A + p_B + p_C$$

如果电路对称，可作矢量如图 3.24 所示：

由图可得：

$$P_1 = U_{AB} I_A \cos(\varphi + 30°)$$
$$P_2 = U_{CB} I_C \cos(\varphi - 30°)$$

因为电路对称，所以 $U_{AB} = U_{BC} = U_{CA} = U_L$（线电压），$I_A = I_B = I_C = I_L$（线电流）。

$$P_1 = U_L I_L \cos(\varphi + 30°)$$
$$P_2 = U_L I_L \cos(\varphi - 30°)$$

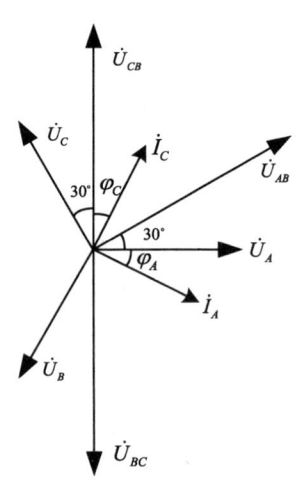

利用三角等式变换可得：

$$P = P_1 + P_2 = \sqrt{3} U_L I_L \cos \varphi$$

下面讨论几种特殊情况：

图 3.24 矢量图

① $\varphi = 0$，$P_1 = P_2$。
② $\varphi = +60°$，$P_1 = 0$；$\varphi = -60°$，$P_2 = 0$。
③ $\varphi > 60°$，$P_1 < 0$；$\varphi < -60°$，$P_2 < 0$。

在最后一种情况下有一个表指针反偏，这时应该将功率表电流线圈的两个端子对调，同时读数应算负值。

(3) 三相无功功率的测量

① 二瓦计法

这种方法与二瓦表测三相有功功率接线相同，但测无功功率只能用于负载对称的情况：

$$P_2 - P_1 = U_L I_L \cos(\varphi - 30°) - U_L I_L \cos(\varphi + 30°) = U_L I_L \sin\varphi$$

所以三相无功功率为：

$$Q = \sqrt{3} U_L I_L \sin\varphi = \sqrt{3}(P_2 - P_1)$$

② 一瓦计法

适用于三线制对称负载，接线如图 3.25 所示。

4) 实验内容与步骤

(1) 用一瓦计法测量三相四线制不对称负载的三相有功功率。

(2) 用二瓦计法测量三相三线制不对称负载的三相有功功率(如实验中只有一只功率表，则分两次测量)。

图 3.25 一瓦计法测三相无功功率

所测数据分别记入表 3.21 和表 3.22 中。

表 3.21 一瓦计法测量三相四线制不对称负载的三相有功功率

负载形式	A 相负载(灯泡功率×数量)	B 相负载(灯泡功率×数量)	C 相负载(灯泡功率×数量)	P_A	P_B	P_C	$P = P_A + P_B + P_C$
三相四线制不对称负载							

表 3.22 二瓦计法测量三相三线制不对称负载的三相有功功率

负载形式	A 相负载(灯泡功率×数量)	B 相负载(灯泡功率×数量)	C 相负载(灯泡功率×数量)	P_1	P_2	$P = P_1 + P_2$
三相三线制不对称负载						

5) 注意事项

(1) 注意功率表同名端的位置，复习功率表的使用方法。

(2) 本实验为强电实验，禁止带电操作；禁止使用破损导线；禁止把导线串联后使用。

6) 实验报告

(1) 计算表中各参数。

(2) 比较一瓦计法和二瓦计法的接线方式，并分析二瓦计法为什么可以测量三相总功率。

7) 思考题

(1) 为什么用二瓦计法测量功率时，会出现读数为负的情况？

(2) 分析图 3.25 中三相无功功率 Q 与功率表读数 P 的关系，并画出相量图。

3.12（实验 12） 线性无源二端网络的研究

1）实验目的

(1) 学习测试二端网络参数的方法。

(2) 通过实验来研究二端网络的特性及其等效电路。

2）实验仪器与设备

(1) 直流电压源。

(2) 直流电压表。

(3) 直流电流表。

(4) D02 直流电路实验单元。

3）实验原理

(1) 二端网络是电工技术中广泛使用的一种电路形式。网络本身的结构可以是简单的，也可以是极复杂的，但就二端网络的外部性能来说，一个很重要的问题就是要找出它的两个端口（通常称为输入端和输出端）处的电压、电流之间的相互关系，这种相互关系可以由网络本身结构所决定的一些参数来表示。不管网络如何复杂，总可以通过实验的方法来得到这些参数，从而可以很方便地比较不同的二端网络在传递电能和信号方面的性能，以便评价它们的质量。

(2) 由图 3.26 分析可知，二端网络的基本方程是：

$$\dot{U}_1 = A_{11}\dot{U}_2 - A_{12}\dot{I}_2$$
$$\dot{I}_1 = A_{21}\dot{U}_2 - A_{22}\dot{I}_2$$

图 3.26 二端网络

式中：A_{11}、A_{12}、A_{21}、A_{22} 称为二端网络的传输参数，其数值的大小取决于网络本身的元件及结构。这些参数可以表征网络的全部特性，它们的物理概念可分别用以下的式子来说明：

输出端开路：

$$A_{11} = \left.\frac{\dot{U}_{10}}{\dot{U}_{20}}\right|_{\dot{I}_2=0}, \qquad A_{21} = \left.\frac{\dot{I}_{10}}{\dot{U}_{20}}\right|_{\dot{I}_2=0}$$

输出端短路：

$$A_{12} = \frac{\dot{U}_{1S}}{-\dot{I}_{2S}}\bigg|_{\dot{U}_2=0}, \qquad A_{22} = \frac{\dot{I}_{1S}}{-\dot{I}_{2S}}\bigg|_{\dot{U}_2=0}$$

可见，A_{11} 是两个电压比值，是一个无量纲的量，A_{12} 是短路转移阻抗，A_{21} 是开路转移导纳，A_{22} 是两个电流的比值，也是无量纲的量。A_{11}、A_{12}、A_{21}、A_{22} 4个参数中也只有3个是独立的，因为这4个参数间具有如下关系：

$$A_{11} \cdot A_{22} - A_{12} \cdot A_{21} = 1$$

如果是对称的二端网络，则有：

$$A_{11} = A_{22}$$

(3) 由上述二端网络的基本方程组可以看出，如果在输入端 1-1′ 接以电源，在输出端 2-2′ 处于开路和短路两种状态时，分别测出 $\dot{U}_{10}$、$\dot{U}_{20}$、$\dot{I}_{10}$、$\dot{U}_{1S}$、$\dot{I}_{1S}$ 及 $\dot{I}_{2S}$ 就可得出上述4个参数。但用这种方法测试时需要在网络两端，即输入端和输出端同时进行电压和电流测量，这在某些实际情况下是不方便的。

在一般情况下，我们常用在二端网络的输入端及输出端分别进行测量的方法来测定这4个参数，在二端网络的 1-1′ 端接以电源，在 2-2′ 端开路与短路的情况下，分别得到开路阻抗和短路阻抗。

$$R_{01} = \frac{\dot{U}_{10}}{\dot{I}_{10}}\bigg|_{\dot{I}_2=0} = \frac{A_{11}}{A_{21}}, \qquad R_{S1} = \frac{\dot{U}_{1S}}{\dot{I}_{1S}}\bigg|_{\dot{U}_2=0} = \frac{A_{12}}{A_{22}}$$

再将电源移至 2-2′ 端，在 1-1′ 端开路和短路的情况下，又可得到：

$$R_{02} = \frac{\dot{U}_{20}}{\dot{I}_{20}}\bigg|_{\dot{I}_1=0} = \frac{A_{22}}{A_{21}}, \qquad R_{S2} = \frac{\dot{U}_{2S}}{\dot{I}_{2S}}\bigg|_{\dot{U}_1=0} = \frac{A_{12}}{A_{11}}$$

同时由上述4式可见：

$$\frac{R_{01}}{R_{02}} = \frac{R_{S1}}{R_{S2}} = \frac{A_{11}}{A_{22}}$$

因此 R_{01}、R_{02}、R_{S1}、R_{S2} 中只有3个独立变量，如果是对称二端网络就只有两个独立变量，此时：

$$R_{01} = R_{02}, \qquad R_{S1} = R_{S2}$$

如果由实验已经求得开路和短路阻抗，则可很方便地算出二端网络的 A 参数。

(4) 由上所述，无源二端网络的外特性可以用3个参数来确定，只要找到一个由3个不同阻抗(或导纳)所组成的二端网络，如果后者的参数与前者分别相同，则就可认为这两个二端网络的外特性是完全相同的。由3个独立阻抗(或导纳)所组成的二端网络只有两种形式，即 T 型等效电路(见图 3.27)和 π 型等效电路(见图 3.28)。

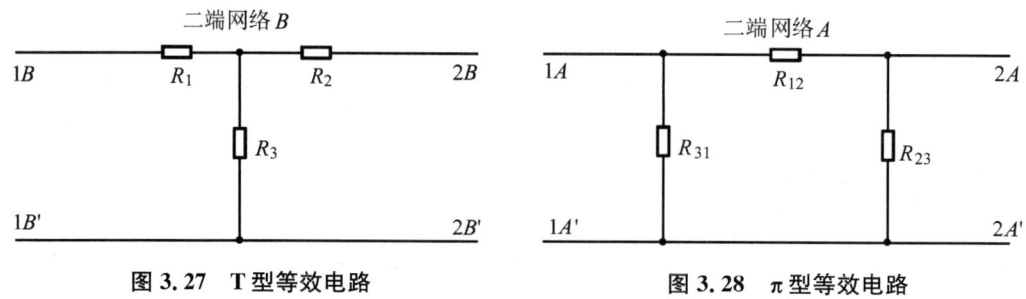

图 3.27 T 型等效电路　　　　　　图 3.28 π 型等效电路

如果给定了二端网络的 A 参数,则无源二端网络的 T 型等效电路及 π 型等效电路的 3 个参数可由下式求得:

$$R_1 = \frac{A_{11}-1}{A_{21}}; \quad R_{31} = \frac{A_{12}}{A_{22}-1};$$

$$R_2 = \frac{A_{22}-1}{A_{21}}; \quad R_{12} = A_{12};$$

$$R_3 = \frac{1}{A_{21}}; \quad R_{23} = \frac{A_{12}}{A_{11}-1}.$$

实验台 D02 上提供的两个二端网络是等价的,其参数如下:
$R_1 = 200\ \Omega, R_2 = 100\ \Omega, R_3 = 300\ \Omega$;$R_{31} = 1.1\ \text{k}\Omega, R_{12} = 367\ \Omega, R_{23} = 550\ \Omega$。精度全为 1.0 级,功率均为 4 W。

4) 实验内容与步骤

(1) 按图 3.29 接好线路。

固定 $U_1 = U_S = 5\ \text{V}$,测量并记录 B 网络 2-2′端开路时及 2-2′端短路时的各参数,记入表 3.23。

图 3.29 二端网络实验电路图

(2) 由第一步测得的结果,计算出 A_{11}、A_{12}、A_{21}、A_{22}。并验证 $A_{11} \cdot A_{22} - A_{12} \cdot A_{21} = 1$,然后计算 T 型等效电路的各电阻值。

(3) 将图 3.29 中 B 网络换成 A 网络。在 1-1′端加 5 V 电压,测量该等效电路的外特性,数据记入表 3.24,并与步骤(1)所得数据相比较。

(4) 将电源移至 2-2′端,固定 $U_2 = 5\ \text{V}$。测量并记录 1-1′端开路时及 1-1′端短路时各参数,记入表 3.25。验证 $R_{01}/R_{02} = R_{S1}/R_{S2}$,由此算出 A_{11}、A_{12}、A_{21}、A_{22},记入表 3.26,并与步骤(2)所得结果相比较。

表 3.23　二端网络参数测量表(1)　　$U_1=U_S=5\text{ V}$

$2-2'$开路	U_{10}	U_{20}	I_{10}	I_{20}	A_{11}	A_{21}	R_{01}
$2-2'$短路	U_{1S}	U_{2S}	I_{1S}	I_{2S}	A_{12}	A_{22}	R_{S1}

表 3.24　二端网络参数测量表(2)　　$U_1=U_S=5\text{ V}$

$1-1'$开路	U_{10}	U_{20}	I_{10}	I_{20}	A_{11}	A_{21}	R_{01}
$1-1'$短路	U_{1S}	U_{2S}	I_{1S}	I_{2S}	A_{12}	A_{22}	R_{S1}

表 3.25　二端网络参数测量表(3)

$1-1'$开路	U_{10}	U_{20}	I_{10}	I_{20}	R_{02}
$1-1'$短路	U_{1S}	U_{2S}	I_{1S}	I_{2S}	R_{S2}

表 3.26　二端网络参数计算表

R_{01}	R_{02}	R_{S1}	R_{S2}	R_{01}/R_{02}	R_{S1}/R_{S2}	A_{11}	A_{12}	A_{21}	A_{22}

5) 注意事项

(1) 电源的输出电压需调整准确,测量时,选择适当的电压表和电流表的量程。

(2) 选择好网络类型,并确定好端口的开路或短路情况后,再测量相关参数。

6) 实验报告

(1) 依据实验原理中提供的公式,计算表中各参数。

(2) 根据所得数据分析二端口网络的特性。

7) 思考题

(1) 无源二端网络的参数与外加电压和电流是否有关?为什么?

(2) 本实验方法可否用于交流二端网络的测试?

3.13(实验 13)　一阶电路的方波响应

1) 实验目的

(1) 研究一阶电路的零状态响应和零输入响应的基本规律和特点,以及电路参数对响应的影响。

(2) 理解一阶电路时间常数的意义并掌握其测量方法。

2) 实验仪器与设备

(1) 函数信号发生器。

（2）示波器。

（3）DJ-A9＋模拟电子技术实验系统。

（4）双头 BNC 线、BNC 探头线。

3）实验原理

一阶电路通常是由一个储能元件和若干个电阻组成。储能元件的初始值为零的电路，对外加激励的响应称为零状态响应。而电路在没有外加激励的情况下，由储能元件的初始状态引起的响应称为零输入响应。

对于一阶 RC 串联电路，如图 3.30(a)所示，它的零状态响应具有如下模式：
$u_C(t)=U_S(1-\mathrm{e}^{-t/RC})$，其波形如图 3.30(b)所示。

而零输入响应的模式为：
$u_C(t)=U_S\mathrm{e}^{-t/RC}$，电路及波形如图 3.31(a)、(b)所示。

图 3.30　一阶电路的零状态响应 $u_C(0)=0$

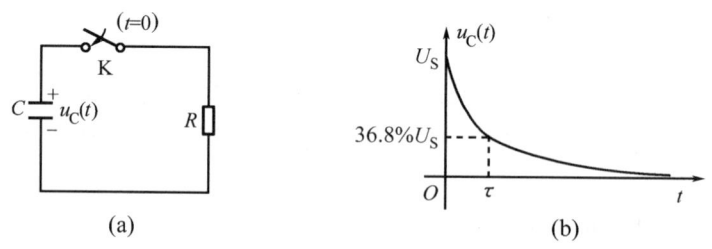

图 3.31　一阶电路的零输入响应 $u_C(0)=U_S$

RC 电路的时间常数 $\tau=RC$，它是反映电路过渡过程快慢的物理量，τ 越大，过渡过程时间越长，即充电或放电就越慢；τ 越小，充电或放电就越快。τ 可以从响应曲线中估算：充电曲线中，幅值上升到终值时的 63.2% 时所对应的时间为一个 τ；放电曲线中，幅值下降到初值时的 36.8% 时所对应的时间为一个 τ。充放电曲线为指数曲线，曲线的形状主要取决于时间常数 τ。

动态电路的过渡过程是一个十分短暂的单次变化过程，它在瞬间发生又很快消失，因此要想通过普通示波器观察过渡过程和测量有关的参数，必须使这种单次变化的过程重复出现。因此，可以采用周期性的方波脉冲作为激励信号，只要方波的重复周期远大于电路的时间常数 τ，那么电路在这样的方波序列脉冲信号的激励下，它的响应和直流电路接通与断开的过渡过程基本相同。

RC 串联电路如图 3.32(a)所示，图 3.32(b)为方波激励。设原来 C 未充电，从 $t=0$ 开始,该电路接通直流电源。如果 $T/2$ 足够大 ($T/2>4\tau$)。则在 $0\sim T/2$ 时间范围内,u_C 可以达到稳定值 U_S,这样在 $0\sim T/2$ 范围内 $u_\mathrm{C}(t)$ 即为零状态响应。而从 $t=T/2$ 开始,因为电源内阻很小,则电容 C 相当于从起始电压 U_S 向 R 放电,若 $T/2>4\tau$,在 $T/2\sim T$ 时间范围 C 上电荷放完。这段时间范围的响应即为零输入响应,第二及后面的周期与第一周期重复,如图 3.32(c)所示。

将这个周期性变化的电压送到示波器的第一个通道,适当调节 TIME/DIV 及位移旋钮,在荧光屏上只显示出一个周期的波形,则前半周期是零状态响应,后半周期为零输入响应;在示波器的另一个通道输入 u_S,用位移旋钮调节两个波形使它们相对应,将其与"零状态、零输入响应波形"作对比和分析。

若要观察电流波形,将电阻 R 上的电压 u_R 送入示波器即可,因为示波器只能测量输入电压,而电阻上电压、电流是线性关系,即 $I=U_\mathrm{R}/R$,所以只要将 $u_\mathrm{R}(t)$ 波形的纵坐标比例乘以 $1/R$ 即为 $i(t)$ 波形。

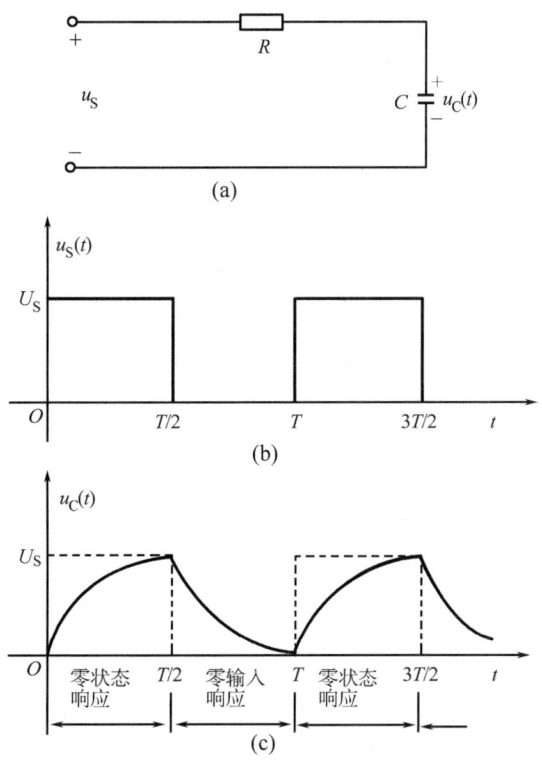

图 3.32 一阶电路的方波响应

4) 实验内容与步骤

(1) 用函数信号发生器调出幅度为 1 V,周期为 1 ms(频率为 1 kHz)的方波信号。

(2) 用 10 kΩ 的电阻 R 和 0.01 μF 的电容 C 接成一阶电路,如图 3.32(a)所示,用示波器观察并记录 u_C 波形,并用坐标纸按 1:1 的比例描绘波形。

(3) 通过 RC 一阶电路充放电时 u_C 变化曲线测得 τ 值,将其与理论计算值作比较,并分析误差产生原因。

5) 注意事项

(1) 能用短导线,则不用长导线,同时应避免导线相互交叉。

(2) 信号源的接地端与示波器的接地端要连在一起(称共地),这就需要在使用探头线时,将两黑色的接地端共接在一起,以防外界干扰而影响测量的准确性。

(3) 使用示波器时,尽可能地放大需记录信号,并且至少显示一个周期,至多显示两个周期。

6) 实验报告

(1) 在坐标纸中准确描绘所测得的波形(或拍摄、打印所测得波形),对波形进行处理并计算出参数 τ。

(2) 计算理论值 τ,将其和实验所得 τ 进行比较,分析误差产生的原因。

7) 思考题

(1) 什么样的电信号可作为 RC 一阶电路零输入响应、零状态响应和完全响应的激励信号？

(2) 一阶 RC 串联电路近似构成微分电路或积分电路的条件是什么？试分析讨论。

3.14（实验 14） 运算放大器的特性与应用

1）实验目的

(1) 从电路原理角度来了解一种有源器件——运算放大器的外部特性及其分析方法。
(2) 熟悉几种由运算放大器组成的有源电路。
(3) 学会有源器件的基本测试方法。

2）实验仪器与设备

(1) 直流电压源、直流电流源。
(2) 直流电压表、直流电流表。
(3) D03 电路有源元件实验单元。

3）实验原理

运算放大器是具有两个输入端、一个输出端的高增益、高输入阻抗、低输出阻抗的直接耦合多级放大电路，它既可以放大交流信号，又可以放大直流信号。在运放的输出端和输入端之间加上反馈网络，可实现各种不同的电路功能，如反馈网络为线性电路时，可实现加法、减法、微分和积分等运算；如反馈网络为非线性电路时，可实现对数、乘法和除法等运算。它还可组成不同电路产生各种波形，如可组成正弦波、三角波、脉冲波等波形发生器。

理想运算放大器在线性应用时具有两个重要的特性："虚短"和"虚断"。运放同相输入端和反相输入端的电位近似相等，$U_+ \approx U_-$，称为"虚短"；流进运放两个输入端的电流为零，$I_+ = I_- = 0$，称为"虚断"。

运算放大器的符号如图 3.33 所示。本实验主要研究运算放大器的线性应用。

图 3.33　运算放大器　　　　图 3.34　反相比例器

(1) 比例器：图 3.34 是反向输入的比例器电路。在理想条件下，$U_o = -\dfrac{R_f}{R_1} U_i$，输入可以是交流电压，也可以是直流电压。平衡电阻 $R_P = R_1 \parallel R_f$。

图 3.35 是同向输入的比例器电路，输出电压与输入电压之间的关系为：

$$U_o = \frac{R_1 + R_f}{R_1} U_i = \left(1 + \frac{R_f}{R_1}\right) U_i, \qquad R_P = R_1 \parallel R_f$$

(2) 加法(减法)器：图 3.36 是由反向输入的比例器稍加修改而成的加法器。在理想条件下，输出电压与输入电压之间的关系为：

$$U_\mathrm{o} = -\left(\frac{R_\mathrm{f}}{R_1}U_\mathrm{i1} + \frac{R_\mathrm{f}}{R_2}U_\mathrm{i2}\right), \qquad R_\mathrm{P} = R_1 \mathbin{/\mkern-5mu/} R_2 \mathbin{/\mkern-5mu/} R_\mathrm{f}$$

当电压输入信号极性相反时，则运算放大器输出两个电压值相减得到的数值。

图 3.35　同相比例器

图 3.36　加法器

实验电路如图 3.37 所示。

图中两个电压源同时通过 R_1 及 R_2 作用在运算放大器的反向输入端，其输出端可得到两电压相加的数值。

图 3.37　加法器实验电路图

图 3.38　电流-电压变换器

(3) 电流-电压变换器

实际应用中往往要把一个具有极高串联内阻的电流信号源变换成具有极低串联内阻的电压信号源，例如要把光电管产生的电流信号变换成电压信号，利用运算放大器可方便地实现这种线性变换的要求，实验线路如图 3.38 所示。

图中由电流源输入电流 I_1，因为 $I \approx 0$，所以 $I_\mathrm{f} = I_1$，输出电压 $U_\mathrm{o} = -I_\mathrm{f}R_\mathrm{f} = -I_1 R_\mathrm{f} = KI_1$，即输出电压由输入电流决定，而与负载无关。

4) 实验内容与步骤

(1) 测量反相比例器(图 3.34)与同相比例器(图 3.35)的输入、输出电压，完成表 3.27。

表 3.27 比例器测量表

反相比例器 $R_1=\underline{\quad}\Omega, R_f=\underline{\quad}\Omega$ $R_P=\underline{\quad}\Omega$	U_i(V)	1	−1	2	−2	3	−3
	U_o(V)						
	U_o 理论值(V)						
同相比例器 $R_1=\underline{\quad}\Omega, R_f=\underline{\quad}\Omega$ $R_P=\underline{\quad}\Omega$	U_i(V)	1	−1	2	−2	3	−3
	U_o(V)						
	U_o 理论值(V)						

(2) 测量如图 3.37 所示加法器的输入、输出电压,完成表 3.28。

表 3.28 加法器测量表

电路参数	$R_1=\underline{\quad}\Omega$	$R_2=\underline{\quad}\Omega$	$R_f=\underline{\quad}\Omega$	$R_P=\underline{\quad}\Omega$		
U_{i1}(V)	1	−1	2	−2	3	−3
U_{i2}(V)	0.5	−0.5	1	−1	−1.5	1.5
U_o(V)						
U_o 理论值						

(3) 测量电流-电压变换器的输入电流、输出电压,完成表 3.29。

表 3.29 电流-电压变换器测量表

$R_f=1\,\text{k}\Omega$	I_1(mA)	1	−1	2	−2	3	−3
	U_o(V)						

5) 注意事项

(1) 注意运放的同相和反相输入端的接入、多种阻值电阻的选择以及各种电路的接法。

(2) 需保证所用电源输出值的准确性,所用电表需选择合适的量程。

6) 实验报告

(1) 完成实验内容规定的测试任务,将数据记入对应的表中,计算并分析。

(2) 计算表中实验所得数据及其理论值,并分析这两者之间误差产生的原因。

(3) 简述对运算放大器及其运用的初步认识和体会。

7) 思考题

(1) 在反相加法器电路(图 3.37)中,如选定 $U_{i2}=-1\,\text{V}$,当考虑到运算放大器的最大输出幅度($\pm12\,\text{V}$)时,则 $|U_{i1}|$ 的大小不应超过多少伏?

(2) 分析图 3.35 中当 R_f 短路或 R_1 开路时输出电压与输入电压之间的关系。

3.15(实验 15) 回转器的应用

1) 实验目的

(1) 熟悉回转器的交流特性及其应用。

(2) 掌握回转器的测试方法。

2) 实验仪器与设备

(1) 函数信号发生器。

(2) 交流电压表、交流电流表。

(3) D03 电路有源元件实验单元。

(4) 电容箱模块。

3) 实验原理

回转器是线性元件,理想回转器的电流、电压关系用下列方程来表示(图 3.39):

$$u_1 = -ri_2$$
$$u_2 = ri_1$$

式中:r 为回转电阻(或回转常数)。

图 3.39 回转器实验电路图

从其特性方程可知回转器能进行阻抗逆变,把电容元件线性地转换成电感元件,且可得到极大的电感量和很高的电感纯度,因此它被广泛应用在交流信号系统中作为各种滤波器电感以及各种振荡回路中的电感。理论上回转器使用的频率范围不受限制,实际上受组成回转器的元器件特性所限,目前其只能用于低频场合。

本实验利用回转电感与电容元件组成谐振电路进行并联谐振实验测试。

回转器 $2-2'$ 端接一只 $0.2~\mu F$ 电容,经回转器转换后在 $1-1'$ 端来看其相当于一只电感元件,其电感量 $L = CR_0^2 = 0.2 \times 10^{-6} \times 10^6 = 0.2~H$,式中 $R_0(1~k\Omega)$ 为回转电阻。若在 $1-1'$ 端口再并联一只电容元件 $C_2 = 1~\mu F$,这样就组成了并联 LC 谐振回路。如果外加一个可变频率的交流电流信号源,那么当信号源频率变化时其输入电流就会随频率变化,在电源频率等于谐振回路固有频率 $f_0 = \dfrac{1}{2\pi\sqrt{LC}}$ 时,就产生并联谐振,输入电流达最小值,回路端电压达最大值。由于实际交流信号源都是电压信号源,输出阻抗较小,因此在实验中在信号源与谐振回路之间串联一只大电阻近似作为电流信号源。输入电流由该电阻两端电压求得。示波器用来观察谐振回路的振荡波形。

4) 实验内容与步骤

(1) 按图 3.39 接线,将函数信号发生器输出正弦波电压调至 5 V。

(2) 调节信号源频率使电压表指示值最大,电路达到谐振状态,信号源输出信号的频率即为谐振电路的固有频率 f_0。

(3) 以 f_0 为中心,向 $f > f_0$ 及 $f < f_0$ 两边改变信号源频率,依次各取 4~6 个测量点,从电压表上读出对应的电压值,每改变一次信号源频率后必须调整它的输出电压,使其保持为 5 V 不变,信号源的频率范围从 100~500 Hz 之间改变即可。将数据填入表 3.30。

表 3.30 并联谐振电路参数测量表

信号源电压=_____ C_1 =_____ C_2 =_____ 回转电感 L =_____ f_0 =_____

f(Hz)								
U_1(V)								

5) 注意事项

(1) 回转器采用集成电路组合而成,使用电压与电流有一定范围,任何情况下都不要使外加电压及输入电流超过±5 V 及±5 mA(有效值)。

(2) 测试谐振曲线时必须注意示波器显示的波形是否为正弦波,当波形畸变时测试的任何数据都不准确。一般情况下,如信号输出端波形是正常的,只有在外加电压或输入电流超过±5 V 或±5 mA(有效值)时才会使波形畸变。

6) 实验报告

(1) 在坐标纸上按比例绘出回转电感与电容元件并联谐振曲线。

(2) 分析谐振频率误差。

7) 思考题

(1) 理想回转器由有源器件(运算放大器)构成,为什么称回转器为无源元件?

(2) 电路模拟的电感是一端接地的电感,你能设计一个电路实现浮地电感吗?

3.16(实验 16) 50 Hz 非正弦周期信号的分解与合成

1) 实验目的

(1) 用同时分析法观测 50 Hz 非正弦周期信号的频谱,并将频谱与信号傅里叶级数各项的频率与系数作比较。

(2) 观测基波和其谐波的合成。

2) 实验仪器与设备

(1) THKSS-C 型信号与系统实验箱。

(2) YB4340G 型双踪示波器。

3) 实验原理

(1) 在电子电路系统中最常用的是正弦交流信号,电路的分析以正弦交流信号作为基础。然而,电子技术领域中常遇到另一类交流电,它虽然是周期波,却不是正弦量,这样的信号统称为非正弦周期信号,常见的有方波、锯齿波等,它们对电路产生的影响比单一频率的正弦波复杂得多。

(2) 一个非正弦周期波可以用一系列频率与之成整数倍关系的正弦波来表示。反过来，不同频率的正弦波可以合成一个非正弦周期波。这些正弦波称为非正弦波的谐波分量，其中与非正弦波具有相同频率的成分称为基波或一次谐波。其他成分中，频率为基波频率的几倍，就称为几次谐波，其幅度将随谐波次数的增加而减小，直至无穷小。

(3) 一个非正弦周期函数可用傅里叶级数来表示，级数各项系数之间的关系可用一个频谱来表示，不同的非正弦周期函数具有不同的频谱图。方波频谱图如图 3.40 所示。

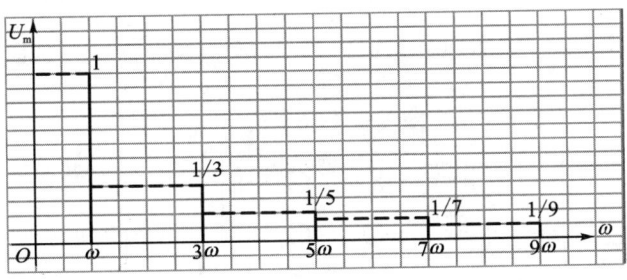

图 3.40 方波频谱图

(4) 各种不同非正弦周期函数傅里叶级数的波形如图 3.41 所示，表达式如下：

图 3.41 几种非正弦周期函数的波形

① 方波

$$u(t)=\frac{4U_\mathrm{m}}{\pi}\left[\sin(\omega t)+\frac{1}{3}\sin(3\omega t)+\frac{1}{5}\sin(5\omega t)+\frac{1}{7}\sin(7\omega t)+\cdots\right]$$

② 三角波

$$u(t)=\frac{8U_\mathrm{m}}{\pi^2}\left[\sin(\omega t)-\frac{1}{9}\sin(3\omega t)+\frac{1}{25}\sin(5\omega t)-\cdots\right]$$

③ 半波

$$u(t)=\frac{2U_\mathrm{m}}{\pi}\left[\frac{1}{2}+\frac{\pi}{4}\sin(\omega t)-\frac{1}{3}\cos(2\omega t)-\frac{1}{15}\cos(4\omega t)-\cdots\right]$$

④ 全波

$$u(t) = \frac{4U_\mathrm{m}}{\pi}\left[\frac{1}{2} - \frac{1}{3}\cos(2\omega t) - \frac{1}{15}\cos(4\omega t) - \frac{1}{35}\cos(6\omega t) - \cdots\right]$$

⑤ 矩形波

$$u(t) = \frac{\tau U_\mathrm{m}}{T} + \frac{2U_\mathrm{m}}{\pi}\left[\sin\left(\frac{\tau\pi}{T}\right)\cos(\omega t) + \frac{1}{2}\sin\left(\frac{2\tau\pi}{T}\right)\cos(2\omega t) + \frac{1}{3}\sin\left(\frac{3\tau\pi}{T}\right)\cos(3\omega t) + \cdots\right]$$

(5) 实验电路图如图 3.42 所示。

图 3.42　信号分解与合成实验装置结构框图

图中 LPF 为低通滤波器,该滤波器可分解出非正弦周期函数的直流分量。BPF1～BPF6 为调谐在基波和各次谐波的带通滤波器,加法器用于信号的合成。

4) 预习要求

在做实验前必须认真复习教材中关于周期性信号傅里叶级数分解的有关内容。

5) 实验内容与步骤

(1) 调节函数信号发生器,使其输出 50 Hz 的方波信号,并将其接至信号分解实验模块 BPF 的输入端,也可使用实验箱内提供的 50 Hz 方波作为输入信号。

(2) 将各带通滤波器的输出分别接至示波器,观测各次谐波的频率和幅值,并列表记录数值(表格自拟)。

(3) 将方波分解所得的基波和三次谐波分量接至加法器的相应输入端,观测加法器的输出波形,并记录。

(4) 在步骤(3)的基础上,再将五次谐波分量加到加法器的输入端,观测并记录相加后的波形。

(5) 分别将 50 Hz 单相正弦半波、全波、矩形波和三角波的输出信号接至 50 Hz 电信号分解与合成模块输入端,观测基波及各次谐波的频率和幅度,并记录。

(6) 将 50 Hz 单相正弦半波、全波、矩形波、三角波的基波和谐波分量分别接至加法器相应的输入端,观测加法器的输出波形,并记录。

6) 注意事项

(1) 接线、观测、记录时,注意实验模块中谐波次数的选择。

(2) 在观测合成波形时,尽量选用短的导线连接,探头线的黑色线为接地线。
(3) 记录分解和合成波形时,需要描绘准确(或者拍摄、打印),再进行后期处理。

7) 实验报告

(1) 根据实验测量所得的数据,在同一坐标纸上绘制方波及其分解后所得的基波和各次谐波的波形,画出其频谱图。

(2) 将方波分解所得的基波和三次谐波的合成波形及基波、三次谐波、五次谐波的合成波形一同绘制在同一坐标纸上,便于比较。

8) 思考题

(1) 什么样的周期性函数没有直流分量和余弦项?
(2) 分析理论合成的波形与实验观测到的合成波形之间误差产生的原因。

3.17(实验 17)　无源和有源滤波器

1) 实验目的

(1) 了解 RC 无源和有源滤波器的种类、基本结构及特性。
(2) 分析和对比无源和有源滤波器的滤波特性。

2) 实验仪器与设备

(1) THKSS-C 型信号与系统实验箱。
(2) YB4340G 型双踪示波器。

3) 实验原理

(1) 滤波器是对输入信号的频率具有选择性的一个二端网络,它允许某些频率(通常是某个频带范围)的信号通过,而其他频率的信号会被衰减或抑制,这些网络可以是由 RLC 元件或 RC 元件构成的无源滤波器,也可以是由 RC 元件和有源器件构成的有源滤波器。

(2) 根据通频带范围的不同,滤波器可分为低通滤波器(LPF)、高通滤波器(HPF)、带通滤波器(BPF)和带阻滤波器(BEF)4 种,它们的幅频响应曲线如图 3.43 所示。把能够通

图 3.43　四种滤波器的幅频响应曲线图

过的信号频率范围定义为通带,把阻止信号通过或使信号衰减频率范围定义为阻带。而通带与阻带的分界点的频率 ω_C 称为截止频率或转折频率。图3.43中的$|H(j\omega)|$为通带的电压放大倍数,ω_0 为中心频率,ω_{CL} 和 ω_{CH} 分别为低端(下限)和高端(上限)截止频率。

(3) 低通滤波器的实验电路图如图3.44所示,高通滤波器的实验电路图如图3.45所示,带通滤波器的实验电路图如图3.46所示,带阻滤波器的实验电路图如图3.47所示。

图 3.44　低通滤波器

图 3.45　高通滤波器

图 3.46　带通滤波器

图 3.47　带阻滤波器

(4) 如图 3.48 所示，滤波器的频率特性 $H(j\omega)$（又称为传递函数）可用下式表示：

$$H(j\omega) = \frac{\dot{U}_2}{\dot{U}_1} = A(\omega) \angle \theta(\omega)$$

图 3.48　滤波器

式中：$A(\omega)$ 为滤波器的幅频特性；$\theta(\omega)$ 为滤波器的相频特性。它们都可以通过实验的方法来测量。

4）预习要求

(1) 为使实验能顺利进行，课前应对教材的相关内容和实验原理、目的、要求、步骤和方法进行预习。

(2) 推导各类无源和有源滤波器的频率特性，并据此分别画出无源和有源滤波器的幅频特性曲线。

(3) 在方波激励下，预测各类滤波器的响应情况。

5）实验内容与步骤

(1) 滤波器的输入端接正弦函数信号发生器或扫频电源，滤波器的输出端接示波器或交流数字毫伏表。

(2) 测试无源和有源低通滤波器的幅频特性。

① 测试 RC 无源低通滤波器的幅频特性。

实验电路如图 3.44(a)所示。

实验时，必须在保持正弦波信号输入电压（U_1）幅值不变的情况下，逐渐改变其频率，用实验箱提供的数字式真有效值交流电压表（10 Hz＜f＜1 MHz），测量 RC 滤波器输出端电压 U_2 的值，并把所测的数据记入表 3.31。

实验时，应合理选择频率测试点，特别是在截止频率两侧的测试点要较密，以得到完整的频率特性曲线。

表 3.31　RC 无源低通滤波器的幅频特性测量表

$U_1 = $ ___ V, $f_H = $ ___ Hz	
f(Hz)	
U_2(V)	

② 测试 RC 有源低通滤波器的幅频特性。

实验电路如图 3.44(b)所示。

取 $R = 1\,\text{k}\Omega$，$C = 0.01\,\mu\text{F}$，放大系数 $K = 1$。用与①中相同的方法进行实验操作，并将实验数据记入表 3.32 中。

表 3.32　RC 有源低通滤波器的幅频特性测量表

$U_1 = $ ___ V, $f_H = $ ___ Hz	
f(Hz)	
U_2(V)	

(3) 分别测试无源和有源 HPF、BPF、BEF 的幅频特性,实验步骤、数据记录表格及实验内容自行拟定。

(4) 研究各滤波器对方波信号或其他非正弦信号输入的响应(选做,实验步骤自拟)。

6) 注意事项

(1) 在实验测量过程中,必须始终保持正弦波信号源的输出(即滤波器的输入)电压 U_1 幅值不变,且输入信号幅度不宜过大。

(2) 在进行有源滤波器实验时,输出端不可短路,以免损坏运算放大器。

(3) 用扫频电源作为激励时,可很快得出实验结果,但必须熟悉扫频电源的操作和使用方法。

7) 实验报告

(1) 根据实验测量所得的数据,绘制各类滤波器的幅频特性。对于同类型的无源和有源滤波器幅频特性,要求将两种幅频特性绘制在同一坐标纸上,以便比较,并计算出它们各自的特征频率、截止频率和通频带。

(2) 比较分析各类无源和有源滤波器的滤波特性。

(3) 分析在方波信号激励下,滤波器的响应情况(选做)。

8) 思考题

(1) 试比较有源滤波器和无源滤波器各自的优缺点。

(2) 试分析各类滤波器参数的改变,对滤波器特性有何影响。

3.18(实验 18) 二阶网络函数的模拟

1) 实验目的

(1) 了解二阶网络函数的电路模型。

(2) 研究系统参数变化对响应的影响。

(3) 用基本运算放大器模拟系统的微分方程和传递函数。

2) 实验仪器与设备

(1) THKSS-C 型信号与系统实验箱。

(2) YB4340G 型双踪示波器。

3) 实验原理

(1) 微分方程的一般形式为:

$$y^n + a_{n-1}y^{n-1} + \cdots + a_0 y = x$$

式中: x 为激励, y 为响应。模拟系统微分方程的规则是将微分方程输出函数的最高阶导数保留在等式左边,把其余各项一起移到等式右边,这个最高阶导数作为第一积分器输入,以后每经过一个积分器,输出函数导数就降低一阶,直到输出 y 为止。各个阶数降低了的导数及输出函数分别通过各自的比例运算器再送至第一个积分器前面的求和器,与输入函数 x 相加,则该模拟装置的输入和输出所表征的方程与被模拟的实际微分方程完全相同。

图 3.49、图 3.50 分别为一阶系统的模拟框图和二阶系统的模拟框图。

图 3.49 一阶系统的模拟框图

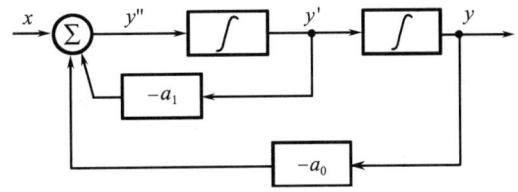
图 3.50 二阶系统的模拟框图

(2) 网络函数的一般形式为：

$$H(s)=\frac{Y(s)}{F(s)}=\frac{a_0 s^n+a_1 s^{n-1}+\cdots+a_n}{s^n+b_1 s^{n-1}+\cdots+b_n}$$

或

$$H(s)=\frac{a_0+a_1 s^{-1}+\cdots+a_n s^{-n}}{1+b_1 s^{-1}+\cdots+b_n s^{-n}}=\frac{P(s^{-1})}{Q(s^{-1})}$$

则有

$$Y(s)=P(s^{-1})\cdot\frac{1}{Q(s^{-1})}F(s)$$

令

$$X=\frac{1}{Q(s^{-1})}F(s)$$

得

$$F(s)=Q(s^{-1})X=X+b_1 X s^{-1}+b_2 X s^{-2}+\cdots+b_n X s^{-n}$$

$$Y(s)=P(s^{-1})X=a_0 X+a_1 X s^{-1}+a_2 X s^{-2}+\cdots+a_n X s^{-n}$$

因而

$$X=F(s)-b_1 X s^{-1}-b_2 X s^{-2}-\cdots-b_n X s^{-n}$$

根据上式，可画出如图 3.51 所示的模拟方框图，图中 s^{-1} 表示积分器。

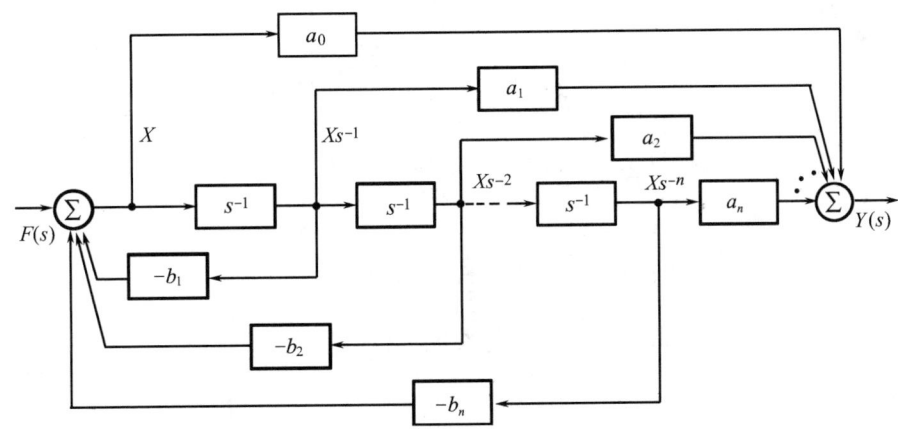
图 3.51 网络函数的模拟框图

图 3.52 为二阶网络函数的模拟框图，由该图求得下列 3 种传递函数，即

$$\frac{V_t(s)}{V_i(s)} = H_t(s) = \frac{1}{s^2 + b_1 s + b_2} \quad \text{低通函数}$$

$$\frac{V_b(s)}{V_i(s)} = H_b(s) = \frac{s}{s^2 + b_1 s + b_2} \quad \text{带通函数}$$

$$\frac{V_h(s)}{V_i(s)} = H_h(s) = \frac{s^2}{s^2 + b_1 s + b_2} \quad \text{高通函数}$$

图 3.52 二阶网络函数的模拟框图

图 3.53 为图 3.52 的模拟电路图。

图 3.53 二阶网络函数的模拟电路图

由该模拟电路得：

$$\begin{cases} \left(\dfrac{1}{R_2} + \dfrac{1}{R_4}\right) V_B - \dfrac{1}{R_2} V_i - \dfrac{1}{R_4} V_b = 0 \\ \left(\dfrac{1}{R_1} + \dfrac{1}{R_3}\right) V_A - \dfrac{1}{R_1} V_t - \dfrac{1}{R_3} V_h = 0 \\ V_A = V_B \\ R_1 = R_2 = 10 \text{ k}\Omega, R_3 = R_4 = 30 \text{ k}\Omega \end{cases}$$

由上述方程组并结合图 3.53 中各元件参数可推出：

① $V_t = V_i + \dfrac{1}{3} V_b - \dfrac{1}{3} V_h$

② $V_t = -\displaystyle\int \dfrac{1}{R_5 C_1} V_b \, dt = -10^4 \int V_b \, dt, \quad V_b = -10^{-4} V_t'$

③ $V_b = -\displaystyle\int \dfrac{1}{R_6 C_2} V_h \, dt = -10^4 \int V_h \, dt, \quad V_h = -10^{-4} V_b' = 10^{-8} V_t''$

④ $V_i = V_t - \frac{1}{3}V_b + \frac{1}{3}V_h = V_t + \frac{10^{-4}}{3}V_t' + \frac{10^{-8}}{3}V_t''$

只要适当地选择模拟装置相关元件的参数,就能使模拟方程和实际系统的微分方程完全相同。

4) 预习要求

(1) 预习微分方程的相关知识,并能理解微分方程与各阶系统的模拟框图之间的联系。

(2) 能理解从微分方程、模拟方程到模拟电路的实验思路的构造及验证过程。

5) 实验内容与步骤

(1) 在THKSS-C型信号与系统实验箱中的自由布线区设计图3.53的电路图。

(2) 写出实验电路的微分方程,并求解。

(3) 将正弦波信号接入电路的输入端,调节 R_3、R_4、V_i,用示波器观察各测试点的波形,并记录。

(4) 将方波信号接入电路的输入端,调节 R_3、R_4、V_i,用示波器观察各测试点的波形,并记录。

6) 注意事项

(1) 需多次调节模拟电路里面的元器件的参数,使其能够模拟实际系统的微分方程。

(2) 通过对各个模块的参数的调试,形成联调概念,最终观测到理想的波形。

7) 实验报告

(1) 画出实验中观察到的各种波形。通过对经过基本运算器前后波形的对比,分析参数变化对运算器输出波形的影响。

(2) 绘制二阶高通、带通、低通网络函数的模拟电路的频率特性曲线。

(3) 归纳和总结用基本运算单元求解二阶网络函数的模拟方程的要点。

8) 思考题

(1) 微分方程的模拟解与数值解各有什么特点?

(2) 试举例说明高通、带通和低通滤波器的实际应用。

3.19(实验19) 抽样定理

1) 实验目的

(1) 了解电信号的采样方法与过程以及信号恢复的方法。

(2) 验证抽样定理。

2) 实验仪器与设备

(1) THKSS-C型信号与系统实验箱。

(2) YB4340G型双踪示波器。

3) 实验原理

(1) 离散时间信号可以从离散信号源获得,也可以从连续时间信号抽样而得。抽样信号 $f_s(t)$ 可以看成连续信号 $f(t)$ 和一组开关函数 $S(t)$ 的乘积。$S(t)$ 是一组周期性窄脉冲,见图 3.54,T_S 称为抽样周期,其倒数 $f_S=1/T_S$ 称为抽样频率。

图 3.54 矩形抽样脉冲

对抽样信号进行傅里叶分析可知,抽样信号的频率包括原连续信号以及无限个经过平移的原信号频率。平移的频率等于抽样频率 f_S 及其谐波频率 $2f_S,3f_S,\cdots$。当抽样信号是周期性窄脉冲时,平移后的频率幅度按 $(\sin x)/x$ 规律衰减。抽样信号的频谱是原信号频谱周期的延拓,它占有的频带要比原信号频谱宽得多。

(2) 正如测得了足够的实验数据以后,我们可以在坐标纸上把一系列数据点连起来,得到一条光滑的曲线一样,抽样信号在一定条件下也可以被恢复为原信号。只要用一个截止频率等于原信号频谱中最高频率 f_n 的低通滤波器,滤除高频分量,滤波后得到的信号包含了原信号频谱的全部内容,故在低通滤波器输出端可以得到恢复后的原信号。

(3) 原信号得以恢复的条件是 $f_S \geqslant 2BW$,其中 f_S 为抽样频率,BW 为原信号占有的频带宽度。而 $f_{\min}=2BW$ 为最低抽样频率,又称"奈奎斯特抽样频率"。当 $f_S<2BW$ 时,抽样信号的频谱会发生混叠,从发生混叠后的频谱中我们无法用低通滤波器获得原信号频谱的全部内容,在实际使用中,仅包含有限频率的信号是极少的,因此即使 $f_S=2BW$,恢复后的信号失真还是难免的。

图 3.55 画出了当抽样频率 $f_S>2BW$(不混叠时)及 $f_S<2BW$(混叠时)两种情况下冲激抽样信号的频谱。

(a) 连续信号的频谱

(b) 高抽样频率时的抽样信号及频谱(不混叠)

(c) 低抽样频率时的抽样信号及频谱(混叠)

图 3.55 冲激抽样信号的频谱

（4）为了实现对连续信号的抽样和抽样信号的复原,可用图 3.56 所示实验原理方框图方案。

图 3.56 抽样定理实验原理方框图

除选用足够高的抽样频率外,常采用前置低通滤波器来防止因原信号频谱过宽而造成的抽样后信号频谱的混叠,但这也会造成失真。如实验选用的信号频带较窄,则可不设前置低通滤波器,本实验就是如此。

4）预习要求

（1）若连续时间信号为 50 Hz 的正弦波,开关函数为 $T_S=0.5$ ms 的窄脉冲,试求抽样后的信号 $f_S(t)$。

（2）设计一个二阶 RC 低通滤波器,截止频率为 5 kHz（选做）。

5）实验内容与步骤

（1）将频率为 100 Hz 左右的正弦波 $f(t)$ 和采样脉冲信号 $S(t)$ 送入抽样器,观察正弦波经抽样后的信号。

（2）改变抽样频率为 $f_S \geqslant 2BW$ 和 $f_S < 2BW$,观察复原后的信号,比较其失真程度。

6）注意事项

（1）在"信号的采用与恢复"模块中,注意信号输入,抽样后的观测点、恢复后的观测点的接入。

（2）在抽样频率改变的过程中,注意观察抽样和恢复后的波形的渐变过程,并进行对比。

7）实验报告

（1）整理并绘出原信号、抽样信号以及复原信号的波形,你能得出什么结论？

（2）若原信号为方波或三角波,可用示波器观察到离散的抽样信号,但由于本装置难以实现一个理想的低通滤波器,以及得到高频窄脉冲（即冲激函数）,所以方波或三角波的离散信号经低通滤波器后只能观测到基波分量,无法恢复原信号。

8）思考题

（1）观察经低通滤波器恢复后无失真的信号与原输入信号之间的幅度关系,计算放大倍数和延时。

（2）若连续时间信号取频率为 200～300 Hz 的正弦波,计算其有效的频带宽度。该信号经频率为 f_S 的周期脉冲抽样后,若希望通过低通滤波后的信号失真较小,则抽样频率和低通滤波器的截止频率应取多大？试设计一个满足上述要求的低通滤波器。

3.20（实验 20） 二阶网络状态轨迹的显示

1）实验目的
（1）观察 RLC 网络在不同阻尼比 ξ 值时的状态轨迹。
（2）熟悉状态轨迹与相应瞬态响应性能间的关系。
2）实验仪器与设备
（1）THKSS-C 型信号与系统实验箱。
（2）YB4340G 型双踪示波器。
（3）EE1642B 型函数信号发生器。
3）实验原理

（1）任何变化的物理过程在每一时刻所处的"状态"，都可以概括地用若干个被称为"状态变量"的物理量来描述。例如，可以用一辆汽车在不同时刻的速度和位移来描述它所处的状态。对于电路或控制系统，同样可以用状态变量来表征状态。例如图 3.57 所示的 RLC 电路，由于电路中有两个储能元件，因此该电路独立的状态变量有两个，如选 u_C 和 i_L 为状态变量，则根据该电路的下列回路方程：

图 3.57 RLC 电路

$$i_L R + L \frac{di_L}{dt} + u_C = u_i$$

求得相应的状态方程为：

$$\frac{du_C}{dt} = \frac{1}{C} i_L$$

$$\frac{di_L}{dt} = -\frac{1}{L} u_C - \frac{R}{L} i_L + \frac{1}{L} u_i$$

不难看出，当已知电路的激励电压 u_i 和初始条件 $i_L(t_0)$、$u_C(t_0)$ 时，就可以唯一地确定 $t \geqslant t_0$ 时，该电路的电流 i_L 和电容两端的电压 u_C。

"状态变量"的定义是能描述系统动态行为的一组相互独立的变量，这组变量的元素称为"状态变量"。由状态变量为分量组成的空间称为状态空间。如果已知 t_0 时刻的初始状态 $x(t_0)$，在输入量 u 的作用下，随着时间的推移，状态向量 $x(t)$ 的端点将连续地变化，从而在状态空间中形成一条轨迹线，叫状态轨迹。一个 n 阶系统，只能有 n 个状态变量，不能多也不可少。

为了便于用双踪示波器直接观察到网络的状态轨迹，本实验仅研究二阶网络，它的状态轨迹可在二维状态平面上表示。

（2）不同阻尼比 ξ 值时，二阶网络的状态轨迹。

将 $i_L = C\dfrac{du_C}{dt}$ 代入回路方程,得:

$$LC\dfrac{d^2 u_C}{dt^2} + RC\dfrac{du_C}{dt} + u_C = u_i$$

$$\dfrac{d^2 u_C}{dt^2} + \dfrac{R}{L}\dfrac{du_C}{dt} + \dfrac{1}{LC}u_C = \dfrac{1}{LC}u_i$$

二阶网络标准化形式的微分方程为:

$$\dfrac{d^2 u_C}{dt^2} + 2\xi\omega_n \dfrac{du_C}{dt} + \omega_n^2 u_C = \omega_n^2 u_i$$

可推得:

$$\omega_n = \dfrac{1}{\sqrt{LC}}, \quad \xi = \dfrac{R}{2}\sqrt{\dfrac{C}{L}}$$

由上式可知,改变 R、L 和 C,使电路分别处于 $\xi>1$、$0<\xi<1$ 和 $\xi=0$ 三种状态。根据状态方程可直接解得 $u_C(t)$ 和 $i_L(t)$。如果以 t 为参变量,求出 $i_L = f(u_C)$ 的关系,并把这个关系画在 $u_C\text{-}i_L$ 平面上。显然,后者同样能描述电路的运动情况。图 3.58、图 3.59 和图 3.60 分别画出了过阻尼、欠阻尼和无阻尼三种情况下,$i_L(t)$、$u_C(t)$ 与 t 的曲线以及 u_C 与 i_L 的状态轨迹。

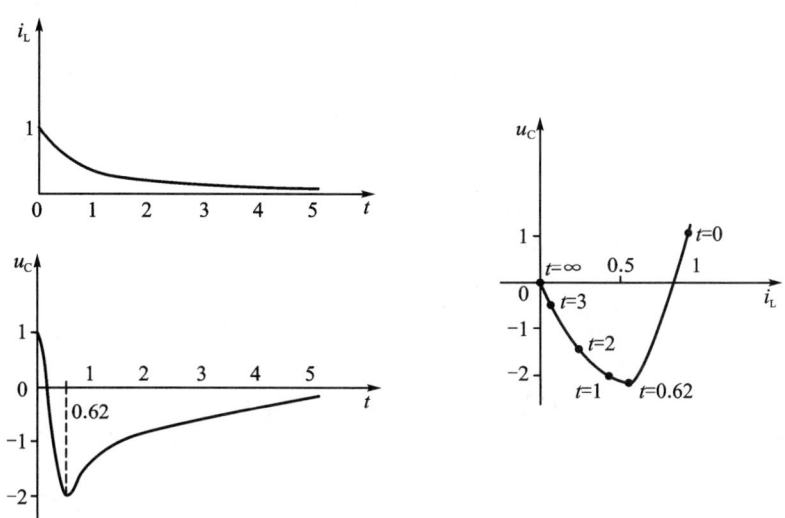

图 3.58 *RLC* 电路在 $\xi>1$(过阻尼)时的状态轨迹

实验原理如图 3.61 所示,u_R 与 i_L 成正比,只要将 u_R 和 u_C 加到示波器的两个输入端,其李萨如图形即为该电路的状态轨迹。

4) 预习要求

(1) 熟悉用双踪示波器显示李萨如图形的接线方法。

(2) 确定所用实验网络的状态变量,以及在不同电阻值时,状态轨迹的形状是否相同。

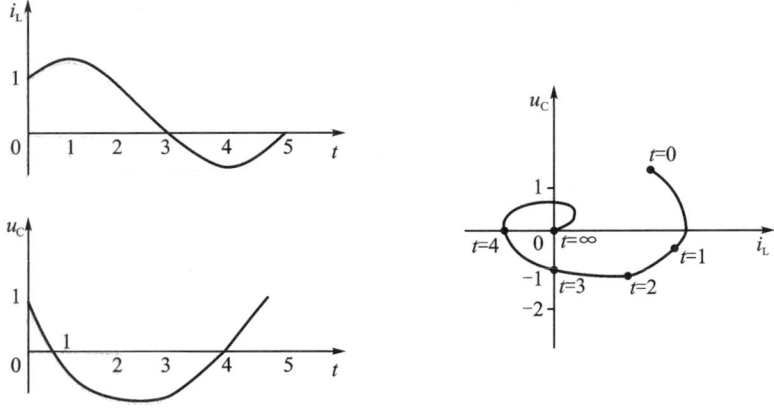

图 3.59 RLC 电路在 0<ξ<1(欠阻尼)时的状态轨迹

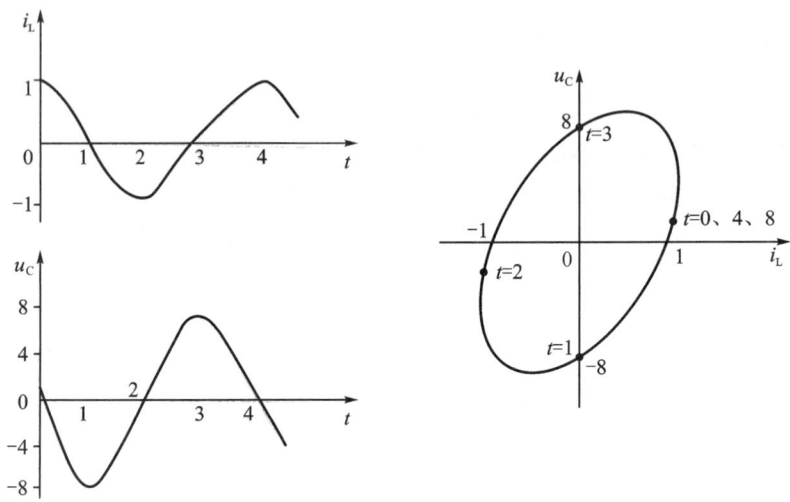

图 3.60 RLC 电路在 ξ=0(无阻尼)时的状态轨迹

5) 实验内容与步骤

(1) 在 THKSS-C 型信号与系统实验箱中观察状态轨迹,采用了一种简易的方法,如图 3.61 所示,由于该电路中的电阻值很小,在 b 点电压仍表现为容性,因此电容两端的电压 U_a、U_b 分别接至示波器 X 轴和 Y 轴,即能显示电路的状态轨迹。

(2) 输入频率为 1 kHz 的方波信号,调节电位器,观察电路在 $ξ>1$、$0<ξ<1$ 和 $ξ=0$ 三种情况下的状态轨迹。

图 3.61 实验电路图

6) 注意事项

(1) 电路中,能用短导线则不要用长导线,使用探头线观测时,黑色线为接地端。

(2) 在调节电位器的过程中,观测示波器的屏幕,及时捕捉理想的实验波形。

7) 实验报告

绘制由实验观察到的 $\xi>1$、$0<\xi<1$ 和 $\xi=0$ 三种情况下的状态轨迹,并加以分析、归纳与总结。

8) 思考题

(1) 为什么状态轨迹能表征系统(网络)瞬态响应的特征?

(2) 如何测量电流 i_L?

4 模拟电子技术实验

4.1（实验1） 电子学认识实验

1）实验目的

（1）通过实验，学会常用仪器的操作与使用。

（2）熟练掌握用示波器测量交流电压的幅值、频率、相位和脉冲信号等有关参数。

2）实验仪器与设备

（1）直流稳压电源（YB1732A 2A）。

（2）函数信号发生器（YB1603P）。

（3）双踪示波器（YB4320C）。

（4）交流毫伏表（YB2172/YB2173/YB2173B）。

（5）指针式万用表（MF-47）。

3）实验原理

在电子技术实验里，测试和定量分析电路的静态和动态的工作状况时，最常用的电子仪器有：直流稳压电源、数字式（或指针式）万用表、函数信号发生器、晶体管毫伏表、示波器等，如图4.1所示。

图4.1 电子技术实验中测量仪器连接图

直流稳压电源：为电路提供能源。

数字式（或指针式）万用表：用于测量电路的静态工作点和直流信号的值。

函数信号发生器：为电路提供各种频率和幅度的输入信号。

晶体管毫伏表：用于测量电路的输入、输出交流信号的有效值。

示波器：用来观察电路中各点的波形，以监视电路是否正常工作，同时还用于测量波形的周期、幅度、相位差及观察电路的特性曲线等。

4）实验内容与步骤

(1) 直流稳压电源 YB1732A 2A 的使用

YB1732A 2A 型直流稳压电源具有恒压、恒流工作功能及串联(并联)主从工作功能。中间一路 CH1 为主路，右边一路 CH2 为从路，左边一路 CH3 为 5 V 固定输出。

① 接通电源开关，使两路电源分别输出+16 V 和-5 V 电压，用万用表"DCV"挡测量输出电压的值。

② 分别使稳压电源输出+40 V、±12 V 电压，重复上述过程。

③ 从左路电源输出固定+5 V 电压。

(2) YB4320C 型示波器的使用

① 熟悉示波器面板上各开关、旋钮和按键的作用。接通电源后，找到扫描线，调节各旋钮、开关，观察扫描线有何变化。当把"X-Y"按键按下时，扫描线消失，为什么？

② 示波器的自校：将示波器附件探头分别接到"校准信号(CAL)"端口和"CH1"或"CH2"输入端。示波器面板上各按键和旋钮调节如下：

按照信号输入的端口按下相应的 CH1(CH2)键，"扫描方式"置于"自动(AUTO)"，"伏特/格(VOLTS/DIV)"置于 0.1 V/div，"秒/格(TIME/DIV)"置于 0.2 ms/div，"水平位移"和"垂直位移"旋钮居中，荧光屏上将出现如图 4.2 所示波形。

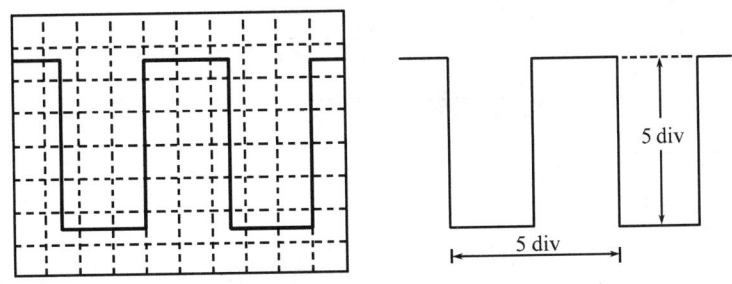

图 4.2　示波器测量本机校准信号

由图 4.2 可见，其"峰-峰"电压值、周期、频率分别为：

$$U_{P-P}=5\text{ div}\times 0.1\text{ V/div}=0.5\text{ V}=500\text{ mV}$$

$$T=5\text{ div}\times 0.2\text{ ms/div}=1\text{ ms}$$

$$f=1/T=1\text{ kHz}$$

(3) 交流信号电压幅值、频率的测量调节

函数信号发生器(YB1603P)输出频率分别为 1 kHz、10 kHz、50 kHz 的三种正弦波，通过晶体管毫伏表(YB2172/YB2173)测量其电压有效值分别为 40 mV、800 mV、2 V，适当调节示波器旋钮使得示波器屏幕上能观察到完整、稳定的正弦波，完成表 4.1。

表 4.1 交流电压幅值、频率测试表

函数信号发生器输出信号（正弦波）	40 mV	1 kHz	800 mV	10 kHz	2 V	50 kHz
示波器灵敏度旋钮位置（VOLTS/DIV）						
峰-峰波形高度（div）						
峰-峰电压 U_{P-P}（V）						
电压有效值（V）						
扫描速度旋钮位置（TIME/DIV）						
波形一个周期所占的水平格数（div）						
信号周期 T（s）						
信号频率 f（Hz）						

注意：灵敏度微调旋钮和扫描速度微调旋钮必须置于标准位置（顺时针旋转到底）。

（4）用李萨如图形来测定信号的频率

仪器的连线如图 4.3(a) 所示，图中函数信号发生器（Ⅱ）输出未知频率的信号，频率记为 f_Y，从示波器"CH2"输入端输入，函数信号发生器（Ⅰ）输出已知频率为 f_X 的信号，用电缆从"CH1"插座输入，按下"$X-Y$"控制键。调节函数信号发生器（Ⅰ）的频率 f_X，当 f_X 与 f_Y 之间成一定倍数关系时，屏幕上就能显示李萨如图形，由该图形及 f_X 的读数即可测定出被测信号的频率 f_Y。例如显示的图形如图 4.3(b) 所示。由李萨如图形确定未知频率的方法是：在图形上画一条水平线和一条垂直线，它们与图形的最多交点数分别为 $n_X=2$，$n_Y=2$，若 $f_X=2$ kHz，则被测信号频率为：

$$f_Y = (n_X/n_Y) \times f_X = (2/2) \times 2 \text{ kHz} = 2 \text{ kHz}$$

为了便于读数，通常将 n_X/n_Y 取成简单的倍数，如取 1、2、3、4 等值。

(a) 连线图　　　　　　　　(b) 显示图形

图 4.3 李萨如图形测量频率原理连接图

5）预习要求

实验前必须预习实验中要使用的各种电子仪器的使用说明和注意事项等有关内容。

6）实验报告

(1) 说明各种常用电子仪器的使用方法及所测参数的类型。

(2) 记录并计算有关测试参数，画出有关测试图形。

7）思考题

(1) 使用示波器时若要达到如下要求，应调节哪些旋钮和开关？

波形清晰;亮度适中;波形稳定;移动波形位置;改变波形的个数;改变波形的高度;同时观察两路波形。

（2）用示波器测量直流信号时应注意什么问题？

（3）用示波器测量信号的频率与幅值时,如何保证测量精度？

（4）用示波器测量交、直流混合波形的信号,输入信号耦合方式选交流（AC）或直流（DC）时,屏幕波形各代表什么含义？

4.2（实验 2） 晶体管的特性及主要参数的测试

1）实验目的

（1）掌握用 YB4812 型晶体管特性图示仪测量晶体二极管的正向特性、三极管输出特性和其对应主要参数的方法。

（2）掌握用指针式万用表判断二极管、三极管的电极和性能的方法。

2）实验仪器与设备

（1）YB4812 型晶体管特性图示仪。

（2）指针式万用表（MF-47）。

3）实验原理

二极管的种类很多,按用途可分为整流管、开关管、检波管及稳压二极管等。但不论哪种二极管,只要能在屏幕上显示出伏安特性曲线,就不难测出其各种参数。

输出特性曲线是三极管常用的一族曲线,很多重要参数都可从中测出。测试前应分清被测管型是 PNP 型还是 NPN 型,是共射极还是共基极接法。

利用万用表的欧姆挡判别二极管、三极管的引脚,依据的是 PN 结的单向导通原理,以及被测元器件在某个电路中呈现的一些典型的特征。

4）实验内容和步骤

（1）YB4812 型晶体管特性图示仪的使用

① 晶体二极管的测试

如果要显示如图 4.4 所示的伏安特性曲线,就必须使 X 轴的扫描电压由正扫到负。用图示仪 YB4812 时,需要分别测试二极管的正向和反向的伏安特性曲线。在本次实验中只测试二极管正向伏安特性。其具体测试方法如下所示。

a. 二极管正向伏安特性曲线的测试

调节 YB4812 型晶体管特性图示仪的"X""Y"轴位移,使坐标原点位于屏幕左下角位置,调"峰值电压"旋钮于零电压,将被测二极管按图 4.5(a)的位置接在图示仪测试台"C"和"E"两端,面板各旋钮开关位置为："峰值电压范围"为 0～50 V,"集电极扫描电压极性"为正（＋）,"功耗限制电阻"顺时针旋足,"X 轴作用"为 0.1 V/div,"Y 轴作用"为 1 mA/div。从零开始逐渐加大峰值电压,即在屏幕上能看到如图 4.5(b)所示的二极管正向伏安特性曲线。通过调节 Y 轴电流和 X 轴集电极电压,配合特性曲线,即能测出二极管的正向特性曲线及各项具体参数。

图 4.4 二极管的伏安特性　　　　图 4.5 二极管的正向特性

b. 二极管的正向特性的主要参数

二极管的正向压降 U_{DQ}：二极管给定工作电流 I_{DQ} 时的电压值。

二极管的门坎电压 U_{th}：二极管开始产生正向电流时所对应的电压值。

二极管的正向直流电阻 R_D：给定工作电流处的电压与电流之比，如图 4.5(b)所示。Q 点处的直流电阻 $R_D = U_{DQ}/I_{DQ}$。

二极管的正向交流电阻 r_d：给定电流处的 $\Delta U_D/\Delta I_D$，如图 4.5(b)所示，过 Q 点作曲线的切线，以此切线为斜边作一直角三角形，三角形两直角边分别是 ΔU_D 和 ΔI_D，从而求得：$r_d = \Delta U_D/\Delta I_D$。

② 三极管输出特性曲线的测试

以 NPN 型三极管为例，测试前应将 X、Y 轴坐标原点调到荧光屏左下角并调好阶梯零点。面板各开关置于下列位置："集电极扫描电压极性"为正（＋）；"峰值电压范围"0～50 V；"集电极电流""基极电流""集电极电压"置于合适位置；"阶梯极性"为正（＋），将被测晶体管按图 4.6(a)所示接入 YB4812 型晶体管特性图示仪的测试台。由零开始逐渐加大峰值电压，在屏幕上即显示出如图 4.6(b)所示的输出特性曲线。

(a) 三极管的连接方式　　(b) 三极管的输出特性曲线

图 4.6 三极管的输出特性的测试

根据特性曲线，配合图示仪面板上开关旋钮位置，便可求出三极管的共射极直流放大系数 $\bar{\beta}$ 和共射极交流放大系数 β。

$$\bar{\beta} = \frac{I_{CQ}}{I_{BQ}}\bigg|_{U_{CEQ}=\text{常数}}$$

$$\beta = \frac{\Delta I_C}{\Delta I_B}\bigg|_{U_{CEQ}=\text{常数}} = \frac{I''_C - I'_C}{I_{B3} - I_{B1}}$$

(2) 用万用表检查晶体管

① 用万用表判断二极管的质量与极性

通过万用表电阻挡量程 $R \times 1\,\text{k}$ 挡或 $R \times 100$ 挡，分别用红表笔与黑表笔碰触二极管的两个电极，记录测量结果，交换红表笔与黑表笔，再次对二极管进行测量，并记录，比较两次所测阻值，若两次测量的结果有明显的差异，则可认定被测二极管是好的。如果是质量良好的二极管，则测量结果呈低电阻时黑表笔所接电极为二极管的正极，另一端为负极。

万用表的欧姆挡等效电路如图 4.7 所示，E 为表内电源，R 为表内等效电阻。用万用表判断二极管的质量与极性的测试电路如图 4.8 所示。

图 4.7　万用表的内部等效电路　　　图 4.8　二极管测试电路

因万用表内部电池正极接黑表笔，负极接红表笔，所以黑表笔带正电压，红表笔带负电压，可对照表 4.2 中的测量结果来进一步对二极管的质量作出判断。

表 4.2　二极管质量检查表

正向电阻	反向电阻	管子好坏
几百欧到几千欧	几百千欧以上	好
0	0	短路损坏
∞	∞	开路损坏
正、反向电阻比较接近		管子失效

表 4.2 中规定的只是大致范围。实际上，正、反向电阻大小不仅与被测管有关，还与万用表型号有关。虽然电池电压均为 1.5 V，但若 $R \times 1\,\text{k}$ 挡的欧姆中心值不同，向二极管提供的电流也不相等，反映的电阻值就有一定的差异。若选择不同的电阻挡，则电阻挡越低，向被测管提供的电流就越大，测出的电阻值越小。

② 用万用表判断三极管的电极与质量

a. 判断晶体三极管基极 b：以 NPN 型晶体三极管为例，用黑表笔接某一个电极，红表笔分别碰触另外两个电极，若两次测量结果阻值都较小，则交换表笔，此时红表笔固定于交换前黑表笔固定的那个电极，黑表笔分别触碰另外两个电极，这样可以测得两个结果。若两次测量结果阻值都较大,则可断定第一次测量中黑表笔所接电极为基极;反之若在红黑表笔交换之后,即当红表笔固定在第一次所固定的电极,而黑表笔分别测量另外两个电极时,两种情况中出现的两个阻值都是一大一小,且阻值相差很大,则证明此时红表笔所接电极不是基极,应更换其他电极重测。

b. 判断晶体三极管发射极 e 和集电极 c:确定三极管基极 b 后,用手捏住 b 极和假定的 c 极(注意不要让两极直接相碰,此时相当于在 b 极和假定的 c 极之间串入一个大电阻),将黑表笔接假定的 c 极,红表笔接 e 极,记下测得的阻值;然后将假定的 c 极和 e 极交换位置,按上述方法再测一次阻值,比较两次测量的电阻值,测得电阻值较小的一次黑表笔接的即为 c 极。对于 PNP 型管则相反,即测得电阻值较小的红表笔接的为 c 极。

注意事项:按正常接法,c、e 极间通过的电流较大,测出的电阻值就小,由于管子内部结构是不对称的,表笔若反接,测出的电阻值就大。另外,若 c、e 极判断错误,则接入电路后放大倍数会明显降低。由于三极管的 $U_{(BR)CEO}$ 比 $U_{(BR)CBO}$ 要小得多,故若 c、e 极判断错误,则在电路中使用时发射极很容易被击穿。

c. 估测晶体三极管电流放大系数 $\bar{\beta}$。估测三极管电流放大系数的连线图如图 4.9 所示,在三极管 b、c 间接入电阻 $R_b = 100\ \text{k}\Omega$,分别测出 R_b 为 ∞ 时和 $R_b = 100\ \text{k}\Omega$ 时 c、e 极间电阻值,从而判断 $\bar{\beta}$ 的大小。对于 PNP 型管,将表笔交换位置,其测法相同。

d. 估测穿透电流 I_{CEO} 的大小。按图 4.9 将基极断路,测量 c、e 极间电阻,如测得电阻值较大(几十千欧以

图 4.9　用万用表估测 $\bar{\beta}$ 和 I_{CEO}

上),则证明 I_{CEO} 较小,管子能正常工作,对于 PNP 型管则调换表笔位置,测法相同。

e. 用万用表判别三极管类型。若已知黑表笔所接是基极,而红表笔分别碰触另外两个电极,若电阻都较小证明是 NPN 型管,反之则可判定是 PNP 型管。

5) 预习要求

(1) 熟悉晶体管特性图示仪的使用方法;掌握万用表的组成及使用方法。

(2) 掌握 PN 结的工作原理及有关二、三极管的典型电路的工作原理。

6) 实验报告

(1) 记录用 YB4812 型晶体管特性图示仪所测二极管、三极管的特性曲线和参数。

(2) 说明用万用表测试二极管、三极管的原理。

7) 思考题

(1) 为什么忌用万用表 $R \times 1$ 或 $R \times 10\text{k}$ 挡检查晶体管?

(2) 用万用表不同电阻挡测量二极管正向电阻,所得电阻是否相同?为什么?

4.3(实验 3)　共射极单管放大电路

1) 实验目的

(1) 学会共射极放大电路静态工作点的调整方法,观察静态工作点变化对电压增益的

影响。

(2) 掌握电路的电压增益、输入与输出电阻、通频带的测试方法。

2) 实验仪器与设备

(1) DJ-A9+模拟电子技术实验系统。

(2) 直流稳压电源(YB1732A 2A)。

(3) 函数信号发生器(YB1603P)。

(4) 双踪示波器(YB4320C)。

(5) 交流毫伏表(YB2172/YB2173/YB2173B)。

(6) 指针式万用表(MF-47)。

3) 实验原理

如图 4.10 所示为电阻分压式工作点稳定的共射极单管放大电路。由 R_{b21}、R_{P2} 和 R_{b22} 构成分压偏置电路，R_{P2} 用来调节电路的静态工作点，R_{b21} 为保护电阻，防止 R_{P2} 调到零时晶体管因基极电流过大而损坏。电源 V_{CC} 为整个电路提供能源，保证发射结正偏，集电结反偏。集电极电阻 R_{c2} 将电流的变化转换成电压的变化并反映在输出端。发射极电阻 R_{e21}、R_{e22} 起到直流负反馈作用，以稳定电路的静态工作点。耦合电容 C_S、C_2 可传递交流信号，又能起到电路级与级之间静态工

图 4.10 共射极放大电路

作点的隔直作用。发射极旁路电容 C_3 可以使交流短路，用以消除发射极电阻带来的增益减小的影响。R_S 用来测量放大器的输入电阻。

当在放大器的输入端加入输入信号 $\dot{U}_i$ 后，在放大器的输出端便可得到一个与 $\dot{U}_i$ 相位相反、幅值被放大了的输出信号 $\dot{U}_o$，从而实现了电压放大。

4) 实验内容与步骤

(1) 在模拟电路实验系统上，选择"基本、多级、负反馈放大电路及 RC 振荡电路"单元，在图 4.10 的基础上接成共射极放大电路，即"1"端接信号源，"3"端作为信号输入端，"4"端作为信号输出端，"2"端接地。接线时应选用短导线。

(2) 接通直流稳压电源，将其输出电压调至+12 V，再关断电源，用导线将电源输出分别接至实验系统"电源输入"单元的"+12 V"端和"GND"端，再将+12 V 电压接至本单元的"+12 V"端和"⊥"端。在检查电源无误后，才能接通电源。

(3) 调整静态工作点

① 调节 R_{P2}，使 $U_C=9$ V。

② 保持静态工作点不变，用万用表(直流电压挡)测量 U_B、U_C、U_E 值的大小，将数据填入表 4.3 中。

表 4.3　放大电路静态工作点

U_B(V)	U_C(V)	U_E(V)	U_{BE}(V)	U_{CE}(V)	I_{CQ}(mA)

（4）电压放大倍数的测量

① 电路输出端空载（即"4""6"端断开），在放大器输入端接上电阻 R_S（1 kΩ）后，在"1"端加入 5 mV（$f=1$ kHz）的正弦波信号 U_S，见图 4.10。用晶体管毫伏表测出放大电路输入电压 U_i 及输出电压 U_o'（空载）的值，测出对应的电压放大倍数 A_u'（空载）的值，数据填入表 4.4。

② 电路输出端接上负载 $R_L=2.4$ kΩ，测量输出电压 U_o 及对应的电压放大倍数 A_u。

表 4.4　放大电路参数测量表

测 量 值									理论计算值			
U_i（mV）	U_o（mV）	U_o'（空载）	A_u	A_u'（空载）	R_i	R_o	f_H	f_L	A_u	A_u'	R_i	R_o

（5）输入电阻 R_i、输出电阻 R_o 的测量

测量 R_i、R_o 的电路原理图，如图 4.11 所示，由图可推出以下结果：

① $\dfrac{R_i}{R_S} = \dfrac{U_i}{U_S - U_i}$

得　　$R_i = \dfrac{U_i}{U_S - U_i} R_S$

图 4.11　R_i、R_o 测量电路原理图

② $\dfrac{R_o}{R_L} = \dfrac{U_o' - U_o}{U_o}$

得　　$R_o = \dfrac{U_o' - U_o}{U_o} R_L$

式中：U_o' 为电路输出端空载时的输出电压；U_o 为电路输出端带上负载时的输出电压。

测出 R_i、R_o 的值填入表 4.4，并将测得值与理论计算值相比较。

（6）测量上、下限频率 f_H 与 f_L

在输入端"3"端加入 $U_i=2$ mV（1 kHz）的正弦波信号，测出电路输出电压 U_o 的值，根据 f_H、f_L 的定义，保持输入信号的大小不变，改变输入信号 U_i 的频率，当输出电压的大小变为 $0.707U_o$ 时，此时所对应的频率分别为 f_H、f_L。

（7）观察波形失真

将放大电路的静态工作点分别调至 $I_{CQ}=0.8$ mA、$I_{CQ}=2$ mA，在输入端"3"端加入 1 kHz 的正弦波信号，调整输入信号，使示波器上观察到的输出电压波形出现一边失真，记

录波形,并分别说明是什么失真。

5) 预习要求

(1) 认真阅读有关本实验系统的结构及使用方法的内容。

(2) 根据实验目的、实验内容及要求,列写好实验测试步骤及画出相关仪器的测试图。

(3) 对所测量的电路参数进行理论计算,以便将理论测量值与实验测量值进行比较。

6) 实验报告

(1) 比较表 4.4 中的测量值与理论计算值,分析误差产生的原因。

(2) 在坐标纸上画出饱和失真和截止失真的波形。

7) 思考题

(1) 影响工作点稳定的因素有哪些?采用何种方式能稳定静态工作点?如何调整放大器的静态工作点?Q 点与输出波形失真有何关系?

(2) 测量静态工作点时,为什么用万用表分别测量晶体管的各极对地电压,而不是直接测量电压 U_{CE}、U_{BE}?能否用晶体管毫伏表测量静态工作点?为什么?

(3) 若把实验电路中的 NPN 管改为 PNP 管,电路中的参数应作哪些调整才能正常工作?

(4) 分析理论估算值与实测工作点和放大倍数的误差。

4.4(实验 4)　两级阻容耦合放大电路

1) 实验目的

(1) 学会如何合理设置两级阻容耦合放大电路的静态工作点。

(2) 进一步熟悉放大电路技术指标的测试方法。

2) 实验仪器与设备

(1) DJ-A9+模拟电子技术实验系统。

(2) 直流稳压电源(YB1732A 2A)。

(3) 函数信号发生器(YB1603P)。

(4) 双踪示波器(YB4320C)。

(5) 交流毫伏表(YB2172/YB2173/YB2173B)。

(6) 指针式万用表(MF-47)。

3) 实验原理

阻容耦合多级放大电路主要适用于分立元件交流放大电路,具有以下特点:

(1) 由于电容的隔直作用,各级放大电路的静态工作点相互独立,可分级进行调整。

(2) 多级放大电路的电压放大倍数是各级电压放大倍数的乘积。

(3) 多级放大电路的通频带小于任何一级放大器的通频带。

(4) 在处理多级放大电路级间影响时,可将前级的输出电阻作为后级的信号源内阻;而后级的输入电阻则作为前级的负载电阻。

(5) 只能放大交流信号,不能放大直流信号。

(6) 在阻容耦合多级放大器中,由于输出级的输出电压和输出电流都比较大,因而输出级的静态工作点一般都设置在交流负载线的中点,以获得最大不失真输出电压幅值。

如图 4.12 所示为两级阻容耦合放大电路。

图 4.12 两级阻容耦合放大电路

4) 实验内容与步骤

在模拟电路实验系统上,选择"基本、多级、负反馈放大电路及 RC 振荡电路"单元,按图 4.12 接成两级阻容耦合放大电路。

(1) 调整静态工作点

调节 R_{P1}、R_{P2},使 $U_{C1}=10\text{ V}$,$U_{C2}=9\text{ V}$。测量并记录各级静态工作点,将数据填入表 4.5。

(2) 测量两级放大电路的电压放大倍数

① 在空载时,输入一个正弦交流信号($f=1\text{ kHz}$),在输出波形不失真的情况下,测量 U_i、U_{o1}、U_{o2},填入表 4.5。

② 加入负载 R_L 后(输入信号不变),测量 U_i、U_{o1}、U_{o2},填入表 4.5,分别计算 A_{u1}、A_{u2}、A_u。

表 4.5 静态工作点及输入/输出电压、电压放大倍数测试表

R_L	静态工作点						输入、输出电压 (mV)			电压放大倍数		
	第一级(V)			第二级(V)						前级	后级	两级
	U_{B1}	U_{C1}	U_{E1}	U_{B2}	U_{C2}	U_{E2}	U_i	U_{o1}	U_{o2}	A_{u1}	A_{u2}	A_u
∞												
2.4 kΩ												

实验时,若输入信号后,输出波形有寄生振荡,可用下列方法解决:

a. 将函数信号发生器、稳压电源等仪器的接线重新整理,使这些导线尽可能短一些。

b. 在适当位置上如三极管 VT_2 的 b、e 间加电容(从几十皮法至几千皮法)。

c. 信号输入线采用屏蔽线。

(3) 将放大电路第一级的输出与第二级的输入端断开,使之成为两个单独的单级放大电路,分别测量输入、输出电压,并计算每级的放大倍数,此时静态工作点同前,输出空载。自行设计表格,并将表中数据与表 4.5 数据进行比较。

(4) 测量两级放大电路的频率特性

① 将所接负载 R_L 断开,先将输入信号频率调到 1 kHz(U_i=2 mV),测量此时两级放大电路的输出电压。

② 保持输入信号 U_i=2 mV 不变,改变输入信号的频率,测量电路的输出电压值,记入表 4.6 中,并计算各点放大倍数 A_u。

表 4.6　两级放大电路的频率特性测试表

输出电压	f(Hz)
U_o(mV)	
计算 A_u	

5) 预习要求

(1) 总结单管放大电路的实验方法,便于在测量两级放大电路参数时借鉴使用。

(2) 复习多级放大器有关 A_u 的计算方法,以及级与级之间的相互影响及频率特性的影响的相关内容。

6) 实验报告

(1) 总结多级放大电路中静态工作点对放大倍数及输出波形的影响。

(2) 比较理论值与实测值之间的误差,分析原因。

(3) 整理数据,画出幅频特性曲线,并指出上限频率 f_H 和下限频率 f_L 及通频带 BW($BW=f_H-f_L$)。

7) 思考题

(1) 分析为什么第一级静态工作点要比第二级低些?

(2) 在测静态工作点时,发现用万用表直接测 U_{BE} 和用万用表分别测 U_B、U_E,然后计算 $U_{BE}=U_B-U_E$,得到数据相差不少,分析其原因。另外,用万用表不同量程的直流电压挡测出的 U_{BE} 值相差也很大,小量程测得的值小,大量程测得的值大,试分析其原因。

(3) 哪些因素影响低频时的电压放大倍数? 哪些因素影响高频时的电压放大倍数?

(4) 对于输出端使用屏蔽线和不用屏蔽线这两种情况,哪种情况下的 f_H 高,为什么?

4.5(实验 5)　场效应管放大电路

1) 实验目的

(1) 熟悉场效应管的特点。

(2) 学习场效应管特性曲线的测试方法。

(3) 掌握场效应管放大电路静态工作点调试及电路主要参数的测试方法。

2）实验仪器与设备

（1）DJ-A9+模拟电子技术实验系统。

（2）直流稳压电源（YB1732A 2A）。

（3）函数信号发生器（YB1603P）。

（4）双踪示波器（YB4320C）。

（5）交流毫伏表（YB2172/YB2173/YB2173B）。

（6）指针式万用表（MF-47）。

（7）晶体管图示仪（YB4812）。

3）实验原理

场效应管是一种由电压控制电流的器件。由于场效应管栅、源之间处于绝缘或反向偏置状态，所以输入电阻很高（一般可达上百兆欧），又由于场效应管是一种多数载流子控制器件，因此热稳定性好，抗辐射能力强，噪声系数小。加之场效应管制造工艺较简单，便于大规模集成，因此得到越来越广泛的应用。场效应管按结构可分为结型和绝缘栅型两种类型。结型场效应管分为 N 沟道和 P 沟道两种，绝缘栅型场效应管也有 N 沟道和 P 沟道之分，而且每一类又分为增强型和耗尽型两种。

（1）结型场效应管的特性和参数

图 4.13 所示为 N 沟道结型场效应管的输出特性和转移特性曲线。其直流参数主要有饱和漏极电流 I_{DSS}，夹断电压 U_P 等；交流参数主要有低频跨导 g_m。

$$g_m = \frac{\Delta I_D}{\Delta U_{GS}}\bigg|_{U_{DS}=常数}$$

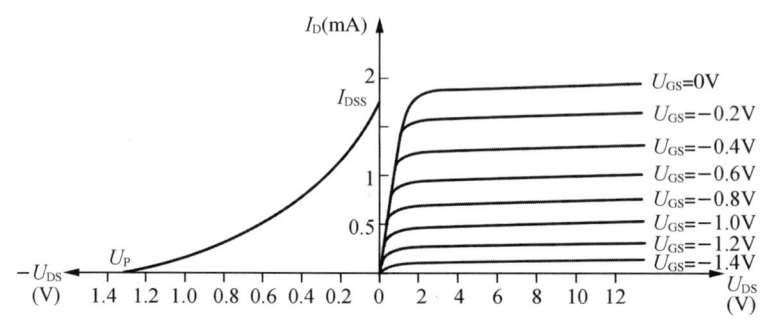

图 4.13 输出特性和转移特性曲线

（2）场效应管放大电路性能分析

如图 4.14 所示为结型场效应管组成的共源极放大电路，其静态工作点为：

$$U_{GS} = U_G - U_S = \frac{R_{g1}}{R_{g1}+R_{g2}} U_{DD} - I_D(R_S + R_{PS})$$

$$I_D = I_{DSS}\left(1-\frac{U_{GS}}{U_P}\right)^2$$

中频电压放大倍数 $\quad A_u = -g_m R'_L = -g_m R_D /\!/ R_L$

输入电阻 $R_i = R_G + R_{g1} // R_{g2}$
输出电阻 $R_O \approx R_D$

式中跨导 g_m 可由特性曲线用作图法求得,或用如下公式计算,其中 U_{GS} 要用静态工作点处之数值。

$$g_m = -\frac{2I_{DSS}}{U_P}\left(1 - \frac{U_{GS}}{U_P}\right)$$

(3) 输入电阻的测量方法

场效应管放大器的静态工作点、电压放大倍数和输出电阻的测量方法,与实验 3 中晶体管放大器的测量方法相同。对其输入电阻的测量,从原理上讲,也可采用实验 3 中所述方法,但由于场效应管的 R_i 比较大,如直接测输入电压 U_S 和 U_i,则限于测量仪器的输入电阻有限,必然会带来较大的误差。因此为了减小误差,常利用被测放大器的隔离作用,通过测量输出电压 U_o 来计算输入电阻。测量电路如图 4.15 所示。

图 4.14 结型场效应管共源极放大电路

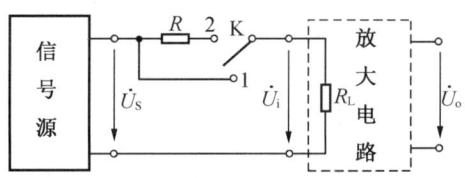

图 4.15 输入电阻 R_i 测量电路

在放大电路的输入端串入电阻 R,把开关 K 掷向位置 1(即使 $R = 0$),测量放大电路的输出电压 $U_{o1} = A_u U_S$;保持 U_S 不变,再把 K 掷向 2(即接入 R),测量放大器的输出电压 U_{o2}。由于两次测量中 A_u 和 U_S 保持不变,故:

$$U_{o2} = A_u U_i = \frac{R_i}{R + R_i} U_S A_u$$

由此可以求出:

$$R_i = \frac{U_{o2}}{U_{o1} - U_{o2}} R$$

式中 R 和 R_i 不能相差太大,本实验可取 $R = 100 \sim 200 \text{ k}\Omega$。

场效应管与晶体三极管相类似,场效应管有截止区(即夹断区)、恒流区(即放大区)和可变电阻区三个工作区域。在恒流区,可将 I_D 看成受电压 U_{GS} 控制的受控恒流源。

如图 4.14 所示为结型场效应管共源极放大电路,该电路适用于结型场效应管或耗尽型场效应管。电阻 R_{b1} 和电位器 R_{b2},电阻 R_S 和电位器 R_{PS} 决定了栅源电压。R_D 的作用与共射放大电路中 R_C 的作用相同,将漏极电流 I_d 的变化转换成电压 U_{DS} 的变化,从而实现电压放大。栅极电阻 R_g 若太小,会影响放大电路的输入电阻。C_S 为旁路电容,用以减小 R_S、R_{PS} 对放大倍数的影响,即静态时稳定静态工作点,动态时使电压放大倍数不出现下降。

4) 实验内容与步骤

(1) 场效应管特性曲线的测试

本实验系统选用的场效应管为 K105，可用 YB4812 型晶体管特性图示仪测出其饱和漏极电流 I_{DSS} 和夹断电压 U_P 的值。

(2) 静态工作点调试

① 在本实验系统上选择"场效应管放大电路"单元，在漏极上串入一直流电流表（可用万用表电流挡，注意极性），检查无误后接通 +12 V 电源。

② 调节 R_{PS} 使静态无输入信号时的 $I_D=1.0\ \text{mA}$，用万用表（最好为数字式万用表）测量 U_G、U_D、U_S，完成表 4.7，并将测量结果与理论计算结果进行比较。

表 4.7 静态工作点测试

测量参数	U_G(V)	U_D(V)	U_S(V)	U_{DS}(V)	U_{GS}(V)
测量结果					

(3) 放大倍数的测量

① 在输入端接入正弦波信号 U_i($f=1\ \text{kHz}$)，改变 U_i 大小，测出对应的输出电压 U_o 值，记入表 4.8，并计算 A_u 的平均值，将测量值与理论计算结果进行比较。

表 4.8 场效应管参数测试表

U_i(mV)	50	100	150	200
U_o(mV)				
$A_u=U_o/U_i$				
A_u 的平均值				

② 调节 R_{PS} 使静态电流 $I_D=1.2\ \text{mA}$，重复上述过程，用示波器观察输出波形有无失真，如无失真，需记录数据。

(4) 输入电阻 R_i 和输出电阻 R_o 的测量

按照图 4.15 改接实验电路，选择合适大小的输入电压 U_s（约 50～100 mV），将开关 K 掷向"1"，测出 $R=0$ 时的输出电压 U_{o1}，然后将开关掷向"2"，接入 R，保持 U_S 不变，再测出 U_{o2}，根据公式

$$R_i = \frac{U_{o2}}{U_{o1}-U_{o2}}R$$

求出 R_i，记入表 4.9 中；表中 R_o 的测量请参考实验 3 中图 4.11 中 R_o 的测量方法，并用表 4.8 中的数据进行计算，记入表 4.9 中。

表 4.9 R_i、R_o 测试表

测量值				计算值	
U_{o1}(V)	U_{o2}(V)	R_i(kΩ)	R_o(kΩ)	R_i(kΩ)	R_o(kΩ)

5) 预习要求

(1) 复习场效应管放大电路的工作特点。

(2) 复习单管放大电路的实验内容及步骤，并和本实验相比较。

6) 实验报告

(1) 整理实验数据,将测得的 A_u、R_i、R_o 和理论计算值进行比较。

(2) 列写测量结果,并将其与实验 3 中晶体管组成的共射极放大电路的主要参数相比较,总结场效应管放大电路的特点。

7) 思考题

(1) N 沟道增强型 MOS 管能否采用本实验电路图?为什么?

(2) N 沟道结型场效应管 U_{GS} 为正值时会产生什么情况?

(3) 本实验电路图中的隔直电容 C_1 为什么可以选用 0.047 μF 电容,而双极型三极管低频放大电路中的 C_{b1} 为什么不能选用如此小的电容?

4.6(实验 6) 负反馈放大电路

1) 实验目的

(1) 熟悉反馈的概念,并能较熟练地判别反馈的类型及电路属何种组态。

(2) 掌握常用的负反馈放大电路的性能及应用,熟练掌握其主要参数的测试方法。

(3) 了解电压串联负反馈对放大电路性能的影响。

2) 实验仪器与设备

(1) DJ-A9+模拟电子技术实验系统。

(2) 直流稳压电源(YB1732A 2A)。

(3) 函数信号发生器(YB1603P)。

(4) 双踪示波器(YB4320C)。

(5) 交流毫伏表(YB2172/YB2173/YB2173B)。

(6) 指针式万用表(MF-47)。

3) 实验原理

反馈的分类按极性分,可分为负反馈和正反馈。放大电路中采用负反馈,正反馈一般用于振荡电路中。反馈的分类按交直流性质分,可分为直流反馈和交流反馈。直流反馈常用于稳定直流工作点,交流反馈主要用于放大电路性能的改善。

负反馈在电子电路中有着非常广泛的应用,虽然它会使放大器的放大倍数降低,但能在多方面改善放大器的动态指标,如稳定放大倍数,改变输入、输出电阻,减小非线性失真和扩展通频带等。因此,几乎所有的实用放大器都带有负反馈。

如图 4.16 所示为带有负反馈的两级阻容耦合放大电路,在电路中通过 R_f、R_{Pf} 把输出电压 $\dot{U}_o$ 引回到输入端,加在 VT_1 的发射极上,在发射极电阻 R_{e11} 上形成反馈电压 u_f。根据反馈的判断方法可知,它属于电压串联负反馈。调节 R_{Pf} 可以改变电路的反馈系数,从而改变电路的反馈深度。

4) 实验内容与步骤

在模拟电路实验系统中选择"基本、多级、负反馈放大电路及 RC 振荡电路"单元,按图 4.16 接线(虚线暂时不连)。

图 4.16 负反馈放大电路

(1) 调整静态工作点

调节 R_{P1}、R_{P2}，使 $U_{C1}=10\text{ V}, U_{C2}=9\text{ V}$。测量并记录各级静态工作点，数据填入表 4.10 中。

表 4.10 静态工作点测量

参 数	第一级（V）			第二级（V）		
	U_{B1}	U_{C1}	U_{E1}	U_{B2}	U_{C2}	U_{E2}
数 据						

(2) 测试两级放大电路的电压放大倍数 A_u、输入电阻 R_i 与输出电阻 R_o、上限频率 f_H 与下限频率 f_L 等主要参数，填入表 4.11 中。

(3) 将图 4.16 中虚线上的电位器串入电路中，重复步骤(2)主要参数的测试，完成表 4.11。判别此电路属何种电路，并将深度负反馈估算的放大倍数与测量值比较，分析原因。

表 4.11 负反馈放大电路参数测量表

条 件		U_S（mV）	U_i（mV）	U_o（mV）	U_o'（空载）	A_u	A_u'（空载）	R_i	R_o	f_H	f_L
	基本放大电路										
负反馈放大电路	$R_{Pf}=0$										
	$R_{Pf}=10\text{ k}\Omega$										

实验过程中，注意观察引入负反馈及改变负反馈深度后对上述测试的参数有何影响。

5) 预习要求

(1) 复习负反馈放大电路的相关知识，特别是反馈类型、反馈深度等知识点。

(2) 复习两级放大电路实验的内容和步骤。

6) 实验报告

(1) 列写测试步骤、条件与测试数据,分析数据结果。

(2) 写出负反馈放大与其他形式反馈有何不同之处。

7) 思考题

(1) 负反馈放大电路的反馈深度 $|1+\dot{A}\dot{F}|$ 决定了电路性能的改善程度,但是否越大越好?为什么?

(2) 怎样把负反馈放大电路(图 4.16)改接成基本放大器?

(3) 如果把 R_{Pf} 和 R_f 接在 VT_1 和 VT_2 的两发射极之间,会出现什么结果?为什么?

(4) 总结负反馈对放大器性能有哪些改善。

4.7(实验 7) 差动放大电路

1) 实验目的

(1) 掌握调节差动放大器的静态工作点的方法。

(2) 掌握放大器差动输入、双端输出及单端输出的差模电压放大倍数的测试方法。

(3) 掌握放大器双端输出和单端输出的共模放大倍数及共模抑制比的测试方法。

2) 实验仪器与设备

(1) DJ-A9+模拟电子技术实验系统。

(2) 直流稳压电源(YB1732A 2A)。

(3) 函数信号发生器(YB1603P)。

(4) 双踪示波器(YB4320C)。

(5) 交流毫伏表(YB2172/YB2173/YB2173B)。

(6) 指针式万用表(MF-47)。

3) 实验原理

差动放大电路能够放大差模信号且抑制共模信号,可以消除由于温度变化、外界干扰而产生的具有共模特征的信号所引起的输出误差电压,被广泛应用于直接耦合电路和测量电路的输入级。差动放大电路的输入信号可采用直流信号也可采用交流信号。

图 4.17 是差动放大器的基本结构。它由两个元件参数相同的基本共射放大电路组成。图中输入端的两只电阻 R 用于均衡输入信号,对电路的性能指标几乎不产生影响。

当"1"接"2"时,构成典型的差动放大器。调零电位器 R_P 用来调节 VT_1、VT_2 管的静态工作点,使得输入信号 $U_i=0$ 时,双端输出电压 $U_o=0$。R_e 为两管共用的发射极电阻,它对差模信号无负反馈作用,因而不影响差模电压放大倍数,但其对共模信号有较强的负反馈作用,因此可以有效地抑制零漂,稳定静态工作点。为了既保证 R_e 足够大,又保证合适的工作点,引入负电源补偿 R_e 上的电压降。

当"1"接"3"时,构成具有恒流源的差动放大器。它用晶体管恒流源代替发射极电阻 R_e,可以进一步提高差动放大器抑制共模信号的能力。

4) 实验内容与步骤

(1) 静态工作点测试

图 4.17 差动放大电路

在模拟电路实验系统中选择"差动放大电路"单元,将图 4.17 中的"1"接"2"或"3",输入端 U_{i1}、U_{i2} 接地,用万用表测量两管的集电极输出电压,并调节电位器 R_P,使双端输出电压差为零,即 $U_o = U_{o1} - U_{o2} \approx 0$。再测量两管各极对地的电位,并且与理论值($R_P$ 在中点)进行比较,数据填入表 4.12(表中 U_1 指电位器 R_P 中心点对地电压)。

表 4.12 静态工作点

对地电压(V)	U_{B1}	U_{C1}	U_{B2}	U_{C2}	U_1
测量值					

(2) 差模放大倍数的测量

拆去输入端 U_{i1}、U_{i2} 接地线,在输入端 U_{i1}、U_{i2} 加入直流差模信号 $U_{id} = \pm 0.1\text{ V}$。

直流差模信号 U_{id} 可由"信号变换"单元的 U_{S1} 和 U_{S2} 上分别加入 $+12\text{ V}$ 和 -12 V 电压("GND"与"⊥"相连)得到,调节电位器 R_{PS1}、R_{PS2} 使输出 U_{i1} 和 U_{i2} 分别为 $+0.1\text{ V}$ 和 -0.1 V,然后再将"信号变换"单元的 U_{i1} 和 U_{i2} 与"差动放大电路"的 U_{i1} 和 U_{i2} 相连,用万用表直流电压挡分别测出单端输出差模电压 U_{od1}、U_{od2},算出双端输出差模电压放大倍数 A_{ud}。将数据填入表 4.13 中。

表 4.13 差动放大电路参数测量表

输入信号	差模输出				共模输出				共模抑制比
	U_{od1}	U_{od2}	U_{od}	A_{ud}	U_{oc1}	U_{oc2}	U_{oc}	A_{uc}	K_{CMR}
直流 $U_i = \pm 0.1\text{ V}$									

(3) 共模电压放大倍数的测量

① 先将输入端 U_{i1}、U_{i2} 短接为一端,然后加入直流共模信号 $U_{i1} = +0.1\text{ V}$,用万用表直流电压挡测单端输出共模电压 U_{oc1}、U_{oc2},算出双端输出共模电压放大倍数 A_{uc}。将数据填入表 4.13 中。

② 根据测量数据 A_{ud} 及 A_{uc} 求共模抑制比 K_{CMR},$K_{CMR} = |A_{ud}/A_{uc}|$。

(4) 交流电压放大倍数的测试

输入低频正弦波小信号 $U_i = 50\text{ mV}(f = 1\text{ kHz})$,分别测量单端及双端输出电压,将数据填入表 4.14 中。

表 4.14 交流电压放大倍数的测试

输入电压(mV)	单端输出电压(mV)	双端输出电压(mV)	交流放大倍数 A_u	
			单端输出	双端输出

(5) 比较相位

在输入端 U_{i1}、U_{i2} 直接接入 $U_i=5$ mV，$f=1$ kHz 的正弦波，用示波器观察 U_i 与 U_{o1} 和 U_{o2} 的波形，比较输入与输出的相位。

5) 预习要求

(1) 复习差动放大电路的工作原理，差模与共模的区别及共模抑制比计算的相关内容。

(2) 预习实验原理相关内容，总结电路中各参数测量时电路中导线的连接方式。

6) 实验报告

(1) 整理测试数据，并将测试数据和理论计算值比较。

(2) 总结差动放大器的性能特点。

7) 思考题

(1) 差动放大电路中两管及元件对称对电路性能有何影响？

(2) 电路中，如"1"接"2"，则 R_e 的大小对电路性能有何影响？

(3) 为什么在电路工作前需进行零点调整？

4.8（实验 8） *RC* 正弦波振荡器

1) 实验目的

(1) 熟悉 *RC* 振荡器的电路组成和工作原理，验证振荡条件。

(2) 研究 *RC* 桥式振荡器串、并联网络的选频特性。

(3) 学会测量振荡频率。

2) 实验仪器与设备

(1) DJ-A9+模拟电子技术实验系统。

(2) 直流稳压电源（YB1732A 2A）。

(3) 函数信号发生器（YB1603P）。

(4) 双踪示波器（YB4320C）。

(5) 交流毫伏表（YB2172/YB2173/YB2173B）。

(6) 指针式万用表（MF-47）。

3) 实验原理

如图 4.18 所示为 *RC* 正弦波振荡器。

振荡器是不需外加信号就能产生正弦波信号的一种电路。它由放大电路、正反馈网

图 4.18 RC 正弦波振荡器

络、选频网络和稳幅环节 4 部分组成。

为了产生并维持正弦波形,必须满足以下条件:

振幅平衡条件:$|\dot{A}\dot{F}|=1$

相位平衡条件:$\varphi_A+\varphi_F=\pm 2n\pi$,$n=0,1,2,3,\cdots$

RC 桥式振荡器由电压串联负反馈电路和 RC 串、并联选频网络组成。一般对于 RC 串、并联选频网络选取参数 $R_1=R_2=R$,$C_1=C_2=C$,当 $\omega=\omega_0=1/(RC)$ 或 $f=f_0=1/(2\pi RC)$ 时,选频网络的输出最大,其大小为输入信号的 1/3,且输出与输入同相位。这就要求振荡器放大倍数为 3,且输入与输出同相位。适当调整负反馈强弱,使 A_u 的值略大于 3 时,电路起振,产生正弦波的振荡频率 $f_0=1/(2\pi RC)$。

在模拟电路实验系统中选择"基本、多级、负反馈放大电路及 RC 振荡电路"单元,按照图 4.17 接线,在检查无误后,接通电源($+12$ V)。

4) 实验内容与步骤

(1) 调整静态工作点

调节 R_{P1}、R_{P2},使 $U_{C1}=10$ V,$U_{C2}=9.4$ V。

(2) 测量选频网络的选频特性

不加电源,断开"1""2"两点间的连线,在 U_o 端加入 3 V 的正弦波信号,改变信号的频率,在 RC 并联端"1"测量选频网络的幅频特性。

(3) 测量振荡频率

用示波器观察"1"点及 U_o 的输出是否有振荡波形,若振荡器不起振,可调节 R_{Pf}。振荡频率 f_0 可在示波器上读取,将所测值与理论值进行比较。

5) 预习要求

(1) 复习正弦波振荡器的工作原理,掌握振荡器的振荡条件、调试方法。

(2) 根据图 4.18 中所给出的参数,计算理论振荡频率 f_0。

6) 实验报告

(1) 比较振荡器产生的振荡波形频率的测量值与计算值。

(2) 说明测量 RC 选频网络选频特性的方法。

(3) 说明用李萨如图形测量振荡波形频率的方法。

7) 思考题

(1) 振荡器波形何时失真？何时消失？
(2) 调节哪些参数可稳定振荡器的输出？
(3) 电路带上负载后有何变化？
(4) 若要改变电路振荡频率,需调整哪些元件？

4.9（实验9） 信号处理电路

1) 实验目的

(1) 通过实验学习有源滤波电路、电压比较电路的基本原理,深入理解相关电路的性能。
(2) 掌握各种应用电路的组成及调试、测量方法。

2) 实验仪器与设备

(1) DJ-A9+模拟电子技术实验系统。
(2) 直流稳压电源(YB1732A 2A)。
(3) 函数信号发生器(YB1603P)。
(4) 双踪示波器(YB4320C)。
(5) 交流毫伏表(YB2172/YB2173/YB2173B)。
(6) 指针式万用表(MF-47)。

3) 实验原理

由 RC 元件与运算放大器组成的滤波器称为 RC 有源滤波器,其功能是允许频率在一定范围内的信号通过,对此频率范围以外的信号进行抑制或使其衰减,可用于信息处理、数据传输、抑制干扰等方面。但因受运算放大器频带限制,这类滤波器主要用于低频范围。根据对频率范围的选择不同,RC 有源滤波器可分为低通滤波器(Low-Pass Filter, LPF)、高通滤波器(High-Pass Filter, HPF)、带通滤波器(Band-Pass Filter, BPF)与带阻滤波器(Band-Elimination Filter, BEF)。

电压比较器是集成运放非线性应用电路,它将一个模拟量电压信号和一个参考电压相比较,在二者幅度接近相等时,输出电压将产生跃变,相应地输出高电平或低电平。电压比较器可以组成非正弦波形变换电路以及应用于模拟或数字信号转换等领域。

4) 实验内容与步骤

(1) 低通滤波器

按图 4.19 接线,输入信号 U_i 为正弦波,它的幅度为 2～3 V,保持 U_i 的幅度不变,改变其频率,用逐点描迹法测出滤波器的幅频特性。

图 4.19 低通滤波器

(2) 高通滤波器

按图 4.20 接线,测试方法同上。

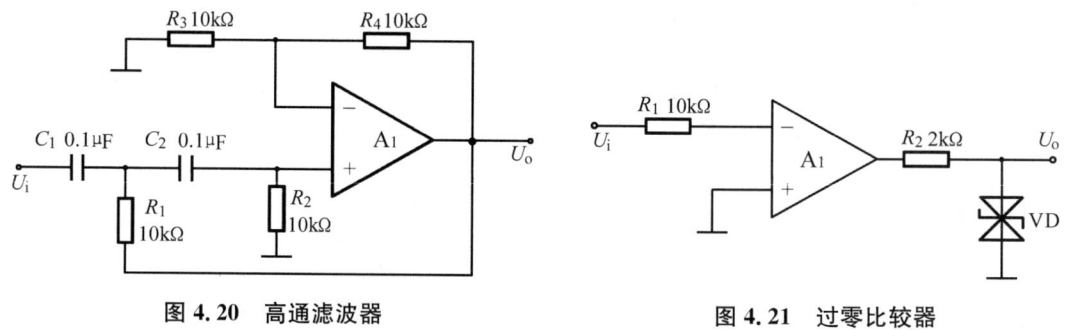

图 4.20 高通滤波器　　　　图 4.21 过零比较器

(3) 过零比较器

按图 4.21 接线,输入信号 U_i 为正弦波,用示波器观察并记录输入与输出波形。改变 U_i 的频率再用示波器观察 U_o 波形,记录并分析两者的关系。

(4) 反相滞回比较器

按图 4.22 接线,测试方法同(3)。

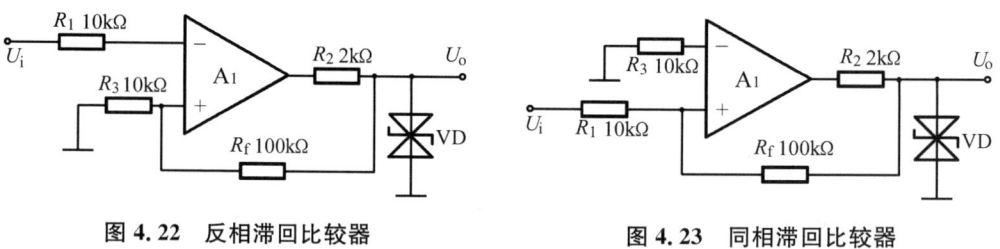

图 4.22 反相滞回比较器　　　　图 4.23 同相滞回比较器

(5) 同相滞回比较器

按图 4.23 接线,测试方法同(3)。

5) 预习要求

(1) 复习有源滤波电路、电压比较电路的工作原理。

(2) 设计实验步骤和记录表格,有兴趣的同学可设计一个二阶滤波器,并注意比较一阶滤波器与二阶滤波器在性能上的差异。

6) 实验报告

整理实验数据,画出波形(幅频特性),比较实测值与理论值并分析实验结果。

7) 思考题

(1) 在低通滤波器幅频特性曲线的测量过程中,改变信号的频率,信号的幅值是否也要做相应的改变?为什么?

(2) 如何区别高通滤波器的一阶、二阶电路?它们有什么共同点和不同点?它们的幅频特性有区别吗?

(3) 在非线性应用中,集成运放是否需要调零?为什么?

4.10(实验 10)　整流、滤波、稳压电路

1) 实验目的
(1) 了解整流电路的工作原理及滤波电路的作用。
(2) 学会直流稳压电路主要技术指标的测试方法。

2) 实验仪器与设备
(1) DJ-A9+模拟电子技术实验系统。
(2) 双踪示波器(YB4320C)。
(3) 指针式万用表(MF-47)。

3) 实验原理
(1) 半波、全波整流电路中输入电压和输出电压的关系
可以利用二极管的单向导电性组成二极管整流器。在整流电路中,在变压器副边的交流电压 U 不变的情况下,输出的直流电压和负载情况有关。若输出开路,则输出电压的平均值在单相半波整流时为 $0.45U$,在单相全波整流时为 $0.9U$;若接入负载,输出电压降低。

(2) 滤波器的作用
简单的整流器输出电压或电流是脉动的,既含有直流分量,又含有交流分量,脉动太大会影响负载的正常工作。为此,在整流器和负载之间往往要加电容滤波器,或电感滤波器,或π型滤波器,其中π型滤波器效果最好。

(3) 在电源电压的正负半周内,经过 4 个桥式整流二极管后,在负载两端得到单向的全波脉动波形,如图 4.24(a)所示。

4) 实验内容与步骤
在模拟电路实验系统中选择"整流、滤波、稳压"单元。系统后侧提供了交流 220 V 输入(备有电源线、电源开关、熔断器),输出为交流 15 V,已接至本实验单元,只要将电源插头插入交流 220 V 电源插座,打开实验箱后侧面的开关,实验单元上的变压器次级将有交流 15 V 输出。

(1) 整流电路
① 按图 4.25 接线,负载电阻 R_L 取 470 Ω/2 W。
② 用示波器观察 R_L 两端的波形并记录。
注意:电路检查正确无误后方可通电,严禁在通电情况下连接或改接电路。

(2) 滤波电路
① 按图 4.26(a)接线,在整流器和负载之间加上电容滤波器后,得到如图 4.24(b)所示的波形。
② 按图 4.26(b)接线,组成π型 RC 滤波电路。

图 4.24　桥式整流电路和电容滤波器电路的输出电压波形

图 4.25　桥式整流电路

用示波器观察输入电压和输出电压的波形,并记录。

(a) 电容滤波电路

(b) π型滤波电路

图 4.26 两种电容滤波电路

(3) 集成稳压电路

① 按图4.27集成稳压电路接线,取 470 Ω/2 W 的电阻 R_L 作负载。

图 4.27 集成稳压电路

② 用示波器观察输入电压和输出电压的波形,并记录。
③ 改变负载电阻(R_L 取 470 Ω,与 1 kΩ 电位器串联),调节电位器,用万用表测量 R_L 两端的电压,并记录。

5) 预习要求
(1) 复习整流、滤波、稳压相关理论知识。
(2) 预习实验内容与步骤,注意测量过程中不同实验模块的逐渐加入。

6) 实验报告
(1) 将实验测得的波形和数据填入自拟的表格。
(2) 用测试数据分析三端集成稳压器的作用和性能。

7) 思考题
(1) 说明电容滤波电路和电感滤波电路在应用中的不同。
(2) 图 4.27 中 C_2、C_3 的作用是什么?

5 数字电子技术实验

5.1（实验1） TTL 与非门参数测试

1）实验目的

(1) 熟悉 TTL 与非门的外形和管脚引线排列。

(2) 通过测试了解与非门的直流参数。

2）实验原理

(1) 数字集成电路的两大系列

① TTL——Transistor-Transistor Logic 晶体管-晶体管逻辑电路

74LS 系列集成电路（低功耗肖特基 TTL 电路）是一种比较理想且使用广泛的器件。

② CMOS——Complementary-Symmetry Metal-Oxide-Semiconductor Circuit 互补对称式金属-氧化物-半导体电路

(2) TTL 与非门直流参数的测量

图 5.1 是低电平输出电源电流 I_{CCL}（当输入端全为高电平时，流入电源端的电流）测试电路；图 5.2 是低电平输入电流 I_{iL}（当某一输入端接低电平，其余输入端接高电平时，从该输入端流出的电流）测试电路；图 5.3 是高电平输入电流 I_{iH}（当某一输入端接高电平，其余输入端接低电平时，流入该输入端的电流）测试电路；图 5.4 是测量电压传输特性（输出电压 U_o 与输入电压 U_i 之间的关系，使某一输入端的电压从零逐渐增大，而将其他输入端接高电平）的电路；图 5.5 是测量扇出系数 N_o（指与非门电路可带同类门的个数，将任一输入端接开门电平 $U_{ON}=1.8$ V，其余输入端悬空，调节电位器使 $U_o=0.35$ V，负载电流为 I_{oL}，$N_o=I_{oL}/I_{iL}$）的电路。

图 5.1 I_{CCL} 测试电路

图 5.2 I_{iL} 测试电路

图 5.3　I_{iH} 测试电路

图 5.4　电压传输特性测试电路

图 5.5　扇出系数测试电路

图 5.6　平均传输延迟时间 t_{pd}

(3) 测平均传输延迟时间

在与非门输入端加上一个脉冲电压,则输出电压将有一定的时间延迟,表明延迟时间的输入、输出电压波形如图 5.6 所示。从输入脉冲上升沿的 50% 处起到输出脉冲下降沿的 50% 处的时间称为上升延迟时间 t_{pd1};从输入脉冲下降沿的 50% 处起到输出脉冲上升沿的 50% 处的时间称为下降延迟

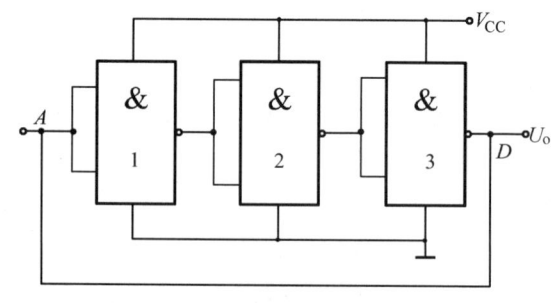
图 5.7　环形振荡器电路

时间 t_{pd2}。t_{pd1} 与 t_{pd2} 的平均值称为平均传输延迟时间 t_{pd},此值越小越好。

由图 5.7 所示的环形振荡器测出平均传输延迟时间 t_{pd},如果每个与非门的 t_{pd} 都相等,则振荡信号的周期 $T=6t_{pd}$,于是:

$$t_{pd}=T/6$$

为了证明上述自激振荡过程,将图 5.7 中的反馈线 AD 断开,如图 5.8 所示,然后在门 1 的输入端加入一个频率合适的方波 U_i,同时观察 U_i、U_o 和 U_F 波形(以 U_i 作同步信号),如图 5.9 所示,U_o 的波形即 U_i 反相后右移 t_{pd} 的波形,如果 U_i 的频率符合振荡所需的相移条件,即 U_i 的波形比 U_o 的波形恰好右移 $2t_{pd}$,则 $3t_{pd}=t_p$。

图 5.8 断开反馈线的环形振荡器

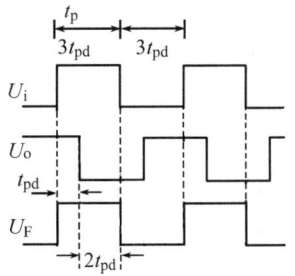
图 5.9 U_i、U_o 和 U_F 波形

式中,t_p 为 U_i 的脉冲宽度。则图 5.7 将输出周期为 T 的方波,显然:

$$T = 2 \times 3t_{pd} = 6t_{pd}$$

$$t_{pd} = T/6$$

电路依靠合闸时的扰动电压起振。

3)实验内容

(1) 根据与非门的逻辑功能检查与非门是否良好。

(2) 测量下列各直流参数:

① 低电平输出电源电流 I_{CCL}(图 5.1)。

② 低电平输入电流 I_{iL}(图 5.2)。

③ 高电平输入电流 I_{iH}(图 5.3)。

④ 电压传输特性(图 5.4),完成表 5.1,并画出电压传输特性曲线(完成图 5.10)。

⑤ 扇出系数 N_o(图 5.5)。

⑥ 平均传输延迟时间 t_{pd}(图 5.6)。

图 5.10 电压传输特性曲线

表 5.1 电压传输特性测量表

U_i(V)	0	0.5	0.7	0.9	1.0	1.1	1.2	1.3	1.4	1.5	1.8	2.0	3.5
U_o(V)													

4)预习要求

阅读所用与非门(74LS00)的说明书,了解其线路、引线排列、逻辑功能和参数。

5)实验报告

列出直流参数的实测数据表格。画出传输特性曲线,确定 U_{OFF}、U_{ON}、U_{oL}、U_{oH} 值,与手册参数相比,判断所测的电参数是否合格。

6)实验设备

(1) 双踪示波器(YB4320C)一台。

(2) 指针式万用表(MF-47)一台。

(3) 直流稳压电源(YB1732C 2A)一台。

(4) 数字电路实验系统(SDS-Ⅵ)一台。

(5) 参考元件:74LS00(二输入端四与非门)管脚排列如图 5.11 所示。

7) 思考题

(1) 与非门在什么情况下输出高电平?在什么情况下输出低电平?其不用的输入端如何处理?

(2) CMOS 器件和 TTL 器件各有什么特点?在什么场合适合选用 CMOS 器件?

图 5.11 74LS00 管脚排列图

5.2(实验 2) 集成门电路逻辑功能测试及逻辑变换

1) 实验目的

(1) 掌握门电路的逻辑功能及其测试方法。

(2) 掌握常用逻辑门的变换方法。

(3) 熟悉和掌握门控的基本概念。

2) 实验内容

(1) 测试与非门(74LS20)、与或非门(74LS51)以及异或门(74LS86)的逻辑功能。

(2) 分别用与非门和或非门实现如表 5.2 所示的逻辑函数真值表,画出逻辑图,并验证它们的逻辑功能。可用 TTL 门或 CMOS 门,任选一种。

表 5.2 逻辑函数真值表(Z_1、Z_2)

A	B	C	Z_1	Z_2	A	B	C	Z_1	Z_2
0	0	0	0	0	1	0	0	0	1
0	0	1	0	1	1	0	1	1	1
0	1	0	0	1	1	1	0	1	0
0	1	1	1	1	1	1	1	1	0

(3) 用示波器观察与非门和或非门的封门条件和特点。观察异或门的控制特点,掌握门控的概念。

3) 实验内容

(1) 三种逻辑门功能测试电路示意图分别如图 5.12(a)、(b)、(c)所示。首先分别按照电路连线(图中 $K_1 \sim K_4$ 为逻辑电平开关);然后,分别按照下面三个表格(表 5.3~表 5.5)的输入条件,测试电路的输出(发光二极管亮代表输出为"1";发光二极管灭代表输出为"0"),并填入相应表格中。

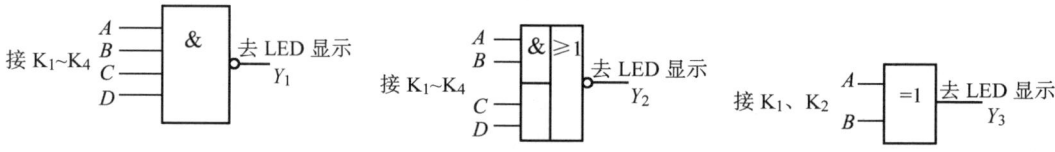

(a) 74LS20 功能测试图　　(b) 74LS51 功能测试图　　(c) 74LS86 功能测试图

图 5.12 三种逻辑门功能测试电路

表 5.3 74LS20 逻辑功能					表 5.4 74LS51 逻辑功能					表 5.5 74LS86 逻辑功能		
A	B	C	D	Y_1	A	B	C	D	Y_2	A	B	Y_3
0	0	0	0		0	0	0	0		0	0	
0	0	0	1		0	1	1	0		0	1	
0	0	1	1		1	1	0	1		1	0	
0	1	1	1		1	0	1	1		1	1	
1	1	1	1									

(2) 首先写出 Z_1 和 Z_2 的最简与或式和最简或非式,用两次求反法求出它们的与非-与非式。画出逻辑图,按图接好实验电路,A、B、C 接逻辑电平开关,Z_1、Z_2 接发光二极管。测试得到结果,验证是否与给定真值表相符。

由表 5.2 给定的真值表,可写出表达式:

$$Z_1 = \overline{A}BC + A\overline{B}C + AB\overline{C} + ABC$$

$$Z_2 = \overline{A}\overline{B}C + \overline{A}B\overline{C} + \overline{A}BC + A\overline{B}C + AB\overline{C}$$

由表达式可画出如图 5.13 所示的卡诺图,可化简 Z_1、Z_2 的逻辑函数为:

$$Z_1 = AB + BC + AC$$

$$Z_2 = A\overline{B} + \overline{A}B + \overline{A}C$$

再将 Z_1、Z_2 按要求化简为与非-与非式。

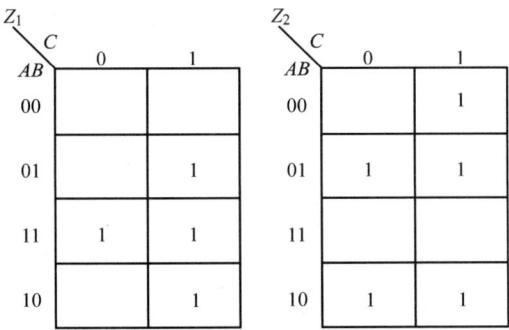

图 5.13 Z_1、Z_2 的卡诺图

(3) 测试电路图如图 5.14(a)、(b)、(c)所示,观察并画出波形图(CH1、CH2 均置 DC 挡),完成图 5.15。

4) 实验设备

(1) 双踪示波器(YB4320C)一台。

(2) 直流稳压电源(YB1732C 2A)一台。

(3) 数字电路实验系统(SDS-Ⅵ)一台。

(4) 与非门 74LS20(四输入端双与非门)、异或门 74LS86(二输入端四异或门)及与或非门 74LS51 的管脚图如图 5.16、图 5.17、图 5.18 所示:

(a)与非门控制波形的观察电路 (b)或非门控制波形的观察电路 (c)异或门控制波形的观察电路

图 5.14 观察门控波形测试电路图

图 5.15 观察门控波形图

图 5.16　74LS20 管脚排列图　　图 5.17　74LS86 管脚排列图　　图 5.18　74LS51 管脚排列图

5) 思考题

(1) 与门、或门的开关条件及特点是什么？异或门的控制特点是什么？

(2) 在与或非门中如果有不用的与门，其输入端应如何处理？

(3) 与或式变换为或与式的方法是什么？

5.3(实验3)　OC 门和三态门的应用

1) 实验目的

(1) 熟悉 OC 门和三态门的逻辑功能。

(2) 掌握 OC 门和三态门的典型应用，了解 R_L 对 OC 门电路的影响。

2) 实验原理

OC 门即集电极开路门。三态门除正常的高电平"1"和低电平"0"两种状态外，还有第三种状态输出——高阻态。OC 门和三态门均是两种特殊的 TTL 电路，若干个 OC 门的输出可以并联接在一起，三态门亦然。而一般普通的 TTL 门电路由于输出电阻太低，所以它们的输出不可以并联接在一起构成"线与"。

(1) 集电极开路门(OC门)

集电极开路与非门的逻辑符号如图 5.19 所示,由于输出端内部电路——输出管的集电极是开路的,所以,工作时需外接负载电阻 R_L。两个与非门(OC门)输出端相连时,其输出即把两个 OC 与非门的输出相与(称"线与"),完成"与或非"的逻辑功能,如图 5.20 所示。

图 5.19　OC 与非门逻辑符号

图 5.20　OC 与非门"线与"应用

OC 门的应用主要有 3 个:

① 组成"线与"电路,完成某些特定的逻辑功能。

② 组成信息通道(总线),实现多路信息采集。

③ 实现逻辑电平的转换,以驱动 MOS 器件、继电器、三极管等电路。

TTL 电路中,除集电极开路与非门外,还有集电极开路或门、或非门等其他各种门,在此不一一叙述。

实验电路中选用 74LS01 集电极开路输出的二输入端四与非门。

(2) 三态门

三态门的输出有 0、1、高阻态三种状态。处于高阻态时,电路与负载之间相当于开路。图 5.21(a)是三态门的逻辑符号,它有一个控制端(又称禁止端或使能端)$\overline{EN}$,$\overline{EN}=1$ 为禁止工作状态,Y 呈高阻状态;$\overline{EN}=0$ 为正常工作状态,$Y=A$。

三态电路最重要的应用是实现多路信号的采集,即用一个传输通道(或称总线)以选通的方式传送多路信号,如图 5.21(b)所示。本实验选用 74LS125 三态门电路进行实验论证。

(a) 逻辑符号　　(b) 应用举例

图 5.21　三态门

3) 实验内容

(1) 集电极开路门(OC门)实验

选用 74LS01 与非门（OC 门），其管脚排列如图 5.22 所示。

① OC 门逻辑功能的测试

按图 5.23 接好线，测试并记录结果，完成表 5.6；若不接入 R_L 电阻，测试是否能实现与非逻辑功能？

图 5.22　74LS01 管脚排列图

图 5.23　测与非 OC 门逻辑功能

表 5.6　OC 门逻辑功能

输入 A B	输出 Y
0　0	
0　1	
1　0	
1　1	

② 利用 OC 门实现数据分时传输

按图 5.24 接线，按表 5.7 进行测试，当 $M=0$ 及 $M=1$ 时，输出是 B 组数据还是 A 组数据，分析其原因。

图 5.24　用 OC 门实现两组数据传输线路图

表 5.7　OC 门数据分时传输

M	A_1 A_2 A_3 A_4	B_1 B_2 B_3 B_4	L_1 L_2 L_3 L_4
0			
1	1　0　0　1	0　0　1　1	
0			
1	0　0　0　1	0　1　1　0	

(2) 三态门实验

三态门选用 74LS125,其管脚排列如图 5.25 所示。当 $\overline{EN}=0$ 时,其逻辑关系为 $Y=A$;$\overline{EN}=1$ 时,Y 为高阻态。

按图 5.26 接线,其中三态门 3 个输入端分别接地、"1"电平和脉冲源($f=1$ Hz)、输出连在一起接 LED,3 个使能端分别接实验系统逻辑开关 K_1、K_2、K_3,并全置"1"。在 3 个使能端全置"1"时用万用表测量 Y 端输出。分别使 K_1、K_2、K_3 为"0",观察 LED 输出 Y 端情况(K_1、K_2、K_3 不能有一个以上同时为"0",否则会造成与门输出相连,这是不允许的)。记录、分析这些结果,完成表 5.8。

图 5.25　74LS125 三态门管脚排列

图 5.26　三态门实验电路

表 5.8　三态门实验结果

K_1	K_2	K_3	Y
0	1	1	
1	0	1	
1	1	0	
1	1	1	

4) 实验设备

(1) 数字电路实验系统(SDS-Ⅵ)一台。

(2) 双踪示波器(YB4320C)一台。

(3) 指针式万用表(MF-47)一只。

(4) 集成电路:74LS01、74LS125 各一片。

(5) 元器件:电阻 200 Ω、1 kΩ,电位器 10 kΩ。

5) 思考题

(1) 总线传输时是否可以同时接 OC 门和三态门?

(2) 怎样利用三态门实现数据的双向传输?

5.4(实验 4) 组合逻辑电路的设计

1) 实验目的

(1) 掌握组合逻辑电路设计的一般步骤和方法。

(2) 用实验验证所设计的组合逻辑电路的逻辑功能。

2) 实验原理

根据给出的实际逻辑问题,求出实现这一逻辑功能的最简单逻辑电路,这就是设计组合逻辑电路时要完成的工作。

这里所说的"最简",是指要使电路所用的器件数最少,器件的种类最少,而且器件之间的连线最少。

设计组合逻辑电路的一般步骤如下:

(1) 根据任务要求,定义输入逻辑变量及输出逻辑变量(函数)。

(2) 列出输入变量与输出函数之间的真值表。

(3) 写出与或表达式。

(4) 化简并求得最简与或表达式。

(5) (根据给出的器件型号进行变换后)画逻辑电路图。

(6) 根据逻辑电路图验证其逻辑功能。

图 5.27 以方框图的形式总结了逻辑设计的过程。应当指出,上述的设计步骤并不是一成不变的。例如,有的设计要求直接以真值表的形式给出,就不用进行步骤(1)和步骤(2)。又如,有的问题逻辑关系比较简单、直观,也可以不列出逻辑真值表而直接写出函数式。

图 5.27 组合逻辑电路的设计过程

3) 设计课题

(1) 设计一个逻辑电路,它能接收 8421BCD 码,当碰到能被 4 或 5 整除的码组时,该装置的指示灯亮(注:当码组为 0000 时也认为能被 4 或 5 整除)。

(2) 人类有 4 种血型:A 型、B 型、AB 型、O 型。输血时,输血者与受血者血型必须符合图 5.28 的规定,否则,会有生命危险。试设计一个电路,判断输血者和受血者血型是否符合规定。(提示:可用两个变量的组合代表输血者血型,再用另外两个变量的组合代表受血者血型,用一个输出变量代表是否符合以上规定。)

图 5.28　血型匹配要求

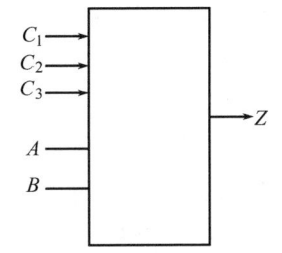
图 5.29　课题(3)的逻辑电路

(3) 设计一个如图 5.29 所示逻辑电路,其功能如表 5.9 所示。

表 5.9　逻辑电路功能表

C_1	C_2	C_3	Z
0	0	0	1
0	0	1	$A+B$
0	1	0	$\overline{AB}$
0	1	1	$A\oplus B$
1	0	0	$\overline{A\oplus B}$
1	0	1	$A \cdot B$
1	1	0	$\overline{A+B}$
1	1	1	0

(4) 设计一个 4 人表决机器。当 A、B、C、D 4 人各自投赞成票时,其分数分别为 7 分、5 分、3 分、1 分。在表决重大提案时若各人投票分数之和超过总分(16 分)的三分之二,则提案可以通过,若投反对票均按 0 分计算。

(5) 设计一个保险箱的数字代码锁,该锁有规定的 4 位代码的输入端 A、B、C、D 和一个开箱钥匙孔信号的输入端 E,锁的代码由实验者自编(例如 1001)。当用钥匙开箱时($E=1$),如果输入代码符合该锁设定的代码,保险箱被打开($Z_1=1$),如果

图 5.30　数字锁示意图

不符合,电路将发出报警信号($Z_2=1$)。电路如图 5.30 所示,要求使用最少的与非门来实现。检测并记录实验结果。(提示:实验时锁被打开,用实验系统上的 LED 发光二极管点亮表示;在未按规定按下开关键时,防盗蜂鸣器响。)

4) 预习要求

(1) 根据所选课题完成电路设计。

(2) 拟出实验计划,包括实验电路、内容与步骤、测试方法及记录表格,所需器材等。

5) 实验要求

(1) 以上课题各人至少完成两题,器材均为与非门。

(2) 写出你的设计过程:列出电路真值表、画出卡诺图并进行化简、画出逻辑电路图。

(3) 整理实验结果,并加以分析总结。
(4) 实验中出现的问题(故障)及解决办法。
(5) 对本实验的改进意见。

例：某工厂有 3 个车间 A、B、C，有一个自备电站，站内有两台发电机 M 和 N，N 的发电能力是 M 的两倍，如果一个车间开工，启动 M 就可以满足要求；如果两个车间开工，启动 N 就可以满足要求；如果 3 个车间同时开工，则同时启动 M、N 才能满足要求。试用异或门(74LS86)和与非门(74LS00)设计一个控制电路，根据车间的开工情况来控制 M 和 N 的启动。

① 根据要求，设 A、B、C 为输入变量，分别表示 A、B、C 3 个车间开工情况，变量为 1 表示开工，变量为 0 则表示不开工；设 M、N 为输出变量，分别表示发电机的启动情况，变量为 1 表示启动，变量为 0 表示不启动。

② 列出真值表如表 5.10 所示。

表 5.10 真值表

A	B	C	M	N
0	0	0	0	0
0	0	1	1	0
0	1	0	1	0
0	1	1	0	1
1	0	0	1	0
1	0	1	0	1
1	1	0	0	1
1	1	1	1	1

③ 根据真值表 5.10 写出 M、N 的与或表达式，即

$$\begin{cases} M = \overline{A}\overline{B}C + \overline{A}B\overline{C} + A\overline{B}\overline{C} + ABC \\ N = \overline{A}BC + A\overline{B}C + AB\overline{C} + ABC \end{cases}$$

④ 实验仅提供异或门(74LS86)和与非门(74LS00)器件，如要实现上述逻辑，则必须将表达式化简为"异或"和"与非"的形式，即

$$\begin{cases} M = \overline{A}(B \oplus C) + A(\overline{B \oplus C}) = A \oplus B \oplus C \\ N = (A \oplus B)C + AB = \overline{\overline{(A \oplus B)C} \cdot \overline{AB}} \end{cases}$$

⑤ 拟订实验线路并进行验证。

画电路接线图，如图 5.31 所示(输入端 A、B、C 分别接 3 个逻辑开关，输出端 M、N 接 LED 发光二极管，并在图上相应位置作标记)。

⑥ 将测试结果与真值表 5.10 对照验证。

6) 实验设备

(1) 数字电路实验系统(SDS-Ⅵ)一台。

(2) 双踪示波器(YB4320C)一台。

(3) 指针式万用表(MF-47)一只。

(4) 集成电路:74LS00、74LS20 或自选。

7) 思考题

在设计课题(2)时,如何确定两个自变量的组合与血型的对应关系,使得电路为最简?

图 5.31　电路接线图

5.5(实验 5)　译码器和编码器

1) 实验目的

(1) 掌握译码器和编码器的工作原理和特点。

(2) 熟悉常用译码器和编码器的逻辑功能和它们的典型应用。

2) 实验原理

按照逻辑功能的不同特点,常把数字电路分成两大类:一类为组合逻辑电路,另一类为时序逻辑电路。对于组合逻辑电路来说,在任何时刻其输出信号的稳态值,仅决定于该时刻各个输入信号取值的组合。在这种电路中,输入信号作用之前电路所处的状态对输出信号无影响。通常,组合逻辑电路由门电路组成。

组合逻辑电路的设计方法是从给定逻辑要求出发,画出逻辑图。一般分 4 步进行:

a. 分析要求:将问题分析清楚,理清哪些是输入变量,哪些是输出函数。

b. 列真值表。

c. 进行化简:变量比较少时,用图形法;变量多时,可用公式化简。

d. 画逻辑图:按函数要求画逻辑图。

完成上述工作,设计已基本完成,但还需选择元件进行实验论证。

(1) 译码器

译码器是一个多输入、多输出的组合逻辑电路。它的作用是将给定的代码进行"翻译",使其变成相应的状态,使输出通道中相应的一路有信号输出。译码器在数字系统中有广泛的用途,不仅用于代码的转换、终端的数字显示,还用于数据分配、存储器寻址,还可以组合控制信号等。可选用不同种类的译码器实现不同的功能。

译码器可分为通用译码器和显示译码器。前者又分为变量译码器和代码变换译码器。译码器分成 3 类:

① 二进制译码器:如中规模 2-4 线译码器 74LS139、3-8 线译码器 74LS138 等。

② 二-十进制译码器:实现各种代码之间的转换,如 BCD 码-十进制译码器 74LS145。

③ 显示译码器:用来驱动各种数字显示器,如共阴极数码管译码驱动 74LS48(74LS248)、共阳极数码管译码驱动 74LS47(74LS247)等。

（2）编码器

编码实际上是与译码相反的过程。编码器能将一组编码输入的每个信号编成一个对应的输出代码，编码器可分为普通编码器和优先编码器。按照被编码信号的不同特点和要求，编码器也分成3类：

① 二进制编码器：如用门电路构成的4-2线、8-3线编码器等。

② 二-十进制编码器：将十进制的0～9编成BCD码，如10线十进制-4线BCD码编码器74LS147等。

③ 优先编码器：如8-3线优先编码器74LS148等。

3) 实验内容

（1）译码器实验

① 将二进制2-4线译码器74LS139及二进制3-8线译码器74LS138分别插入实验系统IC空插座中。按图5.32接线，输入$\overline{G}$、A、B信号，观察LED输出$\overline{Y}_0$、$\overline{Y}_1$、$\overline{Y}_2$、$\overline{Y}_3$的状态，并将结果填入表5.11中。

图5.32 74LS139(2-4线)译码器实验电路

图5.33 74LS138(3-8线)译码器实验电路

表5.11 74LS139(2-4线)译码器功能表

输入			输出			
$\overline{G}$	B	A	$\overline{Y}_0$	$\overline{Y}_1$	$\overline{Y}_2$	$\overline{Y}_3$
1	×	×				
0	0	0				
0	0	1				
0	1	0				
0	1	1				

按图5.33接线，输入G_1、$\overline{G}_{2A}$、$\overline{G}_{2B}$、A、B、C信号，观察LED输出$\overline{Y}_0 \sim \overline{Y}_7$的状态，使能信号$G_1$、$\overline{G}_{2A}$、$\overline{G}_{2B}$（$\overline{G}_2 = \overline{G}_{2A} + \overline{G}_{2B}$）满足表5.12条件时，译码器选通。完成表5.12。

表 5.12　74LS138(3-8线)译码器功能表

输入					输出							
使能		选择			$\overline{Y}_0$	$\overline{Y}_1$	$\overline{Y}_2$	$\overline{Y}_3$	$\overline{Y}_4$	$\overline{Y}_5$	$\overline{Y}_6$	$\overline{Y}_7$
G_1	$\overline{G}_2$	C	B	A								
×	1	×	×	×								
0	×	×	×	×								
1	0	0	0	0								
1	0	0	0	1								
1	0	0	1	0								
1	0	0	1	1								
1	0	1	0	0								
1	0	1	0	1								
1	0	1	1	0								
1	0	1	1	1								

② 译码器的扩展。用 74LS139 双 2-4 线译码器可接成 3-8 线译码器。用两片 74LS138 3-8 线译码器可组成 4-16 线译码器,按图 5.34(a)、(b)接线,即可完成 2-4 线、3-8 线译码器的扩展。同样的方法,可完成更多的 $N \rightarrow 2^N$ 译码器的扩展。

(a) 2-4 线译码器扩展　　(b) 3-8 线译码器扩展

图 5.34　译码器扩展电路

③ 将译码驱动器 74LS48(74LS248)和共阴极数码管 LC5011-11(547R)插入实验系统空 IC 插座中,按图 5.35 接线。图 5.36 为共阴极数码管管脚排列图。

接通电源后,观察数码管显示结果是否和逻辑开关指示数据一致,并完成表 5.13。

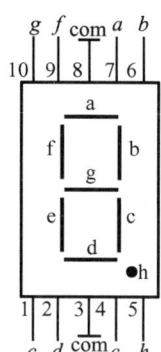

图 5.35　译码显示实验图　　　　　　　图 5.36　共阴极数码管管脚图

表 5.13　74LS248/48 功能表

D	C	B	A	LED
0	0	0	0	
⋮	⋮	⋮	⋮	
1	1	1	1	

(2) 编码器实验

① 将 10-4 线(十进制-BCD 码)编码器 74LS147 插入实验系统 IC 空插座中,按照图 5.37 接线,其中输入接 9 位逻辑"0"~"1"开关,输出 $\overline{Q}_D$、$\overline{Q}_C$、$\overline{Q}_B$、$\overline{Q}_A$ 接 4 位 LED 发光二极管。接通电源,按表 5.14 输入各逻辑电平,观察输出结果并填入表 5.14 中。

图 5.37　10-4 编码器实验接线图　　　　图 5.38　8-3 编码器实验接线图

② 按上述同样方法对 8-3 线优先编码器 74LS148 进行实验论证。接线图如图 5.38 所示,观察输出结果并将结果填入表 5.15 中。

表 5.14 十进制-BCD 码编码器 74LS147 功能表

输 入									输 出			
$\overline{I}_1$	$\overline{I}_2$	$\overline{I}_3$	$\overline{I}_4$	$\overline{I}_5$	$\overline{I}_6$	$\overline{I}_7$	$\overline{I}_8$	$\overline{I}_9$	$\overline{Q}_D$	$\overline{Q}_C$	$\overline{Q}_B$	$\overline{Q}_A$
1	1	1	1	1	1	1	1	1				
×	×	×	×	×	×	×	×	0				
×	×	×	×	×	×	×	0	1				
×	×	×	×	×	×	0	1	1				
×	×	×	×	×	0	1	1	1				
×	×	×	×	0	1	1	1	1				
×	×	×	0	1	1	1	1	1				
×	×	0	1	1	1	1	1	1				
×	0	1	1	1	1	1	1	1				
0	1	1	1	1	1	1	1	1				

表 5.15 8-3 线编码器 74LS148 功能表

输 入									输 出				
$\overline{ST}$	$\overline{I}_0$	$\overline{I}_1$	$\overline{I}_2$	$\overline{I}_3$	$\overline{I}_4$	$\overline{I}_5$	$\overline{I}_6$	$\overline{I}_7$	$\overline{Q}_C$	$\overline{Q}_B$	$\overline{Q}_A$	$\overline{Y}_S$	$\overline{Y}_{EX}$
1	×	×	×	×	×	×	×	×					
0	1	1	1	1	1	1	1	1					
0	×	×	×	×	×	×	×	0					
0	×	×	×	×	×	×	0	1					
0	×	×	×	×	×	0	1	1					
0	×	×	×	×	0	1	1	1					
0	×	×	×	0	1	1	1	1					
0	×	×	0	1	1	1	1	1					
0	×	0	1	1	1	1	1	1					
0	0	1	1	1	1	1	1	1					

③ 编码器扩展

用两片 74LS148 编码器组成 16 位输入、4 位二进制码输出的优先编码器,按图 5.39 接线即可得到 16-4 线优先编码器。

图 5.39 编码器扩展电路

4) 预习要求

(1) 复习译码器、编码器的工作原理和设计方法,画好逻辑状态表。

(2) 熟悉实验中所用的译码器、编码器集成电路的管脚排列和逻辑功能。

5) 实验报告

(1) 整理实验线路图和实验数据、表格。

(2) 总结用集成电路完成各种扩展电路的方法。

(3) 比较用门电路组成组合逻辑电路和应用专用集成电路各有哪些优缺点。

6) 实验设备

(1) 数字电路实验系统(SDS-Ⅵ)一台。

(2) 集成电路:74LS138、74LS248/48、74LS139、74LS147、74LS148 各一片。

(3) 共阴极数码管:LC5011-11 一片。

7) 思考题

用 3-8 线译码器 74LS138 和门电路实现逻辑函数 $Z=\overline{AB}\overline{C}+\overline{A}B\overline{C}+A\overline{B}C+ABC$。

5.6(实验6)　半加器、全加器及数据选择器、分配器

1) 实验目的

(1) 掌握半加器、全加器及数据选择器、分配器的工作原理。

(2) 熟悉常用全加器、半加器及数据选择器、分配器的管脚排列和逻辑功能。

(3) 学习用数据选择器设计组合逻辑电路的方法。

2) 实验原理

(1) 半加器和全加器

如果不考虑来自低位的进位,将两个 1 位二进制数相加,称为半加。实现半加运算的电路叫做半加器。根据组合电路设计方法,按照二进制加法运算规则可列出半加器的真值表,见表 5.16。

写出半加器的逻辑表达式:

$$S=\overline{A}B+A\overline{B}=A\oplus B$$
$$C=AB$$

若用与非门来实验,即为:

$$S=\overline{\overline{AB}\cdot A}\cdot\overline{\overline{AB}\cdot B}=\overline{A}B+A\overline{B}$$
$$C=\overline{\overline{AB}}=AB$$

表 5.16　半加器真值表

输	入	和	进位
A	B	S	C
0	0	0	0
0	1	1	0
1	0	1	0
1	1	0	1

半加器的逻辑电路图如图 5.40 所示。

在实验过程中,我们可以选异或门 74LS86 及与门 74LS08 实现半加器的逻辑功能,也可用与非门 74LS00 和反相器 74LS04 组成半加器。

在将两个多位二进制数相加时,除了最低位以外,每一位都应该考虑来自低位的进位,

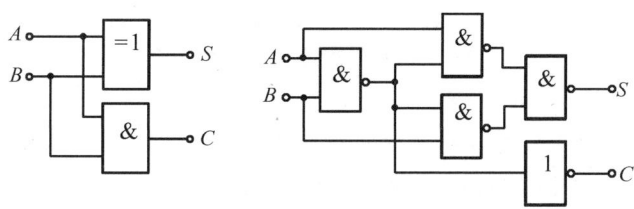

(a)用异或门组成的半加器　　(b)用与非门组成的半加器

图 5.40　半加器逻辑电路图

即将两个对应位的加数和来自低位的进位 3 个数相加,这种运算称为全加,全加所用的电路称为全加器。

用两个半加器可组成全加器,原理如图 5.41 所示。选用的集成双全加器 74LS183 管脚排列如图 5.42 所示。

图 5.41　由两个半加器组成的全加器　　**图 5.42　74LS183 双全加器管脚图**

(2) 数据选择器和数据分配器

数据选择器又叫多路开关,其基本功能相当于单刀多位开关,其集成电路有"四选一""八选一""十六选一"等多种类型。这里我们以"八选一"数据选择器 74LS151 为例进行实验论证。

数据选择器的应用很广,它可以实现任何形式的逻辑函数,将并行码变成串行码,还可以组成数码比较器等。例如,在计算机数字控制装置和数字通信系统中,往往要求将并行形式的数据转换成串行的形式。若用数据选择器就能很容易地完成这种转换。将要变换的并行码送到数据选择器的信号输入端,使组件的控制信号按一定的编码(如二进制码)顺序依次变化,则在输出端可获得串行码输出,如图 5.43 所示。

图 5.43　变并行码为串行码

实际上,数据分配器的逻辑功能与数据选择器相反。它的功能是使数据由一个输入端向多个输出端中的某个输出端进行传送,它的电路结构类似于译码器,所不同的是它多了一个输入端。若选择器输入端恒为 1,它就成了上一实验中的译码器。实际上,我们可以用译码器集成产品充当数据分配器。例如,用 2-4 线译码器充当 4 路数据分配器,3-8 线译码器充当 8 路数据分配器。就是将译码器的译码输出充当数据分配器的输出,而将译码器的使能输入充当数据分配器的数据输入。

将数据选择器和分配器组合起来,可实现多路分配,即可在一条信号线上传送多路信号。这种分时传送多路数字信息的方法在数字技术中经常被采用。

(3) 数据选择器的应用——实现组合逻辑函数

数据选择器是地址选择变量的最小项输出器,而任何一个逻辑函数都可以用最小项之和的标准形式表示。因此,用数据选择器可以很方便地实现逻辑函数,如采用八选一数据选择器 74LS151 可实现任意三输入变量的组合逻辑函数。

例:用八选一数据选择器 74LS151 实现函数 $F=AB+AC+BC$。

① 表达式比较法

a. 写出逻辑函数的最小项表达式

$$F=AB+AC+BC=\overline{C}BA+C\overline{B}A+CB\overline{A}+CBA$$

b. 写出数据选择器的输出函数表达式

$$Y=\overline{C}\,\overline{B}\,\overline{A}D_0+\overline{C}\,\overline{B}AD_1+\overline{C}B\overline{A}D_2+\overline{C}BAD_3+$$
$$C\overline{B}\,\overline{A}D_4+C\overline{B}AD_5+CB\overline{A}D_6+CBAD_7$$

c. 将函数 F 中的 C、B、A 分别与 74LS151 的地址端 C、B、A 相对应,比较 F 和 Y 两式中最小项的对应关系,则为了使 $F=Y$,应令:

$$D_0=D_1=D_2=D_4=0$$
$$D_3=D_5=D_6=D_7=1$$

d. 画出实现函数 F 的接线图,如图 5.44 所示。

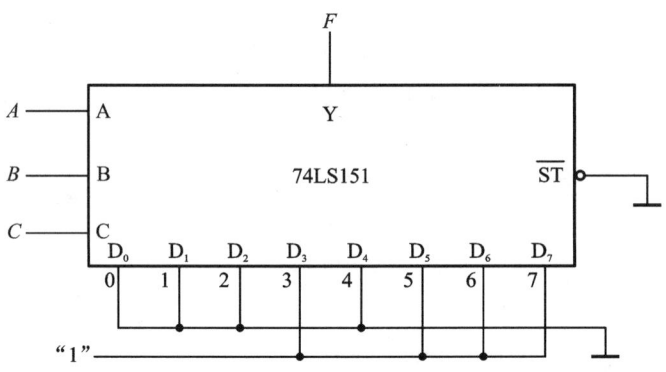

图 5.44 74LS151 实现函数 $F=AB+AC+BC$

② 卡诺图比较法

a. 画出逻辑函数 F 与数据选择器输出 Y 的卡诺图,如图 5.45 所示。

b. 将函数 F 中的 C、B、A 分别与 74LS151 的地址端 C、B、A 相对应,比较逻辑函数 F 与数据选择器输出 Y 的卡诺图,则为了使 $F=Y$,应令:

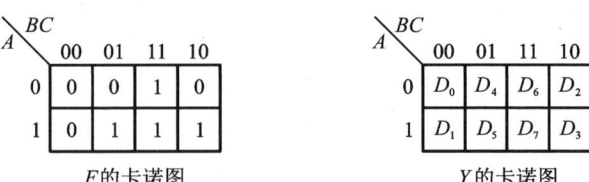

图 5.45 逻辑函数与数据选择器的卡诺图

$$D_0=D_1=D_2=D_4=0$$
$$D_3=D_5=D_6=D_7=1$$

c. 画出接线图(与表达式比较法结果相同)。

由上述例子可看出,当逻辑函数的变量数 m 和数据选择器的地址数 n 相同时,可直接用数据选择器来实现逻辑函数。

当逻辑函数的变量数 m 大于地址数 n 时,应从 m 个变量中选择 n 个变量直接作为数据选择器的地址输入,然后求出其余 $(m-n)$ 个输入变量所组成的子函数,并将它们加到数据选择器相应的数据输入端。

当逻辑函数的变量数 m 小于地址数 n 时,应将不用的地址端及不用的数据输入端都接地。

3) 实验内容

(1) 半加器和全加器

① 将二输入四异或门 74LS86 和二输入四与门 74LS08 按电路图 5.40(a)接线,并进行实验论证;将二输入四与非门 74LS00 和非门 74LS04 按电路图 5.40(b)接线进行实验论证。

将 A、B 分别接实验系统逻辑开关 K_1、K_2,输出 S 和 C 接发光二极管 LED。按半加器真值表输入 K_1、K_2 逻辑电平信号,观察输出结果和 S 及进位 C,验证表 5.16。

② 验证全加器 74LS183 的功能。

将 A、B、C_{i-1} 分别接实验系统逻辑开关 K_1、K_2、K_3,输出 S_i 和 C_i 接发光二极管 LED,观察输出结果和 S_i 及进位 C_i,完成表 5.17。

表 5.17 全加器逻辑功能

输 入			输 出	
C_{i-1}	B	A	S_i	C_i
0	0	0		
0	0	1		
0	1	0		
0	1	1		
1	0	0		
1	0	1		
1	1	0		
1	1	1		

(2) 数据选择器和分配器

① 将实验用 74LS151 八选一数据选择器插入实验系统中。74LS151 管脚如图 5.46 所示,按图 5.47 接线。

其中 C、B、A 为三位地址码,$\overline{ST}$ 为低电平选通输入端,$D_0 \sim D_7$ 为数据输入端,输出 Y

为原码输出端,$\overline{W}$ 为反码输出端。

将选通端 $\overline{ST}$ 置为"0"电平,数据选择器被选中,拨动逻辑开关 $K_3 \sim K_1$,使其分别为 000,001,…,111(将数据输入端 $D_0 \sim D_7$ 分别置为 10101010 或 11110000),观察输出端 Y 和 $\overline{W}$ 输出结果并记录(表格自拟)。实验结果表明,图 5.47 所示数据选择器实现了并行码变串行码的转换。

② 译码器常常可接成数据分配器,在多路分配器中用 3－8 线 74LS138 译码器接成数据分配器,从而完成多路信号的传输,具体实验接线如图 5.48 所示。

图 5.46　74LS151 管脚图

图 5.47　八选一数据选择器实验接线图

图 5.48　多路信号的传输(多路分配器)

按图 5.48 接线,$D_0 \sim D_7$ 分别接数据开关或逻辑开关,$D_0' \sim D_7'$ 接 8 个 LED 发光二极管,数据选择器和数据分配器地址码一一对应相连,并接 3 位逻辑电平开关(也可用 8421 码拨码开关的 4、2、1 三位或 3 位二进制计数器的输出端 Q_C、Q_B、Q_A)。把数据选择器 74LS151 原码输出端 Y 与 74LS138 的 $\overline{G}_{2A}$ 和 $\overline{G}_{2B}$($\overline{G}_2 = \overline{G}_{2A} + \overline{G}_{2B}$)输入端相连,两个芯片分别接规定的选通电平。这样即完成了多路分配器的功能。

将 $D_0 \sim D_7$ 置为 11110000 和 10101010 两种状态,再分别两次将地址码 C、B、A 置为 000~111,观察输出发光二极管 LED 状态,完成表 5.18。

表 5.18 多路分配器实验结果（$D_0 \sim D_7$ 为 11110000）

74LS151					74LS138				
$\overline{ST}$	C	B	A	$Y=\overline{G_2}$	G_1	C	B	A	$D_0{'} \sim D_7{'}$
0	0	0	0		1	0	0	0	
0	0	0	1		1	0	0	1	
0	0	1	0		1	0	1	0	
0	0	1	1		1	0	1	1	
0	1	0	0		1	1	0	0	
0	1	0	1		1	1	0	1	
0	1	1	0		1	1	1	0	
0	1	1	1		1	1	1	1	

(3) 数据选择器的应用——实现组合逻辑函数

用八选一数据选择器 74LS151 实现逻辑函数 $F=A\overline{B}+\overline{A}B+\overline{A}C$，写出设计过程，画出接线图，并验证电路逻辑功能。

4）预习要求

(1) 复习半加器、全加器、数据选择器、数据分配器的工作原理和特点。

(2) 了解本实验所用集成电路的逻辑功能和使用方法。

5）实验报告

(1) 整理实验数据和实验线路图。

(2) 试用数据选择器实现全加器及比较器的功能，画出具体线路图。

6）实验设备

(1) 数字电路实验系统（SDS-Ⅵ）一台。

(2) 集成电路：74LS00、74LS04、74LS08、74LS86、74LS183、74LS138、74LS151 各一片。

7）思考题

(1) 能否用八选一数据选择器 74LS151 实现四变量的逻辑函数？

(2) 用八选一数据选择器 74LS151 设计本章实验 4 中的第 2 个课题（血型匹配判断电路）。

5.7（实验 7） 触发器

1）实验目的

(1) 掌握几种所学触发器的逻辑功能及测试方法。

(2) 了解触发器触发方式的测试方法。

(3) 了解用触发器设计简单实用电路的基本方法。

2）实验原理

触发器是一个具有记忆功能的二进制信息存储器件，是构成各种时序电路的最基本逻辑单元。触发器具有两个稳定状态,分别用逻辑状态"0"和"1"来表示。在一定的外界信号作用下,触发器可以从一个稳定状态翻转到另一个稳定状态。

(1) 基本 RS 触发器

图 5.49 为由两个与非门交叉连接构成的基本 RS 触发器。基本 RS 触发器具有置"0"、置"1"和"保持"三种功能。通常称 $\overline{S}$ 为置"1"端,因为 $\overline{S}=0$ 时触发器被置"1";$\overline{R}$ 为置"0"端,因为 $\overline{R}=0$ 时触发器被置"0";当 $\overline{S}=\overline{R}=1$ 时状态保持不变。基本 RS 触发器也可以用两个"或非门"组成,此时其为高电平触发器。

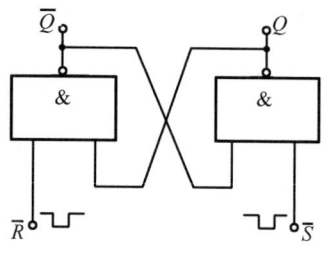

图 5.49 基本 RS 触发器

(2) JK 触发器

在输入信号为双端的情况下,JK 触发器是功能完善、能灵活使用和通用性较强的一种触发器。本实验采用 74LS112 双 JK 触发器,该触发器是下降边沿触发的边沿触发器,其管脚功能及逻辑符号如图 5.50 所示。JK 触发器常被用作缓冲存储器、移位寄存器和计数器。JK 触发器的状态方程为:

$$Q^{n+1}=J\overline{Q}^n+\overline{K}Q^n$$

其中,J 和 K 是数据输入端,是触发器状态更新的依据;Q 与 $\overline{Q}$ 为两个互补输出端。通常把 $Q=0$、$\overline{Q}=1$ 的状态定为触发器"0"状态,而把 $Q=1$、$\overline{Q}=0$ 定为"1"状态。

 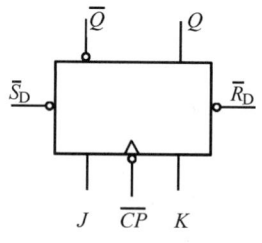

图 5.50 74LS112 双 JK 触发器管脚功能及逻辑符号

下降边沿触发的 JK 触发器的功能表如表 5.19 所示。

表 5.19 JK 触发器的逻辑功能

输入					输出	
$\overline{S}_D$	$\overline{R}_D$	$\overline{CP}$	J	K	Q^{n+1}	$\overline{Q}^{n+1}$
0	1	×	×	×	1	0
1	0	×	×	×	0	1
0	0	×	×	×	不定	不定
1	1	↓	0	0	Q^n	$\overline{Q}^n$
1	1	↓	1	0	1	0
1	1	↓	0	1	0	1
1	1	↓	1	1	$\overline{Q}^n$	Q^n
1	1	↑	×	×	Q^n	$\overline{Q}^n$

(3) D 触发器

在输入信号为单端的情况下,D 触发器用起来最为方便,其状态方程为:$Q^{n+1}=D$。其状态的更新发生在 CP 脉冲的上升沿,故 D 触发器又称为上升沿触发的边沿触发器。触发器的状态只取决于时钟脉冲到来时刻 D 端的状态。

D 触发器应用很广,可用作数字信号的寄存、移位寄存、分频和波形发生器等。

实验选用的是 74LS74 双上升沿 D 触发器,其管脚排列及逻辑符号如图 5.51 所示。其功能表如表 5.20 所示。

 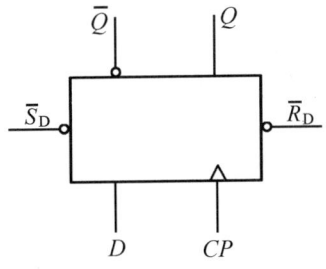

图 5.51 74LS74 管脚排列及逻辑符号

表 5.20 D 触发器的逻辑功能

输入				输出	
$\overline{S}_D$	$\overline{R}_D$	CP	D	Q^{n+1}	$\overline{Q}^{n+1}$
0	1	×	×	1	0
1	0	×	×	0	1
0	0	×	×	不定	不定
1	1	↑	1	1	0
1	1	↑	0	0	1
1	1	↓	×	Q^n	$\overline{Q}^n$

3) 实验内容

(1) 测试基本 RS 触发器的逻辑功能

按图 5.49 接线,用两个与非门组成基本 RS 触发器,输入端 $\overline{R}$、$\overline{S}$ 接逻辑开关,输出端 Q、$\overline{Q}$ 接 LED,按表 5.21 要求测试,并记录结果。

表 5.21 基本 RS 触发器的逻辑功能

$\overline{R}$	$\overline{S}$	Q	$\overline{Q}$
1	1→0		
1	0→1		
1→0	1		
0→1	1		
0	0		

(2) 测试 JK 触发器 74LS112 逻辑功能

① 按表 5.22 的要求改变 J、K、CP 的状态，观察 Q、$\overline{Q}$ 状态变化，观察 Q 端的状态更新是否发生在 CP 脉冲的下降沿（即 CP 由 1→0），并记录之。

② $J=K=1$，在 CP 端输入 1 kHz 连续脉冲，用双踪示波器观察并描绘 CP、Q 端波形图（注意触发方式和分频情况）。

表 5.22 JK 触发器的逻辑功能测试表

J	K	CP	Q^{n+1}	
			$Q^n=0$	$Q^n=1$
0	0	0→1		
		1→0		
0	1	0→1		
		1→0		
1	0	0→1		
		1→0		
1	1	0→1		
		1→0		

(3) 测试 D 触发器 74LS74 的逻辑功能

① 按表 5.23 进行测试，并观察触发器状态更新是否发生在 CP 脉冲的上升沿（即 0→1），记录在表 5.23 中。

② $Q^n=0$，$D=\overline{Q^n}$，CP 端输入 1 kHz 的连续脉冲，用双踪示波器观察并描绘 CP、Q 端波形图（注意触发方式和分频情况）。

表 5.23 D 触发器的逻辑功能测试表

D	CP	Q^{n+1}	
		$Q^n=0$	$Q^n=1$
0	0→1		
	1→0		
1	0→1		
	1→0		

(4) 用 D 触发器设计一个三人抢答器

设计任务和要求如下：

① 设计一个可供三名参赛选手抢答的抢答器,他们的编号分别是 A、B、C,每名选手控制一个抢答开关,分别是 K_1、K_2、K_3,以控制自己的一个 LED 指示灯。

② 为主持人设置一个控制开关,用来控制抢答器的清零和抢答的开始。

③ 抢答器具有锁存和显示的功能。抢答开始后,第一抢答者拨动抢答开关后,通过 LED 显示第一抢答者,同时封锁输入电路,其他人再抢无效。第一抢答者的 LED 指示灯亮一直保持到主持人将系统清零为止。

由 D 触发器构成的三人抢答器电路如图 5.52 所示。

图 5.52　三人抢答器电路图

电路工作原理:抢答前主持人将复位开关先置于"0",对系统清零,使 Q_A、Q_B、Q_C 均为"0",同时 A、B、C 三人的抢答开关 $K_1 \sim K_3$ 初始状态均为"0"。抢答时主持人将复位开关置于"1",若 A 先将对应的开关 K_1 拨至"1",则 A 对应触发器的 D_A 为"1",在与非门输出的 1 024 Hz 的脉冲 CP_A 作用下,Q_A 由初始的"0"翻转为"1",A 对应的 LED 指示灯点亮,同时 $\overline{Q}_A$ 为"0",使与非门的输出为"1",即三个 D 触发器的 CP 脉冲输入全为"1",此时无上升沿脉冲信号,从而封锁了 B 和 C 对应的触发器,A 抢答成功。抢答完后由主持人拨动复位开关使第一抢答者的指示灯熄灭,并解除封锁,以便进行下一轮抢答。

4) 实验报告

(1) 整理实验数据、图、表,对实验结果进行分析。

(2) 根据实验结果总结触发器的逻辑功能和触发方式。

5) 实验设备

(1) 数字电路实验系统(SDS-Ⅵ)一台。

(2) 双踪示波器(YB4320C)一台。

(3) 集成电路:74LS00、74LS112、74LS74 各一片。

6) 思考题

(1) 在时钟脉冲作用下,D 触发器状态等于什么?当触发器状态等于 D 输入端信号后,若 D 不变,再来时钟脉冲时,触发器状态会不会再翻转？如果要使 D 触发器处于计数状态,则输入端应处于什么状态？画出逻辑图。

(2) 时钟触发器的触发方式有几种？它们的主要特点是什么？

(3) 在一个 T 触发器的时钟输入端输入频率为 f 的脉冲源,试问触发器输出脉冲的频率为多少？若再经过一个触发器后,频率为多少？为什么？

(4) 图 5.53(a)所示是一个机械式的接触开关,由于机械的弹性作用,开关都会在扳动时来回跳几次,而图 5.53(b)是一个去抖动开关,试分析该电路为什么没有反跳现象？

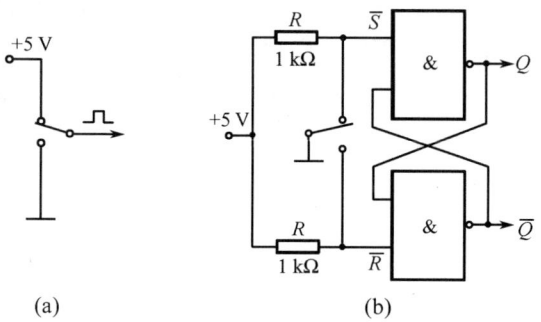

图 5.53 机械式接触开关和去抖动开关

5.8(实验 8) 计数器及其应用

1) 实验目的

(1) 学习用触发器构成各种计数器的方法。

(2) 测试各种计数器的逻辑功能,分析波形图,了解同步计数器与异步计数器的区别。

(3) 掌握利用集成计数器构成任意进制计数器的原理和方法。

2) 实验原理

计数器是典型的时序逻辑电路,它用来累计和记忆输入脉冲的个数。计数是数字系统中很重要的基本操作,集成计数器是应用最广泛的逻辑部件之一。

计数器种类较多,分类方法也有多种。按构成计数器中的多个触发器是否使用同一个时钟脉冲源来分,可分为同步计数器和异步计数器；根据计数进制的不同,分为二进制计数器、十进制计数器和任意进制计数器；根据计数的增减趋势,又分为加法、减法和可逆计数器；此外还有可预置计数器和可编程序功能计数器等。

(1) 用 D 触发器构成异步二进制加/减法计数器

由于双稳态触发器有"1"和"0"两个状态,所以一个触发器可以表示一位二进制数。如果要表示 n 位二进制数,就得用 n 个触发器。

我们可以列出 4 位二进制加法计数器的状态表(表 5.24)。

表 5.24 二进制加法计数器的状态表

计数脉冲数	二 进 制 数			
	Q_3	Q_2	Q_1	Q_0
0	0	0	0	0
1	0	0	0	1
2	0	0	1	0

续表 5.24

计数脉冲数	二 进 制 数			
	Q_3	Q_2	Q_1	Q_0
3	0	0	1	1
4	0	1	0	0
5	0	1	0	1
6	0	1	1	0
7	0	1	1	1
8	1	0	0	0
9	1	0	0	1
10	1	0	1	0
11	1	0	1	1
12	1	1	0	0
13	1	1	0	1
14	1	1	1	0
15	1	1	1	1
16	0	0	0	0

要实现表 5.24 所列的 4 位二进制加法计数,必须用 4 个双稳态触发器,它们具有计数功能。采用不同的触发器可以得到不同的逻辑电路。即使用同一种触发器,也可以得出不同的逻辑电路。

如图 5.54 所示是用 4 只 D 触发器构成的 4 位二进制异步加法计数器,其连接特点是将 D 触发器接成 T' 触发器,再将低位触发器的 $\overline{Q}$ 端和高一位触发器的 CP 端相连。

图 5.54　4 位二进制异步加法计数器

如果将图 5.54 稍加改动,即将低位触发器的 Q 端与高一位触发器的 CP 端相连,即可构成一个 4 位二进制减法计数器,如图 5.55 所示。

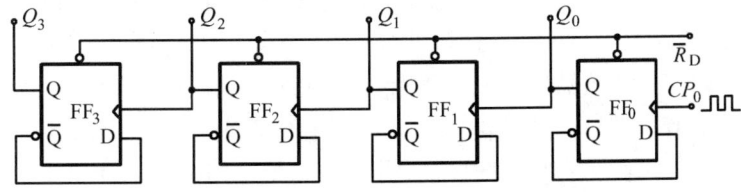

图 5.55　4 位二进制异步减法计数器

(2) 集成计数器的应用

① 74LS160 为十进制可预置同步计数器,其逻辑符号和管脚图如图 5.56 所示,功能表如表 5.25 所示。

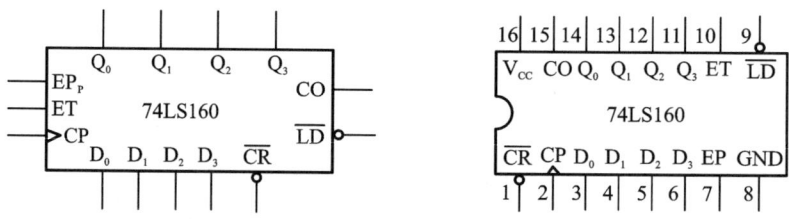

图 5.56 74LS160 逻辑符号及管脚图

74LS160 计数器有下列输入端:异步清零端 $\overline{CR}$(低电平有效),时钟脉冲输入端 CP,同步并行预置数控制端 $\overline{LD}$(低电平有效),计数控制端 ET 和 EP,并行数据输入端 $D_0 \sim D_3$。

74LS160 计数器有下列输出端:4 个触发器的输出 $Q_0 \sim Q_3$,进位输出 CO,进位输出端 CO 通常为 0,仅当计数控制端 $ET=1$ 且计数器状态为 9 时它才为 1。

表 5.25　74LS160 的功能表

输入									输出			
$\overline{CR}$	$\overline{LD}$	EP	ET	CP	D_0	D_1	D_2	D_3	Q_0^{n+1}	Q_1^{n+1}	Q_2^{n+1}	Q_3^{n+1}
0	×	×	×	×	×	×	×	×	0	0	0	0
1	0	×	×	↑	d_0	d_1	d_2	d_3	d_0	d_1	d_2	d_3
1	1	1	1	↑	×	×	×	×	计	数		
1	1	0	×	×	×	×	×	×	保	持		
1	1	×	0	×	×	×	×	×	保	持		

根据功能表 5.25,可看出 74LS160 具有以下功能:

a. 异步清零功能。若 $\overline{CR}=0$,不论其他输入端(包括 CP 端)为何种状态,均能实现将 4 个触发器全部清零。由于这一清零操作不需要时钟脉冲 CP 配合(即不论 CP 是什么状态都能实现清零),所以称为"异步清零"。

b. 同步并行置数功能。当 $\overline{CR}=1$ 且 $\overline{LD}=0$ 时,在 CP 上升沿的作用下,触发器 $Q_0 \sim Q_3$ 分别接收并行数据输入信号 $D_0 \sim D_3$。由于此置数操作发生于 CP 上升沿时段,且 4 个触发器同时置数,所以称为"同步并行置数"。

c. 同步十进制加计数功能。当 $\overline{CR}=\overline{LD}=1$ 时,若计数控制端 $ET \cdot EP=1$,则计数脉冲 CP 实现同步十进制加计数。"同步"表明各触发器动作都与 CP(上升沿)同步。

d. 保持功能。当 $\overline{CR}=\overline{LD}=1$ 时,若 $ET \cdot EP=0$,即两个计数控制端中至少有一个为 0,则不管 CP 状态如何,计数器中各触发器保持原状态不变。

综上所述,74LS160 是具有异步清零功能的可置数十进制同步计数器。

② 利用输出信号对输入端的不同反馈(有时需加少量门电路),用 74LS160 可以实现任意进制的计数器。

例:用 74LS160 实现八进制计数器。

a. $M=8$,用一片 74LS160 即可。图 5.57(a)为利用异步清零功能构成的八进制计数器。设计数器初态全为 0,则在前 7 个计数脉冲作用下,$Q_3Q_2Q_1Q_0$ 均按十进制规律正常计数,而当第 8 个计数脉冲上升沿到来后,$Q_3Q_2Q_1Q_0$ 的状态变为 1000,通过反相器使 $\overline{CR}$ 从平时的 1 变为 0,借助异步清零功能,使 4 个触发器全部清 0,从而中止了"十进制"的计数趋势,实现了自然态序模 8 加计数。注意:主循环中的 8 个状态是 0000 至 0111,它们各延续一个计数脉冲周期;而 1000 只是一个瞬态,实际上它只停留短暂的一瞬,如图 5.57(d)中的波形图所示。

b. 图 5.57(b)为利用同步置数功能构成的八进制计数器,在 $Q_3Q_2Q_1Q_0$ 为 0111 的状态下,准备好置数条件——$\overline{LD}=0$,这样,在下一个计数脉冲上升沿到来后,就不再实现"加 1"计数,而是实现同步置数,$Q_3Q_2Q_1Q_0$ 接收"并行数据输入信号",变成 0000,从而满足了模 8 的要求。此方法可称为借助同步置数功能的置全零法。

(a) 利用异步清零功能　　(b) 利用同步置数功能(置0法)

(c) 利用同步置数功能(置值法)　　(d) 八进制波形图

图 5.57　用 74LS160 构成八进制计数器

c. 图 5.57(c)为利用同步置数功能构成八进制计数器的另一种方法。要求模 $M=8$,因而多余的状态数为 $10-8=2$,十进制数 2 对应 BCD 码是 0010,于是如果在 1001 状态下准备好同步置数条件,且"并行数据输入"$D_3D_2D_1D_0$ 分别接 0010,则下一个计数脉冲上升沿就能使 $Q_3Q_2Q_1Q_0$ 不变成 0000,而转为 0010,这样就跳过了 0000 至 0001 两个状态,实现了模 8 计数。该方法充分利用了 1001 状态下 CO 才为 1 的特点。我们把这种方法称为借助同步置数功能的置值法。

3) 实验内容

(1) 选用 74LS74 双上升沿 D 触发器,用两片 74LS74 构成异步二进制加/减法计数器。

① 先按图 5.54 接线,验证异步二进制加法器的功能,$\overline{R}_D$ 接逻辑开关,将 CP_0 时钟端

接单次脉冲源,输出端 Q_3、Q_2、Q_1、Q_0 接 LED,$\overline{S_D}$ 接高电平+5 V。

② 清零后,逐个送入单次脉冲,观察并记录 Q_3、Q_2、Q_1、Q_0 的状态。

③ 将单次脉冲改为 1 Hz 的连续脉冲,观察 Q_3、Q_2、Q_1、Q_0 的状态。

④ 将 CP_0 再改为 1 kHz 的连续脉冲,用示波器观察 Q_3、Q_2、Q_1、Q_0 端的波形。

⑤ 再按图 5.55 接线,验证异步二进制减法器的功能。重复上述步骤,并列表记录输出波形(表格自拟)。

(2) 用 74LS160 实现十二进制计数器。

① 利用异步清零功能构成十二进制计数器的电路如图 5.58 所示。因为 $M=12$,所以用两片 74LS160,两片 74LS160 的 CP 端直接与计数脉冲相连,构成一个同步计数器,并将低位片(1)的进位输出 CO 送到高位片(2)的计数控制端 ET 和 EP。由于构成的计数器的模为 12,因此清零条件为 $\overline{CR}=\overline{Q_1''Q_1'}$(注:$Q_1'$ 为第 1 片 74LS160 的输出 Q_1,Q_0' 为第 2 片 74LS160 的输出 Q_0),即当两片计数器计数到 12 时,产生一个清零信号,使计数器整体置零。

② 按图 5.58 接线,验证十二进制计数器的功能,将 CP 时钟端接单次脉冲,输出端接 LED。

③ 逐次送入单次脉冲,观察并记录两片 74LS160 的输出脉冲状态。

④ 将单次脉冲改为 1 Hz 的连续脉冲,观察两片 74LS160 的输出状态。

⑤ 将 CP 时钟端接 1 kHz 的连续脉冲,用示波器观察两片 74LS160 的输出端的波形。

图 5.58 74LS160 构成的十二进制计数器(异步清零)

4) 实验报告

(1) 画出各实验电路对应的逻辑图、状态表、波形图。

(2) 总结二进制、十二进制波形图的特点,分析其原因。

5) 实验设备

(1) 数字电路实验系统(SDS-Ⅵ)一台。

(2) 双踪示波器(YB4320C)一台。

(3) 集成电路:74LS112、74LS74、74LS160、74LS00 各两片。

6) 思考题

(1) 设计由 4 只 JK 触发器构成的异步十进制加法计数器电路。

(2) 画出利用 74LS160 的同步置数功能实现十二进制计数器的电路图。

5.9（实验9） 寄存器、移位寄存器及其应用

1) 实验目的
(1) 熟悉寄存器的电路结构和工作原理。
(2) 掌握中规模集成电路74LS194双向移位寄存器的逻辑功能和使用方法。
(3) 熟悉移位寄存器的逻辑电路和工作原理。

2) 实验原理

在数字电路中，常常需要将一些数码、指令或运算结果暂时存放起来，能实现这一功能的部件叫做寄存器。寄存器具有清除数码、接收数码、存放数码和传送数码的功能。寄存器常分为数码寄存器和移位寄存器两种，其区别在于有无移位的功能。

(1) 数码寄存器

由 JK 触发器组成的数码寄存器如图5.59所示，$\overline{R}_D$ 端输入负脉冲时，各移位寄存器清零。

CP 端的脉冲为写脉冲，当 CP 脉冲下降沿到来时，d_3、d_2、d_1、d_0 各位数据被输入到寄存器中寄存。数码的输出由读出脉冲控制。所以数据寄存器就有如下特点：① 能清除；② 能写入；③ 能寄存；④ 能读出。这种输入、输出方式分别被称为并行输入、并行输出。

图5.59 4位数码寄存器

(2) 移位寄存器

具有移位逻辑功能的寄存器称为移位寄存器。移位功能是将每个触发器的输出与下一级触发器的输入相连而形成的。它可以起到多方面的作用，可以存贮或延迟输入-输出信息，也可以用来把串行的二进制数转换为并行的二进制数（串并转换）或者把并行的二进制数转换为串行的二进制数（并串转换）。在计算机电路中，还可应用移位寄存器来实现二进制的乘2和除2功能。

图5.60为4位串行输入、串并行输出的左移移位寄存器（由4个 D 触发器构成）。

由图5.60可知，CP 脉冲的输入（上升沿起作用）被作为同步移位脉冲，数据（码）的移位操作由"左移控制"端控制，数码是从串行输入端输入，输出可以是串行输出或并行输出。

移位寄存器在应用中需要具有左移、右移、保持、并行输入/输出或串行输入/输出等多

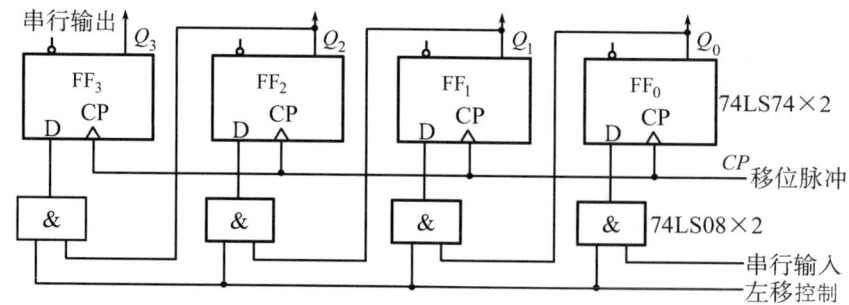

图 5.60　4 位串行输入、串并行输出的左移移位寄存器

种功能。具有上述多种功能的移位寄存器称为多功能双向移位寄存器。如中规模集成电路 74LS194 就是具有左移、右移、清零、数据并入/并出(串出)等多种功能的移位寄存器。它的管脚排列见图 5.61,逻辑功能见表 5.26。

由表 5.26 可知,74LS194 具有如下功能:

① 清除:当 $\overline{CR}=0$ 时,不管其他输入为何种状态,输出全为 0 状态。

② 保持:$CP=0$,$\overline{CR}=1$ 时,其他输入为任意状态,输出状态保持。或者 $\overline{CR}=1$,M_1、M_0 均为 0,其他输入为任意状态,输出状态也保持。

③ 置数(送数):$\overline{CR}=1$,$M_1=M_0=1$,在 CP 脉冲上升沿时,将输入端数据 D_0、D_1、D_2、D_3 置入 Q_0、Q_1、Q_2、Q_3 中,并寄存。

图 5.61　74LS194 管脚排列图

④ 右移:$\overline{CR}=1$,$M_1=0$,$M_0=1$,在 CP 脉冲上升沿时,实现右移操作,此时若 $D_{SR}=0$,则 0 向 Q_0 移位,若 $D_{SR}=1$,则 1 向 Q_0 移位。

⑤ 左移:$\overline{CR}=1$,$M_1=1$,$M_0=0$,在 CP 脉冲上升沿时,实现左移操作,此时若 $D_{SL}=0$,则 0 向 Q_3 移位,若 $D_{SL}=1$,则 1 向 Q_3 移位。

表 5.26　74LS194 逻辑功能表

功能	输入										输出			
	$\overline{CR}$	M_1	M_0	CP	D_{SL}	D_{SR}	D_0	D_1	D_2	D_3	Q_0^{n+1}	Q_1^{n+1}	Q_2^{n+1}	Q_3^{n+1}
清除	0	×	×	×	×	×	×	×	×	×	0	0	0	0
保持	1	×	×	0	×	×	×	×	×	×	保持			
	1	0	0	×										
送数	1	1	1	↑	×	×	d_0	d_1	d_2	d_3	d_0	d_1	d_2	d_3
右移	1	0	1	↑	×	1	×	×	×	×	1	Q_0^n	Q_1^n	Q_2^n
	1	0	1	↑	×	0					0	Q_0^n	Q_1^n	Q_2^n
左移	1	1	0	↑	1	×	×	×	×	×	Q_1^n	Q_2^n	Q_3^n	1
	1	1	0	↑	0	×					Q_1^n	Q_2^n	Q_3^n	0

(3) 移位寄存器的应用

用移位寄存器构成计数器,这是在实际工程中经常用到的。比如用移位寄存器构成环形计数器、扭环形计数器和自启动扭环形计数器等。它还可用作数据寄存器,比如,两个数相加、相减结果的存放等。

用 74LS194 构成的环形计数器、扭环形计数器和自动扭环形计数器如图 5.62 所示。

(a) 环形计数器($n=4, M=4$)

(b) 扭环形计数器($M=14$)

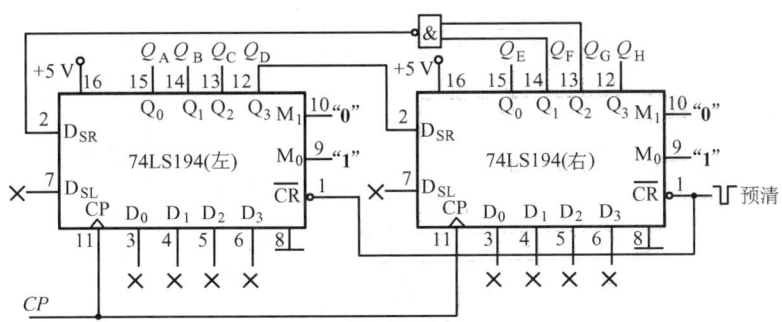

(c) 自启动扭环形计数器($n=7, M=2n-1=13$)

图 5.62　74LS194 双向移位寄存器的应用

在图 5.62(a)所示计数器中,输入 4 个移位脉冲,可完成一次移位循环,即该计数器是模 $M=4$ 的环形计数器,如果需要模 $M=8$ 的环形计数器,则需两片 74LS194,这种环形计数器无自启动能力,必须在启动计数操作前,先置某个数于移位寄存器内(如 0001 或 0011),然后再进行循环计数。

图 5.62(b)为两片 74LS194 组成的扭环形计数器,它比图 5.62(a)中计数器的计数范围要大,最大模 $M=16$。而环形计数器中两片 74LS194 最大模 $M=8$。所以,同样的计数范围,图 5.62(b)连接方法比图 5.62(a)要节省一半电路。扭环形计数器实际上就是把 74LS194 某一位取反后接到数据输入端,进行向左或向右移位。图 5.62(b)就是把右边一片 74LS194 的 Q_2 取反后接到左边一片 74LS194 的右移输入端 D_{SR},构成模 $M=14$ 的扭环形计数器。该计数器清零后即可启动,可实现扭环形计数。图 5.62(c)为由两片 74LS194 构成的 $M=13$ 的自启动扭环形计数器,其状态表如图 5.63 所示。

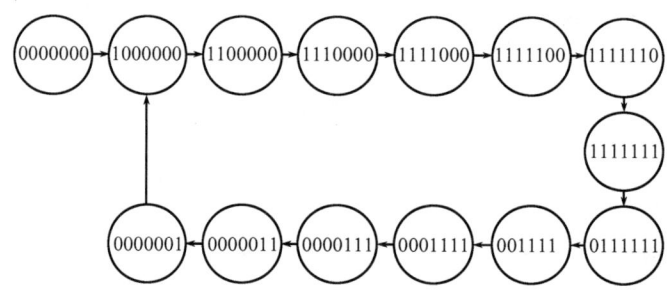

图 5.63　74LS194 构成的自启动环形计数器，模 $M=13$ 的状态图

在数字运算电路中，数据常可存放、寄存于移位寄存器中。

图 5.64 所示加法电路就是 74LS194 移位寄存器的具体应用。两个寄存器（J_A、J_B）分别存放数据 A 和 B，将两者相加后，再送到寄存器 J_A 中。设 J_A 寄存器存放的数据为 1010，J_B 寄存器存放的数据为 0101，即 $J_A=10$，$J_B=5$，相加后（$J_A+J_B=15$），结果为 1111，再将此结果送至 J_A 中。

图 5.64 中，全加器用 74LS183，进位触发器用 D 触发器 74LS74。

图 5.64　用 74LS194 双向移位寄存器组成的加法电路 $J_A+J_B \rightarrow J_A$

3）实验内容

(1) 数据寄存器

① 在实验系统中，选 4 只 JK 触发器（把 74LS112 双 JK 触发器芯片自行插入实验系统中），按图 5.59 直接接线。d_3、d_2、d_1、d_0 接数据开关或逻辑开关，与门输出接 4 只 LED 发光二极管，4 只触发器的清零端 $\overline{R_D}$ 连接到实验系统中复位按钮，写入脉冲接单次脉冲，读出脉冲接逻辑开关。

② 接线完毕，则可通电实验。置 $d_3d_2d_1d_0=1010$，清"0"（⊔）后，按动单次脉冲，这时 $Q_3Q_2Q_1Q_0$ 将被置为 1010，再将读出开关（逻辑开关）置 1，就可观察到 4 只发光二极管状态

为亮、灭、亮、灭,即输出数据为 1010。

③ 改变 d_3、d_2、d_1、d_0 的数值,重复步骤②,验证其数据寄存的功能,并记录结果。

用 D 触发器代替 JK 触发器,也能很方便地实现数据寄存,可自行连接实验线路,进行验证。

(2) 移位寄存器

① 用 4 只 D 触发器(74LS74)连成左移、右移移位寄存器,按图 5.65(a)连线。采用实验系统中的 D 触发器(也可自行插入)。

② 接线完毕后,先置数据为 0001,然后输入移位脉冲。置数,即把 $Q_3Q_2Q_1Q_0$ 置成 0001。按动单次脉冲,移位寄存器可实现左移功能。

③ 按图 5.65(b)连线,方法同步骤②,则可完成右移移位功能。

(a)

(b)

图 5.65　D 触发器构成移位寄存器的实验线路图

④ 图 5.60 为带移位控制的串入、串出、并出的 4 位左移移位寄存器,可自行连线进行实验论证。

(3) 集成移位寄存器

① 基本功能验证

将 74LS194 插入实验系统中,按图 5.66 接线,16 脚接电源正极,8 脚接地,输出端 Q_3、Q_2、Q_1、Q_0 接 4 只 LED 发光二极管,工作方式控制端 M_1、M_0 及清零端分别接逻辑开关 K_1、K_2 和复位按钮 K_3("⌐⌙"),CP 端接单次脉冲,数据输入端 D_0、D_1、D_2、D_3 分别接 4 只数据开关或逻辑开关。

图 5.66　74LS194 双向移位寄存器实验接线图

接线完毕后,接通电源,即可进行 74LS194 双向移位寄存器的功能验证(对照表 5.26 输入各有关参数)。

清除(零):按复位按钮 K_3("⊔"),使 $\overline{CR}=0$,这时 Q_0、Q_1、Q_2、Q_3 接的 4 只 LED 发光二极管全灭,即 $Q_0Q_1Q_2Q_3=0000$。

保持:使 $\overline{CR}=1$,$CP=0$,拨动逻辑开关 $K_1(M_1)$ 和 $K_2(M_0)$,输出状态不变,或者使 $\overline{CR}=1$,$M_1=M_0=0$,按动单次脉冲,这时输出状态仍不变。

置数:使 $\overline{CR}=1$,$M_1=M_0=1$(即 $K_1=K_2=1$),置数据开关为 0101($D_0 \sim D_3$),按动单次脉冲,这时数据 0101($D_0 \sim D_3$)已存入 $Q_0 \sim Q_3$ 中。此时 LED 发光二极管状态为灭、亮、灭、亮(即 0101)。变换数据 $D_0D_1D_2D_3=1011$,输入单次脉冲,则数据 1011 在 CP 上升沿时被存入 $Q_0 \sim Q_3$ 中。

右移:把 Q_3 接到 D_{SR},见图 5.66 中虚线,按上述方法先置入数据 0001(这时使 $\overline{CR}=1$,$M_1=M_0=1$,$D_0D_1D_2D_3=0001$)。再置 $M_1=0$,$M_0=1$,此时右移方式,输入单次脉冲,移位寄存器在 CP 上升沿时实现右移操作。按动 4 次单次脉冲,一次移位循环结束。状态图如图 5.67(a)所示。

左移:将 Q_3 连到 D_{SR} 的线断开,而把 Q_0 接到左移输入 D_{SL} 端,其余方法同右移方式相同。即 $\overline{CR}=1$,$M_0=0$,$M_1=1$(寄存器起始状态仍为 0001),则输入 4 个移位脉冲后,数据左移,最后结果仍为 0001。其左移状态图见图 5.67(b)。

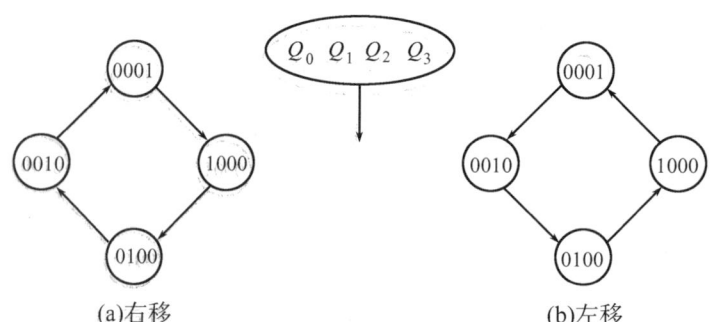

图 5.67　74LS194 右移、左移状态图

再把 Q_3 接到 D_{SL}(Q_0 与 D_{SL} 连线断开),输入单次脉冲,观察移位情况,记录并分析。

② 应用

用 74LS194 移位寄存器可构成各种计数器。

a. 按图 5.62(a)接线,$Q_0 \sim Q_3$ 接 4 只 LED 发光二极管,D_{SR} 与 Q_3 相连,$D_0 \sim D_3$ 接数据开关(或逻辑开关),M_1、M_0、$\overline{CR}$ 分别接逻辑开关和复位开关,CP 接单次脉冲,电源+、− 分别接芯片 16、8 脚。接线完毕,预置寄存器为 1000 状态,并使 $M_0=1$,$M_1=0$,$\overline{CR}=1$,寄存器处于移位(右移)状态,即环形计数状态。输入单次计数脉冲,观察 LED 发光二极管 $Q_0 \sim Q_3$ 的状态,不难发现 $Q_0 \sim Q_3$ 按右移方式出现,且一次循环为 4 个脉冲,即计数器的模 $M=4$。

b. 按图 5.62(b)接线,并按步骤 a 进行实验,发现 $Q_A \sim Q_G$ 输出按右移方式出现,且一次循环为 14 个脉冲,即计数器的模为 14($M=14$)。这种计数器称为扭环形计数器。

c. 按图 5.62(c)接线，进行实验论证。计数器的状态应和图 5.63 所示的 $M=13$ 的状态图一致。

d. 按图 5.64 接线，进行 $J_A+J_B \rightarrow J_A$ 操作。

这里 CP 接单次脉冲，$\overline{CR}$ 接复位开关，M_1、M_0 接逻辑开关，J_A 的 $D_0 \sim D_3$ 和 J_B 的 $D_0 \sim D_3$ 分别接数据开关。寄存器 J_A 送全加器（74LS183）的 A_i 端，J_B 送全加器（74LS183）的 B_i 端，全加器的进位 C_i 由 D 触发器(74LS74)寄存，将 D 触发器的输出作为上次进位的输出接到全加器的 C_{i-1} 端，全加器的和 S_i 接到寄存器 J_A 的输入端，这里选用右移方式，则把和 S_i 接到右移输入端 D_{SR}，将 J_B 寄存器数据仍送回 J_B 中。

接线完毕，先预清，使 $J_A=0$，$J_B=0$，进位触发器 D 为零；然后置数，使 $J_A=1010$，$J_B=0101$（置数方法参考 74LS194 基本功能验证方法）。输入移位脉冲，进行 $J_A+J_B \rightarrow J_A$ 的运算。输入 4 个脉冲，一次运算完成，此时 J_A 应该为 1111，J_B 应该为 0101，若结果不是此数，则出错，应找到出错原因；若运算结果正确，再将 J_A 和 J_B 更换为另一组数据，进行 $J_A+J_B \rightarrow J_A$ 的操作。

4）预习要求

(1) 复习数据寄存器、移位寄存器的工作原理和逻辑电路。

(2) 熟悉中规模集成电路 74LS194 双向移位寄存器的逻辑功能、管脚排列及其各种应用方法。

5）实验报告

(1) 画出各实验电路和时序状态图。

(2) 设计由 74LS194 构成 8 位、16 位移位寄存器的方法，并实现 $M=25$ 的自启动扭环形计数器。

6）实验设备

(1) 数字电路实验系统（SDS-Ⅵ）一台。

(2) 集成电路：74LS74、74LS112、74LS08、74LS194、74LS04、74LS00、74LS183 各一片。

5.10（实验 10） D/A 和 A/D 转换

1）实验目的

(1) 验证 DAC 和 ADC 的功能。

(2) 掌握 D/A 和 A/D 转换的基本原理。

(3) 掌握 DAC 和 ADC 的基本应用电路。

2）实验原理

模拟量是随时间连续变化的量，例如温度、压力、速度、位移等非电量绝大多数都是连续变化的模拟量，它们可以由相应的传感器变换为连续变化的模拟量——电压或电流。

在电子技术中，模拟量和数字量的互相转换是很重要的。例如，用电子计算机对生产过程进行控制时，首先要将被控制的模拟量转换为数字量，因为数字量才能被送到数字计算机中去进行运算和处理;然后又要将处理得到的数字量转换为模拟量,才能实现对模拟量进行控制。再如,在数字仪表中,也必须将被测的模拟量转换为数字量,才能实现数字显示。

能将数字量转换为模拟量的装置称为数-模转换器,简称 D/A 转换器或 DAC;能将模拟量转换为数字量的装置称为模-数转换器,简称 A/D 转换器或 ADC。因此,DAC 和 ADC 是联系数字系统和模拟系统的"桥梁",也可称为两者之间的接口。图 5.68 是数-模和模-数转换的原理框图。

图 5.68 数-模和模-数转换的原理框图

3) 实验内容

(1) D/A 转换

实验选用 D/A 转换芯片 DAC0832,图 5.69 为其管脚排列图。

管脚具体功能定义如下:

$\overline{CS}$——片选信号,它和允许输入锁存信号 ILE 合起来决定 $\overline{WR_1}$ 是否起作用。

ILE——允许锁存信号(高电平有效)。

$\overline{WR_1}$——写信号 1(低电平有效),它作为第一级锁存信号将输入数据锁存到输入寄存器中,$\overline{WR_1}$ 必须和 $\overline{CS}$、ILE 同时有效。

$\overline{WR_2}$——写信号 2(低电平有效),它将锁存在输入寄存器中的数据送到 8 位 DAC 寄存器中进行锁存,此时,传送控制信号 $\overline{XFER}$ 必须有效。

$\overline{XFER}$——传送控制信号(低电平有效),用来控制 $\overline{WR_2}$。

$D_7 \sim D_0$——8 位数据输入端,D_7 为最高位。

I_{OUT1}——模拟电流输出端,当 DAC 寄存器中全为 1 时,输出电流最大,当 DAC 寄存器中全为 0 时,输出电流为 0。

I_{OUT2}——模拟电流输出端,I_{OUT2} 为一个常数和 I_{OUT1} 的差,也就是说,$I_{OUT1} + I_{OUT2} =$ 常数。

R_{FB}——反馈电阻引出端,DAC0832 内部已经有反馈电阻,所以,R_{FB} 端可以直接接到外部运算放大器的输出端,这样,相当于将一个反馈电阻接在运算放大器的输入端和输出端之间。

V_{REF}——参考电压输入端,此端可接正电压,也可接负电压,范围为 -10 V$\sim+10$ V。

V_{CC}——芯片供电电压,范围为 $+5$ V$\sim+15$ V,最佳工作状态是 $+15$ V。

AGND——模拟量地,即模拟电路接地端。

DGND——数字量地,即数字电路接地端。

把 DAC0832、μA741 等插入实验系统,按图 5.70 接线,不包括虚线框中内容。即 $D_7 \sim$

D_0 接实验系统的数据开关,$\overline{CS}$、$\overline{XFER}$、$\overline{WR_1}$、$\overline{WR_2}$ 均接 0,AGND 和 DGND 相连接地,ILE 接 +5 V 电压,参考电压为 +5 V,运放电源为 ±15 V,调零电位器为 10 kΩ。

① 检查接线无误后,将数据开关 $D_7 \sim D_0$ 全置为"0",接通电源,调节运放的调零电位器,使输出电压 $U_o = 0$。

② 再将数据开关全置为"1",调整 R_f,改变运放的放大倍数,使运放输出满量程。

③ 将数据开关从最低位逐拨至位置"1",并逐次测量输出模拟电压 U_o,填入表 5.27 中。

图 5.69 DAC0832 管脚排列图

图 5.70 DAC0832 实验测试电路图

表 5.27 DAC0832 测试结果

输入数字量								输出模拟电压(V)	
D_7	D_6	D_5	D_4	D_3	D_2	D_1	D_0	实测值	理论值
0	0	0	0	0	0	0	0		
0	0	0	0	0	0	0	1		
0	0	0	0	0	0	1	1		
0	0	0	0	0	1	1	1		
0	0	0	0	1	1	1	1		
0	0	0	1	1	1	1	1		
0	0	1	1	1	1	1	1		
0	1	1	1	1	1	1	1		
1	1	1	1	1	1	1	1		

④ 再用 74LS161 或用实验系统中的(D 或 JK)触发器构成二进制计数器,计数器对应的 4 位输出 Q_4、Q_3、Q_2、Q_1 分别接 DAC0832 的 D_7、D_6、D_5、D_4,DAC0832 低 4 位接地(这

时和数据开关相连的线全部断开)。

⑤ 输入 CP 脉冲,用示波器观测并记录输出电压的波形。

⑥ 如计数器输出改接到 DAC 的低 4 位,将其高 4 位接地,重复上述实验步骤,结果如何?

⑦ 采用 8 位二进制计数器,再进行上述实验。

⑧ 若输出要获得双极性电压,则可按图 5.71 接线,只要适当选择电阻,就可获得正、负电压输出。

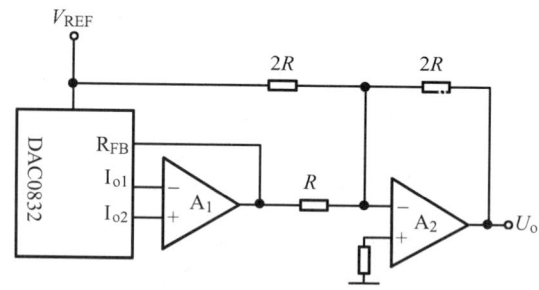

图 5.71 DAC0832 双极性接法

(2) A/D 转换

① 按图 5.72 接线,在实验系统中插入 ADC0809 芯片,其中 $D_7 \sim D_0$ 分别接 8 只发光二极管 LED,CLOCK 接实验系统中的连续脉冲,地址码 A、B、C 接数据开关或计数器输出。

② 接线完毕,检查无误后,接通电源。将 CP 脉冲调至最高频(频率大于 1 kHz 以上),再将数据开关置为 000,调节 R_W,直至用万用表测得 U_i 为 4 V,再按一次单次脉冲(注意单脉冲接 START 信号,平时处于"0"电平,开始转换为"1"),观察输出 $D_7 \sim D_0$ 所接发光二极管(LED 显示)的值。

③ 再调节 R_W,使 U_i 为 +3 V,按一下单次脉冲,观察输出 $D_7 \sim D_0$ 的值,并记录下来。

图 5.72 ADC0809 实验原理接线图

④ 按上述实验方法,分别将 U_i 调为 2 V、1 V、0.5 V、0.2 V、0.1 V、0 V 进行实验,观察并记录每次输出 $D_7 \sim D_0$ 的状态。

⑤ 调节 R_W,改变输入 U_i,使 $D_7 \sim D_0$ 全为"1",测量这时的输入转换电压的值。

⑥ 改变数据开关值为 001,这时将 U_i 从 IN_0 改接到 IN_1 输入,再进行②~⑤的实验操作。

⑦ 按⑥办法,可分别对其余的 6 路模拟量输入进行测试。

⑧ 将 C、B、A 三位地址码接至计数器(计数器可用 JK、D 触发器构成或采用

74LS161)的3个输出端,再分别将 $IN_0 \sim IN_7$ 电压置为 0 V、0.1 V、0.2 V、0.5 V、1 V、2 V、3 V、4 V,单次脉冲接 START,改接为平时"高电平"(即一直转换)信号,再把单次脉冲接计数器的 CP 端。

⑨ 按动单次脉冲计数,观察输出 $D_7 \sim D_0$ 的输出状态,并记录下来。

如果我们要进行16路的 A/D 转换,则可以用两只 ADC0809 组成转换器,将地址码 C、B、A 都连起来,而用片选 OE 端分别选中高、低两片。如图5.73所示,这样在 $0 \sim 7$ 路时,选中 $IN_0 \sim IN_7$;$8 \sim 15$ 路时,选中 $IN_8 \sim IN_{15}$。

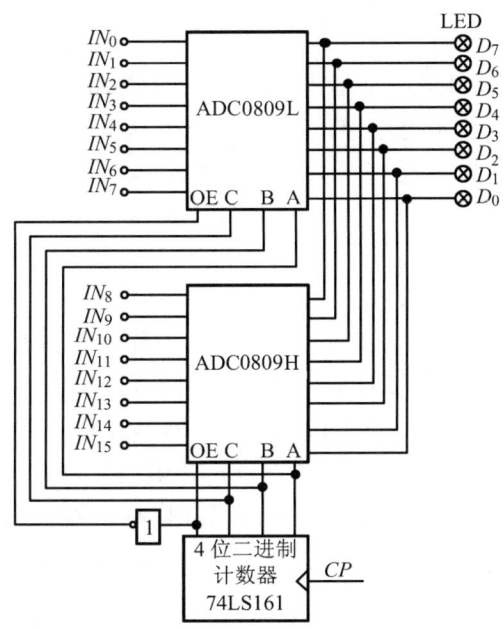

图 5.73　ADC0809 组成 16 路 A/D 转换器接线图

4)实验报告

(1)整理实验数据,画出实验电路。

(2)根据实验结果估算 DAC0832 的转换精度。

(3)根据实验结果估算 ADC0809 的误差。

6 电子电路仿真及设计

6.1 Multisim 14 基本操作指南

6.1.1 Multisim 14 简介

NI Multisim 14 仿真软件的前身是 20 世纪 90 年代加拿大 IIT 公司研发的 EWB4.0 电子电路仿真软件,其适用于模拟电路、数字电路仿真。从 EWB5.0 版本以后,IIT 公司被美国 NI 公司收购后,软件功能进一步多样化,虚拟仪器技术(LabVIEW)被融入到了 Multisim 电路仿真软件中,克服了 Multisim 电路仿真软件无法采集实际数据的缺点,使其功能更加完善。Multisim 14 提供了全面集成化的设计环境、方便简洁的操作界面、数量丰富的元器件库、种类齐全的仪器仪表、功能多样的分析工具,学生无需深入学习 SPICE 技术,就可使用该软件交互式地搭建电路图、实现仿真和分析电路性能,还可以实现虚拟仪器测试、射频分析、单片机仿真等高级应用。与该软件的老旧版本相比,Multisim 14 不仅在电子系统仿真设计方面有诸多功能方面的完善和改进,其在虚拟仪器、单片机仿真等技术方面亦有更多的创新和提高。在 Multisim 14 环境下,电路的修改调试非常方便,创建电路、调用元器件和测试仪器等均可直接由窗口图形实现,不仅测试仪器的操作面板与实物相似,而且测试结果与实际调试基本相同,并可直接打印输出实验数据、实验曲线、电路原理图和元件清单等。Multisim 14 直观的电路图和仿真分析结果的显示形式非常适合于电子类课程课堂和实验教学环节,可以弥补实验仪器及元器件少的不足,以避免仪器、元器件的损坏,学生还可利用 NI 公司的便携式数据采集器(NI myDAQ)、口袋仪器(Analog Design2)等自带的虚拟仪表,如函数信号发生器、字信号发生器、示波器、万用表和逻辑分析仪等 10 多个虚拟仪表,利用这些工具可更好地掌握课堂教学内容,加深对概念、原理的理解,培养学生的综合分析、开发设计和创新能力。

6.1.2 Multisim 14 的基本界面

启动 Multisim 14 软件图标后,可见到如图 6.1 所示的 Multisim 14 基本界面。

1) 菜单栏

Multisim 14 菜单栏中共有 12 个主菜单,如图 6.2 所示,每个主菜单的下拉菜单中都包含了若干条命令。

(1) File(文件)菜单

主要用于管理所创建的电路文件,File 菜单中的命令及功能如图 6.3 所示。

(2) Edit(编辑)菜单

主要用于在电路绘制过程中,对电路和元件进行各种技术性处理,Edit 菜单中的命令及功能如图 6.4 所示。

6 电子电路仿真及设计

图 6.1　Multisim 14 基本界面

图 6.2　菜单栏

图 6.3　File 菜单中的命令及功能

· 179 ·

图 6.4　Edit 菜单中的命令及功能

(3) View(视图)菜单

用于控制仿真界面上显示的内容以及电路图的缩放，View 菜单中的命令及功能如图 6.5 所示。

图 6.5　View 菜单中的命令及功能

(4) Place(放置)菜单

提供在电路窗口内放置元件、连接点、总线和文字等操作命令,Place 菜单中的命令及功能如图 6.6 所示。

图 6.6　Place 菜单中的命令及功能

(5) MCU(单片机)菜单

提供 MCU 的调试操作命令,MCU 菜单中的命令及功能如图 6.7 所示。

图 6.7　MCU 菜单中的命令及功能

(6) Simulate(仿真)菜单

提供常用的仿真设置命令和仿真操作命令，Simulate 菜单中的命令及功能如图 6.8 所示。

图 6.8　Simulate 菜单中的命令及功能

(7) Transfer(文件输出)菜单

提供将仿真结果传输给其他软件处理的命令，Transfer 菜单中的命令及功能如图 6.9 所示。

图 6.9　Transfer 菜单中的命令及功能

(8) Tools(工具)菜单

提供常用电路向导、元件和电路编辑或管理命令等，Tools 菜单中的命令及功能如图 6.10 所示。

图 6.10 Tools 菜单中的命令及功能

(9) Reports(报告)菜单

提供电路各个方面的报告清单,Reports 菜单中的命令及功能如图 6.11 所示。

图 6.11 Reports 菜单中的命令及功能

(10) Options(选项)菜单

实现电路界面的定制和电路某些功能的设定,Options 菜单中的命令及功能如图 6.12 所示。

图 6.12 Options 菜单中的命令及功能

(11) Window(窗口)菜单

提供各种不同显示窗口的操作命令,Window 菜单中的命令及功能如图 6.13 所示。

图 6.13　Window 菜单中的命令及功能

(12) Help(帮助)菜单

提供在线技术帮助和指导,Help 菜单中的命令及功能如图 6.14 所示。

图 6.14　Help 菜单中的命令及功能

2) 工具栏

(1) 标准工具栏

Multisim 14 标准工具栏如图 6.15 所示,从左到右的功能分别为新建、打开、打开、保存、打印、打印预览、剪切、复制、粘贴、撤销和恢复。

图 6.15　标准工具栏

(2) 主工具栏

Multisim 14 主工具栏如图 6.16 所示,主工具栏集中了 Multisim 14 的核心操作,使得电路设计更加方便。主工具栏从左到右的功能分别为设计工具箱、电子表格视图、SPICE 网表查看器、面包板视图、图示仪、后处理器、母电路图、元器件向导、数据库管理器、使用中元件列表、电气规则检查、将 Ultiboard 电路的改变反标到 Multisim 电路文件中、将 Multisim 电路的改变反标到 Ultiboard 文件中、查找范例、教学网站、帮助。

图 6.16　主工具栏

3）元器件栏

Multisim 14 元器件栏如图 6.17 所示，元器件库包括实际元器件库和虚拟元器件库，界面默认显示的是实际元器件栏，按照属性分置在 20 个元器件分类库中，每个元器件库中包含丰富的同种类型元器件，用鼠标左键单击元器件库栏目下的图标即可打开该元器件库。

图 6.17　元器件栏

：电源库。包含为电路提供电能的功率电源、作为输入信号的信号源、受控源等各式各样的电源。

：基本元器件库。包含基本虚拟元件、定值虚拟元件、虚拟 3D 元件、上拉电阻、开关、变压器、继电器、插座、电阻、电容、电感、电解电容、电位器等基本元件。

：二极管库。包含虚拟二极管、齐纳二极管、开关二极管、发光二极管、稳压二极管、整流桥、晶闸管等各种二极管。

：晶体管库。包含各种类型的晶体管，如虚拟晶体管、NPN 和 PNP 型晶体管等。

：模拟集成电路库。包含虚拟运放、运算放大器、诺顿运放、比较器、宽带运放等。

：TTL 数字集成电路库。包含 74STD 普通型集成电路、74LS 系列低功耗肖特基等 TTL 芯片。

：CMOS 数字集成电路库。包含 74 系列和 4×××系列的各种 CMOS 数字集成电路。

：其他数字元器件库。放置杂项数字电路，包含数字逻辑元件、可编程逻辑器件等。

：混合元器件库。包含虚拟混合元器件、模拟开关、定时器、A/D 和 D/A 转换器、多谐振荡器等。

：指示元器件库。包含电压表、电流表、探针、蜂鸣器、灯泡、数码管等。

：功率元器件库。包含保险丝、集成稳压器等。

：其他元器件库。包含晶振、光耦合器、滤波器等。

：外围元器件库。包含键盘、液晶显示器等。

：RF 射频元器件库。包含射频电容、射频电感、射频晶体管等。

: 机电类元器件库。包含线圈与继电器、保护装置等一些电工类器件。

: NI 元器件库。包含 NI 公司制造的元器件。

: 连接元器件库。

: 微处理器模块。包含 8051、8052、PIC 单片机,RAM 和 ROM。

: 层次化模块。

: 总线模块。

为了方便仿真时元器件的选取,Multisim 14 提供了一个常用的虚拟元器件栏,该栏只包括一些常用的虚拟元器件,不包括实际元器件,虚拟元器件栏如图 6.18 所示。

图 6.18 虚拟元器件栏

4) 仪器仪表栏

Multisim 14 提供了 21 种常用仪器仪表,通常放置于电路工作区的右侧,也可根据使用习惯拖移至别处。仪器仪表栏如图 6.19 所示,以及如图 6.1 中 Multisim 基本界面右上角所示。

图 6.19 仪器仪表栏

用户可自定义 Multisim 14 中各工具栏的位置,通过单击菜单栏中的"Options"选项,单击下拉菜单中的 Lock toolbars 可解除工具栏锁定,解除锁定后可拖动各工具栏进行位置调整操作。

仪器仪表栏从左到右分别为数字万用表、函数信号发生器、功率表、双通道示波器、四通道示波器、波特图仪、频率计、字信号发生器、逻辑转换仪、逻辑分析仪、伏安特性分析仪、失真分析仪、频谱分析仪、网络分析仪、安捷伦函数发生器、安捷伦万用表、安捷伦示波器、泰克示波器、LabVIEW 虚拟仪器、NI ELVIS 仪器、电流探针。

用鼠标左键单击仪器仪表图标,将图标拖到电路工作区,再将仪器仪表图标上的连接端与电路连接端相连,方可使用。

用鼠标双击电路工作区中的仪器仪表图标,打开仪器仪表面板,可通过鼠标操作来修改仪器仪表的参数设置。

电压表和电流表不在仪器仪表栏目下,而是被放在元器件栏中的指示器件库。

5) 其他工具栏

(1) : 视图工具栏,可实现电路窗口视图的放大、缩小等操作,也可通过鼠标滚轮进行视图的放大、缩小等操作。

(2) [单片机仿真工具栏图标]：单片机仿真工具栏，主要用于单片机程序的调试。

(3) [Hierarchy | Visibility | Project View]：设计工具箱，主要用来管理原理图的不同组成元素和层次电路的显示。

① Hierarchy（层次化）选项卡：用于对不同电路进行分层显示，上方[按钮图标]按钮的功能依次为新建原理图、打开原理图、保存、关闭当前电路、重命名、近期设计的视图。

② Visibility（可视化）选项卡：设定当前页面显示图层以及选择是否显示电路的各种参数信息。

③ Project View（工程视图）选项卡：显示所建立的工程，包括原理图文件、PCB 文件、仿真文件等。

(4) [Results | Nets | Components | Copper layers | Simulation]：电子表格视窗，位于 Multisim 14 基本界面的最下方。当电路存在错误时，电子表格视窗用于显示检验结果，它也是当前电路中所有元器件属性的统计窗口，可以通过该窗口改变元器件的部分或全部属性。

① Results：显示电路中元器件的查找结果和电气规则检查结果。

② Nets：显示当前电路中所有网点的相关信息。

③ Components：显示当前电路中所有元器件的相关信息。

④ Copper layers：显示 PCB 层的相关信息。

⑤ Simulation：显示运行仿真时的相关信息。

6.1.3 Multisim 14 电路的创建

1) 元器件

(1) 选用元器件

在元器件栏中单击要选择的元器件库图标（或者执行菜单 Place 下的 Component 命令），在出现的元器件库对话框中选择所需的元器件，如图 6.20 所示为在晶体管库中选择一只 NPN 型三极管，单击 OK 按钮，所选择的三极管则跟随鼠标移动，再将该元器件放到电路工作区即可。

图 6.20 所示的元器件选择对话框中各项说明如下：

① Database 下拉列表：选择元器件所属的数据库，图 6.20 中选择的是 Master Database（主元器件库）。

② Group 下拉列表：选择元器件库的分类，包括 19 个元器件库，图 6.20 中选择的是晶体管库。

③ Family 栏：选择每种库中包含的不同元器件箱，图 6.20 中选择的是 NPN 型晶体管。

图 6.20 Multisim 14 的元器件选择对话框

④ Component 栏：显示 Family 栏中元器件箱所包含的所有元器件，图 6.20 中选择的是 2N2222A 三极管。

⑤ Symbol(DIN)栏：显示所选择的元器件符号，图 6.20 中采用的是 ANSI Y32.2（美国标准元件符号）。

⑥ Function 栏：显示所选择元器件的功能描述。

⑦ Model manufacturer/ID：显示所选择元器件的模型提供商。

⑧ Footprint manufacturer/type：元器件封装厂商/模式。

⑨ Hyperlink：超链接文件。

⑩ Search 按钮：单击该按钮将出现元器件搜索对话框，可以根据元器件所属的数据库类型、分类、元器件名称等信息搜索需要的元器件。

⑪ Detail report：元器件详细列表。

⑫ View model 按钮：单击该按钮将显示元器件的模型报告。

⑬ Help 按钮：单击该按钮将获得帮助信息。

另外，OK 按钮和 Close 按钮分别表示选择元器件及关闭当前对话框。

(2) 选中元器件

用鼠标单击电路工作区中需要选中的元器件，该元器件四周将出现蓝色虚线框，表示选中了该元器件，可以对其进行移动、复制、删除、旋转等操作。单击电路工作区的空白处，即可取消该元器件的选中状态。

若需同时选中多个元器件，可以用鼠标左键在电路工作区的适当位置画出一个矩形区，包含在该矩形区内的一组元器件即被同时选中。

（3）元器件基本操作

元器件被选中后，在出现的蓝色虚线框区域内，按住鼠标左键可以拖动该元器件至电路工作区中指定位置，同时与其连接的导线会自动重新排列。选中元器件后，通过键盘上的箭头键可以对元器件的位置进行微调。

元器件被选中后，在出现的蓝色虚线框区域内单击鼠标右键，将出现与元器件操作相关的菜单选项，如剪切、复制、删除、颜色设置等，并可对该元器件进行4种方式的旋转操作：Flip Horizontally（水平翻转）、Flip Vertically（垂直翻转）、Rotate 90°Clockwise（顺时针旋转 90°）、Rotate 90°Counter Clockwise（逆时针旋转 90°）。

（4）元器件的参数设置

双击电路工作区中被选中的元器件（或者选择菜单 Edit 下的 Properties 命令），在弹出的元器件属性对话框中，可以设置或者编辑元器件的各种特性参数。

Multisim 14 提供了两种元器件模型：现实元件模型和虚拟元件模型。现实元件根据实际存在的元器件参数而设计，是有封装的真实元件，仿真结果准确可靠。虚拟元件是指元件的大部分模型参数是该类元件的典型值，部分模型参数可根据需要自行确定。元器件的属性对话框如图 6.21 所示，包括 Label（标识）、Display（显示）、Value（数值）、Fault（故障）、Pins（引脚）、Variant（变量）、User fields（用户域）等内容。

图 6.21　元器件属性对话框

① Label(标识)：用于设置元器件的 RefDes(编号)、Label(标识)和 Attributes(属性)。其中 RefDes 由系统自动分配，也可以自行修改，修改时应保证编号的唯一性；Label 可以由用户自己设置，可输入中文。

② Display(显示)：用于设置 Label(标识)、Value(数值)、RefDes(编号)、Attributes(属性)等显示方式。

③ Value(数值)：用于编辑元器件的特性、模型参数等。对于某些现实元件(如晶体管等)，其 Value(数值)选项参数不可改变，若需更改其参数可单击 Edit model 按钮修改其模型。

④ Fault(故障)：可人为设置元器件的隐含故障，包括 None(无故障)、Open(开路)、Short(短路)、Leakage(漏电)设置。对于三极管还可将隐含故障设置到发射极、基极、集电极的引脚处，为电路的故障分析提供方便。

2) 导线

主要包括：导线的连接、导线的删除、导线颜色的改变、弯曲导线的调整。

(1) 导线的连接

将鼠标指向一个元件的端点，出现一个小黑圆点后，单击鼠标左键并拖曳出一根导线，将其拖向另一个元件的端点并单击鼠标左键(拖曳时在需要倒角的地方单击鼠标左键可控制导线的走向)，即完成了两个元件之间的导线连接。导线自动选择合适的走向，不会与其他元器件出现交叉。

(2) 导线的删除

右击要删除的导线，在弹出菜单中单击 Delete 选项(或者选定导线后按键盘上的 Delete 键)即可删除导线。

(3) 导线颜色的改变

将鼠标指向导线，单击鼠标右键，在弹出的菜单中选择 Color，再选择合适的颜色。

(4) 弯曲导线的调整

元器件位置与导线不在同一条直线上时可先选中该元器件，然后用键盘上的 4 个箭头键微调该元器件的位置。

另外，向导线中插入元器件时，可将元器件直接拖曳放置在导线上，然后释放即可将其插入到电路中。

3) 节点

执行 Place/Junction 命令，并在电路工作区中适当位置单击鼠标左键即可完成节点的放置。一个节点最多可以连接来自上、下、左、右 4 个方向的导线，而且节点可以进行标识、编号与颜色的设置。

4) 电路图

选择菜单 Options 下的 Sheet Properties 或 Edit 下的 Properties 命令，屏幕上会弹出如图 6.22 所示的 Properties 对话框。

(1) Sheet visibility 选项

主要对工作区内的电路图形、电路显示参数进行设置，如图 6.22 所示。

图 6.22　Properties 对话框

① Component 栏目：设置是否显示各项电路参数，部分选项含义如下：

Labels：显示元器件的标识文字。

Initial conditions：显示初始化条件。

Tolerance：显示公差。

Attributes：显示元器件的属性。

Symbol pin names：显示元器件的符号引脚名称。

Footprint pin names：显示元器件的封装引脚名称。

② Net names：设置是否显示网络名称参数。

Show all：全部显示。显示包括节点、编号等参数的电路原理图的所有参数。

Use net-specific setting：使用特殊设置。

Hide all：全部隐藏。

③ Connectors：是否显示连接器。

On-page names：在页名称。

Global names：全局名称。

Hierarchical names：层次化名称。

Off-page names：离页名称。

④ Bus entry：设置总线的相关参数。

Labels：显示总线的标识文字。

Bus entry net names：显示总线入口网络名称。

Save as default：将用户设置作为默认设置。

（2）Colors 选项

决定电路显示的颜色，如图 6.23 所示。

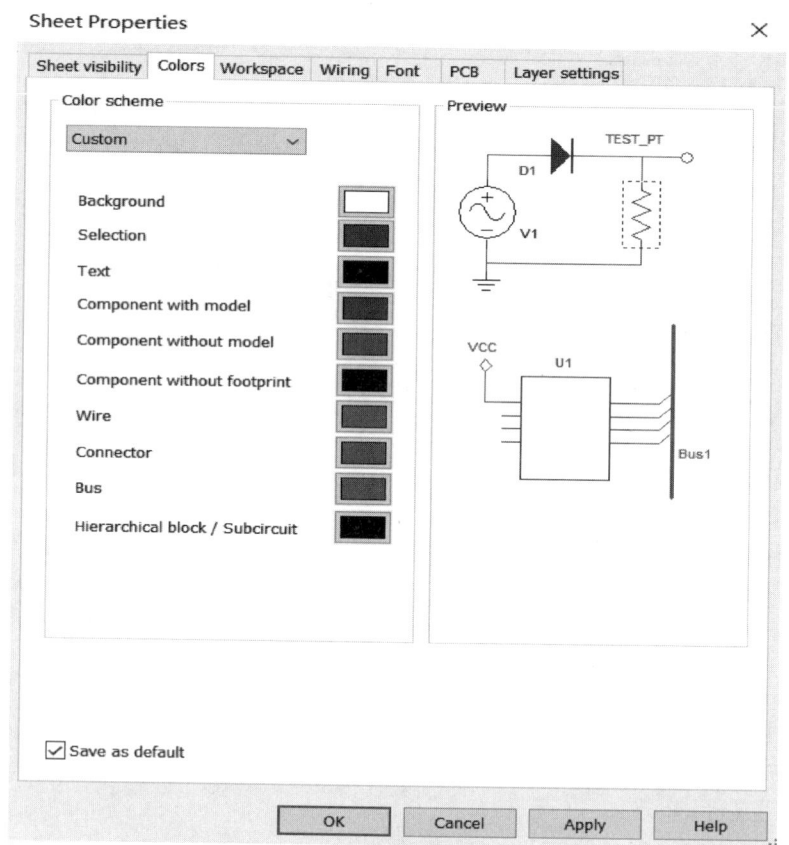

图 6.23　Colors 对话框

在 Color scheme 下拉列表框中可以选择预置的 5 种配色方案，其中的 Custom 为自行设置配色方案。

Background：选择电路工作区的背景。

Selection：选中元器件的颜色。

Text：选择文本颜色。

Component with model：选择有模型元器件的颜色。

Component without model：选择无模型元器件的颜色。

Component without footprint：选择无封装元器件的颜色。

Wire：选择导线的颜色。

Connector：选择连接器的颜色。

Bus：选择总线的颜色。

Hierarchical block/Subcircuit：选择层次块/支电路的颜色。

(3) Workspace 选项

对电路工作区图纸进行设置,如图 6.24 所示。

图 6.24　Workspace 对话框

① Show 栏目:实现对电路工作区显示方式的控制,其左半部是预览窗口,右半部是选项栏,包含有 Show grid(显示栅格)、Show page bounds(显示页面边界)、Show border(显示边界)3 个选项。

② Sheet size 栏目:实现图纸大小和方向的设置,通过其右半部 Custom size 项下的 Width(宽度)和 Height(高度)栏可以自定义图纸尺寸。单位可选择 Inches(英寸)或 Centimeters(厘米)。

③ Orientation 栏目:设置图纸方向,Portrait 为纵向,Landscape 为横向。

(4) Wiring 选项

对导线的宽度与自动连线的方式进行设置,如图 6.25 所示。

① Wire width 栏目:设置导线的宽度,左边是预览窗口,右边栏内可输入 1~15 之间的整数,数值越大导线越宽。

② Bus width 栏目:设置总线的宽度。

(5) Font 选项

对字体进行设置,如图 6.26 所示。

图 6.25 Wiring 对话框

图 6.26 Font 对话框

① Font 栏目：选择字体。
② Font Style 栏目：选择字形。
③ Size 栏目：选择字号。
④ Alignment：选择对齐方式。
⑤ Preview：预览显示设定的字体。
⑥ Apply to 栏目：选择字体的应用范围，有以下两种选择。
Selection：应用于选取的项目。
Entire sheet：应用于整个电路。
⑦ Change all 栏目：选择字体应用的项目，有以下几种项目选择。
Component RefDes：选择的字体应用于元器件编号。
Component values and labels：选择的字体应用于元器件数值和标识。
Component attributes：选择的字体应用于元器件属性。
Footprint pin names：选择的字体应用于引脚名称。
Symbol pin names：选择的字体应用于符号引脚名。
Net names：选择的字体应用于网络表名称。
Schematic text：选择的字体应用于原理图文本。
Circuit parameter legend：选择的字体应用于电路参数说明。
Comments and probes：选择的字体应用于注释与探针。
Bus line name：选择的字体应用于总线线路名称。

(6) PCB 选项

进行与 PCB 文件相关的设置，如图 6.27 所示。

图 6.27　PCB 对话框

① Ground option 栏目：接地选择。若选中 Connect digital ground to analog ground 表明在 PCB 电路中将数字地与模拟地相连。

② Unit settings：设置输出 PCB 文件的尺寸大小的单位。

③ Copper layers：设置印制板的层数。

④ PCB settings：PCB 设置，Pin swap 和 Gate swap 分别表示引脚替换、门替换。

(7) Layer settings(图层设置)

Layer settings 图省略。

① Fixed layers：固定层属性。

② Custom layers：添加定制层。

(8) Components 选项

对元器件的符号标准及选择元器件的操作模式等进行设置，选择菜单 Options 下的 Global Options 命令，单击 Components 选项，出现如图 6.28 所示的 Components 对话框。

图 6.28　Components 对话框

① Place component mode 栏目：选择放置元器件的方式。

Return to Component Browser after placement：布局完成返回元器件库。

Place single component：从库里取出元器件，只能放置一次。

Continuous placement for multi-section component only(ESC to quit)：表明一个封装里有多个元器件(如一个 74LS86 包含 4 个异或门)，可以连续放置元器件，按 Esc 键结束放置。

Continuous placement(ESC to quit)：从库里取出元器件，可以连续放置，按 Esc 键结

束放置。

② Symbol standard 栏目：选择元器件的符号标准，有以下两种符号标准可以选择。

ANSI Y32.2：美国标准元件符号，本章仿真电路均采用此标准。

IEC 60617：国际标准元件符号。

③ View 栏目：制图视图设置。

Show line to component when moving its text：移动文本时显示通往元器件的线路。

Show line to original location when moving parts：移动零件时显示通往原位置的线路。

6.1.4 Multisim 14 常用仪器仪表的使用

1）数字万用表

数字万用表(Multimeter)可以测量交(直)流电压、电流、电阻以及电路中两测试点之间的分贝损失。图 6.29 表示数字万用表的图标、面板和参数设置对话框。

图 6.29 数字万用表的图标、面板和参数设置对话框

如图 6.29 所示的万用表面板从上到下各部分功能如下：

(1) 显示栏：显示测量数值。

(2) 挡位选择：依次对应为电流挡、电压挡、电阻挡、分贝挡。

(3) 交直流选择：依次对应为交流、直流。

(4) 参数设置：单击 Set 按钮，打开万用表的参数设置对话框(Multimeter Settings)，如图 6.29 所示，可设置数字万用表内部的电流表内阻、电压表内阻、欧姆表电流及测量范围等参数。

2）函数信号发生器

函数信号发生器(Function Generator)可以提供正弦波、三角波、方波三种电压信号，可调节的参数有频率、占空比、幅值、直流电平偏置等。函数信号发生器图标和面板分别如

图 6.30 所示。

图 6.30 函数信号发生器图标和面板　　　图 6.31 瓦特表图标和面板

函数信号发生器图标上有正端、负端和公共端 3 个接线端子,其中正端表示输出信号对公共端向外输出正向信号,负端表示输出信号对公共端向外输出负向信号,公共端提供了输出信号的参考电平,使用中一般应接地。

函数信号发生器面板上各测试选择功能如下。

（1）Waveforms(信号选择)：依次为正弦波、三角波、方波。

（2）Frequency(信号频率)：调节范围为(1 fHz～1000 THz)。

（3）Duty cycle(信号占空比)：调节范围为(1%～99%),仅对三角波和方波有效。

（4）Amplitude(信号幅度)：调节范围为(1 fVp～1000 TVp)。

（5）Offset(电压偏置)：表示在输出的信号上叠加一个直流分量,调节范围为(-1 000 TV～+1 000 TV)。

（6）Set rise/Fall time 按钮：设置方波的上升和下降时间,仅对方波有效。

3）瓦特表

瓦特表(Wattmeter)用来测量电路的交流或者直流功率,瓦特表图标和面板如图 6.31 所示。

瓦特表有 4 个接线端子：电压输入端正极、电压输入端负极、电流输入端正极、电流输入端负极,其中电压输入端与测量电路并联,电流输入端与测量电路串联。

瓦特表面板上分别显示被测电路的功率和功率因数(Power factor)。

4）双通道示波器

Multisim 14 提供的双通道示波器(Oscilloscope)外观及操作与实际的示波器基本相同,可同时显示两路信号的幅度和频率变化,并可以分析周期信号大小、频率值以及比较两个信号的波形。双通道示波器的图标和面板如图 6.32 所示。

双通道示波器的图标有 6 个接线端子,分别是 A 输入通道的正负端、B 输入通道的正负端、外触发信号的正负端。如测量电路中某节点与地之间的波形,只需将 A 或 B 通道的正端与该节点相连接;如测量电路中某个元件两端的波形,只需将 A 或 B 通道的正负端与该元件两端相连接。

6 电子电路仿真及设计

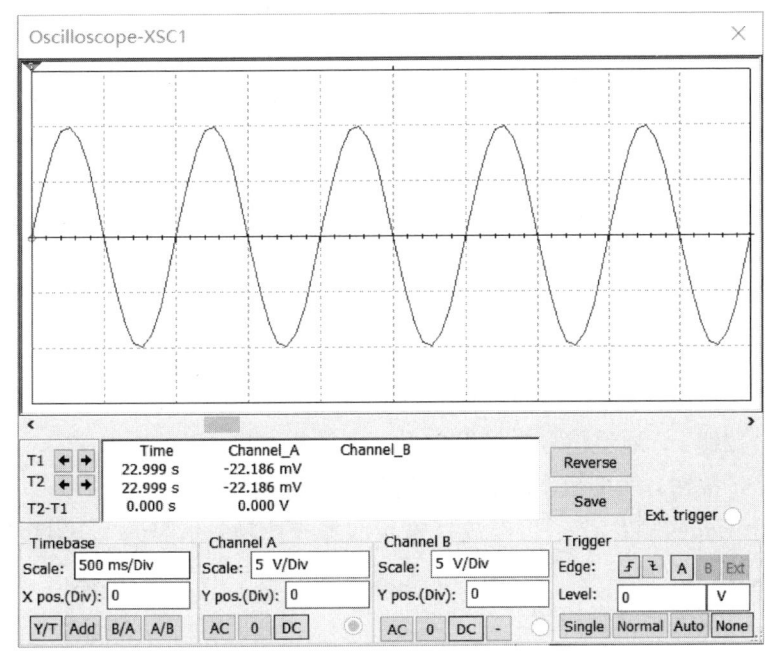

图 6.32 双通道示波器图标和面板

示波器面板各个按键的作用及参数的设置方法说明如下:

(1) Timebase(时基控制)

① Scale(时间标尺):设置 X 轴刻度显示波形时的时间基准,调节范围为 1 fs/Div～1 000 Ts/Div。

② X position(X 轴位置控制):设置 X 轴的起始点,调节范围为 $-5\sim+5$,正值使起始点右移,负值使起始点左移,将其调为 0 时信号从示波器屏幕的左边缘开始显示。

③ 显示方式选择:共有以下 4 种显示方式。

Y/T(幅度/时间)方式:表示 X 轴显示时间,Y 轴显示电压值(此方式为默认方式)。

Add(叠加)方式:表示 X 轴显示时间,Y 轴显示 A 通道和 B 通道的输入信号之和。

B/A(B 通道/A 通道)方式:表示 X 轴显示 A 通道信号,Y 轴显示 B 通道信号。X 轴与 Y 轴都显示电压值。

A/B 方式与 B/A 方式相反。

(2) Channel A(输入通道 A)/Channel B(输入通道 B)

① Scale(Y 轴刻度):设置 Y 轴电压刻度,调节范围为 1 fV/Div～1 000 TV/Div。

② Y position(Y 轴位置控制):设置 Y 轴的起始点,调节范围为 $-99\sim+99$,起始点为正值表示 Y 轴原点位置向上移,否则向下移,起始点为 0 表示 Y 轴的起始点在示波器屏幕中线。

③ 耦合方式:选择信号输入的耦合方式,有以下 3 种耦合方式。

AC 耦合:仅显示信号的交流分量。

0 耦合:输入端接地,在 Y 轴设置的原点位置显示一条水平直线。

DC 耦合：信号中的交流和直流分量全部显示。

(3) Trigger(触发控制)

① 触发方式选择：触发方式主要用来设置 X 轴的触发信号、触发电平及触发边沿等，有以下几种触发方式。

Single(单脉冲触发)：单次触发方式。

Normal(一般脉冲触发)：普通触发方式。

Auto(自动)：自动触发,示波器通常采用该方式。

None：无触发脉冲。

② 触发源选择：包括 A、B 和 Ext(外触发)3 个按钮。

A 按钮：A 通道信号为触发信号。

B 按钮：B 通道信号为触发信号。

Ext 按钮：外接触发端的输入信号为触发信号。

③ Edge(触发沿)：可以选择输入信号或外触发信号的上升沿或下降沿触发采样。

④ Level(触发电平)：用来预先设置触发电平的大小,默认值为 0 V。

(4) 示波器其他设置

① 波形参数测量：可以通过拖动示波器屏幕上红色指针 1 和蓝色指针 2 的位置来精确读取波形数值。在示波器屏幕下方的方框内,将显示指针 1 和指针 2 所对应波形的时间和电压,以及指针 1 和指针 2 之间的时间、电压的差值。

② 背景颜色控制和波形存储：单击示波器屏幕右侧的 Reverse 按钮可改变波形显示区的背景颜色,单击示波器屏幕右侧的 Save 按钮可按 ASCII 码格式存储波形数据。

5) 四通道示波器

四通道示波器(Four channel oscilloscope)可同时测量 4 路通道的信号,其使用方法和参数调整方式与双通道示波器几乎完全一样,只是多了一个通道控制器旋钮,只有当该旋钮拨到某个通道位置时,才能对该通道的 Y 轴参数进行调整和设置。四通道示波器图标和面板如图 6.33 所示。

6) 波特图仪

波特图仪(Bode Plotter)类似于实验室的扫频仪,用于分析电路的幅度频率特性和相位频率特性,可测量输入与输出信号的幅度比、相位差。波特图仪图标和面板如图 6.34 所示。

波特图仪的图标上有 IN 和 OUT 两对端口,其中 IN 端口的"＋"端和"－"端分别接电路输入端的正端和负端,OUT 端口的"＋"端和"－"端分别接电路输出端的正端和负端。此外在使用波特图仪时,必须在电路的输入端接入 AC(交流)信号源,但对其信号参数的设定并无特殊要求,频率测量的范围由波特图仪的参数设置决定。

波特图仪面板各个按键的作用及参数的设置方法说明如下。

(1) Mode(方式选择)：Magnitude(幅值)按钮显示幅频特性,Phase(相位)按钮显示相频特性。

(2) Horizontal(横轴)/Vertical(纵轴)：Log(对数)按钮为分贝刻度,Lin(线性)按钮为线性刻度；F 表示最终值,I 表示初始值。

图 6.33　四通道示波器图标和面板

图 6.34　波特图仪图标和面板

（3）Controls(控制)：Reverse 按钮和 Save 按钮的功能与示波器的两个按钮的功能相同。单击 Set... 按钮，在打开的参数设置对话框中可以设置扫描点数(分辨率)。

（4）数值读取：可使用鼠标拖动波特图仪屏幕上的读数指针，或者单击左右箭头按钮来移动读数指针，则读数指针处的横轴数据和纵轴数据会显示在波特图仪下部的读数框中。

7）频率计

频率计(Frequency Counter)主要用来测量信号的频率、周期、相位等参数，频率计图标和面板如图 6.35 所示。

图 6.35 频率计图标和面板

频率计的图标上只有一个接线端子，用来连接电路的输出信号。

频率计面板各个按键的作用及参数的设置方法说明如下：

(1) Measurement(测量)：选择测量参数，有以下 4 个按钮。

① Freq：测量频率。

② Period：测量周期。

③ Pulse(脉冲)：测量正脉冲和负脉冲的持续时间。

④ Rise/Fall(上升/下降)：测量脉冲的上升和下降时间。

(2) Sensitivity(灵敏度)：设置灵敏度值。

(3) Trigger level(触发电平)：设置触发电平值，输入信号必须大于触发电平。

8) 字信号发生器

字信号发生器(Word generator)是一个通用的数字激励源编辑器，可产生 32 路同步逻辑信号，可用于数字电路的测试。字信号发生器图标和面板如图 6.36 所示。

字信号发生器图标左侧和右侧各有 16 个端子，表示有 32 路信号输出，每一个端子均可连入数字电路的一个输入端，R 端为数据准备端，T 端为外触发信号端。

字信号发生器面板各个按键的作用及参数的设置方法说明如下：

(1) Controls(控制方式)

① Cycle(循环)：字信号在初始值与终止值间循环不断地输出。

② Burst(单帧)：字信号从地址初值到终值只完成一个周期的字符输出。

③ Step(单步)：单击该按钮一次只输出一组字信号。

④ Reset(复位)：重新设置，返回默认参数。

⑤ Set...：单击该按钮，将弹出如图 6.37 所示的对话框。

(2) Display(显示形式)：包括 Hex(十六进制)、Dec(十进制)、Binary(二进制)和 ASCII 码 4 种显示形式。

图 6.36 字信号发生器图标和面板

图 6.37 字信号参数设置对话框

(3) Trigger(触发):字信号发生器的触发信号可以选择 Internal(内部触发)或 External(外部触发),触发方式可以选择上升沿触发或下降沿触发。

(4) Frequency(频率):设置字信号发生器的频率。

按图 6.38 所示连接电路,打开字信号发生器面板,在字信号编辑区将首地址和终地址分别设置为 8 位 16 进制的 0 到 9,编码方式选择"Up counter",打开仿真开关,数码管将循环显示数字 0 到 9。

图 6.38 字信号发生器仿真电路

9) 逻辑分析仪

逻辑分析仪(Logic Analyzer)主要用于数字信号的高速采集和时序分析,可同步记录和显示 16 路逻辑信号,分析输出波形。逻辑分析仪图标和面板如图 6.39 所示。

图 6.39 逻辑分析仪图标和面板

逻辑分析仪图标左侧为 16 路信号输入端,C 端为外接时钟端,Q 端为时钟控制输入端,T 端为触发控制输入端。

逻辑分析仪面板分为上下两个部分。上半部分为波形显示区,其顶部是时间坐标,如果某路输入端有被测信号,面板左侧该路小圆圈内会出现一个黑圆点。Clock_Int 表示标准的参考时钟信号;下半部分是控制窗口,包括 Stop(停止)、Reset(复位)、Reverse(背景反色)、Clock(时钟设置)和 Trigger(触发设置)。逻辑分析仪面板下方有一个小窗口,显示指针 1(T1)和指针 2(T2)处的时间值及逻辑读数(4 位 16 进制数)以及两个指针之间(T2－T1)的时间差。

(1) Clock(时钟设置):该区域内的 Clocks/Div 栏用来设置每个水平刻度显示的时钟脉冲个数。单击 Set... 按钮,将弹出如图 6.40 所示对话框。

① Clock source(时钟源):External 为外部时钟,Internal 为内部时钟。

② Clock rate(时钟频率):设置时钟脉冲的频率。

③ Sampling setting(采样点设置):Pre-trigger samples 栏设置触发前采样点数,Post-trigger samples 栏设置触发后采样点数,Threshold voltage(V)栏设置门限电压。

图 6.40　时钟设置对话框

图 6.41　触发设置对话框

(2) Trigger(触发设置):单击该区域内的 Set 按钮,将弹出如图 6.41 所示对话框。

① Trigger clock edge(触发边沿):包括 Positive(上升沿触发)、Negative(下降沿触发)和 Both(升降沿皆可触发)3 个选项。

② Trigger patterns(触发模式):可以用 3 个触发字 A、B、C 来定义触发限制和触发模式,在 Trigger combinations(触发组合)栏内有 21 种触发组合可供选择。

③ Trigger qualifier(触发限定字):对触发限定字的设定,包括 0、1、X(只要有信号,分析仪就采样)三个选项。

按图 6.42 所示连接电路,设置字信号发生器的首地址和终地址分别为 8 位 16 进制的 0 到 3,编码方式选择"Up counter",频率为 10 kHz,打开仿真开关,仿真结果如图 6.39 所示。

图 6.42 逻辑分析仪仿真电路

10) 逻辑转换仪

逻辑转换仪(Logic converter)是 Multisim 软件提供的特有的虚拟仪器,现实中并不存在与之对应的仪器,是数字电路中一个非常实用的测试仪器。它可用来完成真值表、逻辑表示式和逻辑电路三者之间的相互转换。逻辑转换仪的图标和面板如图 6.43 所示。

图 6.43 逻辑转换仪的图标和面板

逻辑转换仪图标中有 9 个端子。其中左边 8 个端子是输入端子,连接待分析逻辑电路的输入信号,最右边的一个端子为输出端子,连接待分析逻辑电路的输出信号。

逻辑转换仪面板左侧是真值表显示窗口,面板底部是逻辑表达式显示栏,面板右侧的 Conversions(转换方式选择)提供了以下 6 种转换功能。

(1) ![按钮] 按钮:将逻辑电路转换为真值表。首先画出逻辑电路图,然后将电路输入端和输出端分别连接至逻辑转换仪的输入端和输出端,单击该按钮,在真值表显示窗口即可看到该电路的真值表。

(2) ![按钮1] 按钮：将真值表转换为逻辑表达式。首先根据输入信号的个数用鼠标单击逻辑转换仪面板顶部代表输入端的小圆圈，选定输入信号（由 A～H），此时真值表显示窗口自动出现输入信号的所有组合，再根据实际的逻辑关系修改真值表的输出值，然后单击该按钮，在面板底部的逻辑表达式显示栏内即出现相应的逻辑表达式。

(3) ![按钮2] 按钮：将真值表转换为最简逻辑表达式。

(4) ![按钮3] 按钮：将逻辑表达式转换为真值表。

(5) ![按钮4] 按钮：将逻辑表达式转换为逻辑电路。

(6) ![按钮5] 按钮：将逻辑表达式转换为由与非门构成的逻辑电路。

建立如图 6.44 所示电路，打开逻辑转换仪面板，选择 ![按钮6] 按钮，可得到如图 6.45 所示的真值表。

11) 伏安特性分析仪

伏安特性分析仪（IV Analyzer）相当于实验室的晶体管图示仪，专门用来分析晶体管的伏安特性曲线，如二极管、三极管和 MOS 管等器件。只有将待测晶体管与连接电路完全断开，才能进行伏安特性分析仪的连接和测试。伏安特性分析仪图标和面板如图 6.46 所示。

图 6.44 逻辑转换仪仿真电路

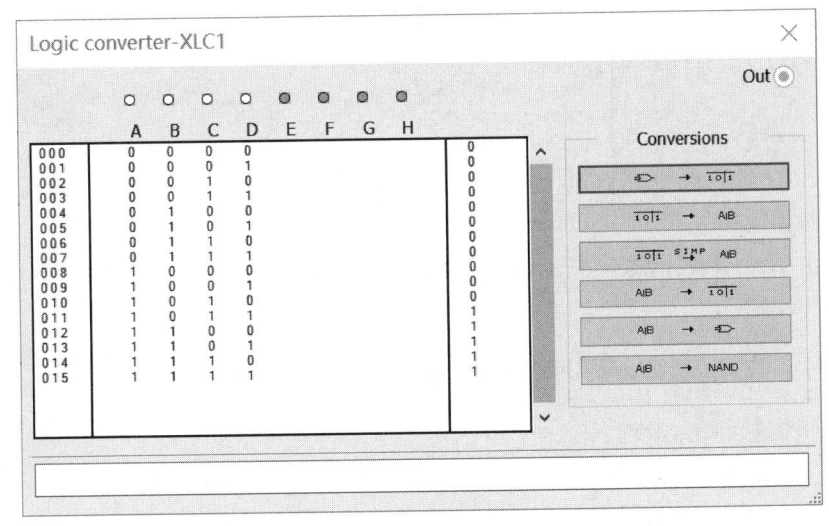

图 6.45 真值表

伏安特性分析仪图标通过 3 个接线端子实现与晶体管的连接。其面板左侧是伏安特性曲线显示窗口，右侧是测试功能选择。

图 6.46 伏安特性分析仪的图标和面板

（1）Components（元器件）：选择所测量的元器件类型，包括二极管、PNP 型三极管、NPN 型三极管、P 沟道 MOS 管、N 沟道 MOS 管，选定一种元器件后，在面板右下方会出现对应的接线方法。

（2）Current range（A）/Voltage range（V）：分别实现电流范围和电压范围的设置，F 栏、I 栏分别表示终止值与初始值，坐标有 Log（对数）和 Lin（线性）两种显示方式。

6.2 Multisim 14 仿真及设计实验实例

6.2.1 RLC 串联谐振

1）实验要求

（1）建立 RLC 串联电路，并测量该电路的谐振频率及谐振阻抗，观察谐振时电路的总电压与电流的相位关系。

（2）测量 RLC 串联谐振电路的带宽、品质因数，分析电阻对品质因数的影响。

2）电路基本原理

（1）如图 6.47 所示，RLC 串联谐振电路的阻抗为：$Z=R+\mathrm{j}\omega L+\dfrac{1}{\mathrm{j}\omega C}=R+\mathrm{j}X$，当 $X=0$ 时，电路处于谐振状态，此时：

$$\omega L = \frac{1}{\omega C}$$

可得 $f_0 = \dfrac{1}{2\pi\sqrt{LC}}$，若已知 $R=100\,\Omega$，$C=1\,\mu\mathrm{F}$，$L=100\,\mathrm{mH}$，则 $f_0 \approx 503\,\mathrm{Hz}$，谐振时电路阻抗 $Z=R=100\,\Omega$。

图 6.47 RLC 串联谐振电路

(2) 串联谐振电路的品质因数 $Q = \dfrac{\omega_0 L}{R} = 3.16$。

3) Multisim 14 仿真分析

(1) 建立如图 6.48 所示的 RLC 串联谐振测试电路,函数信号发生器的输出为正弦波,幅值为 10 V。分别按表 6.1 中的频率值设定函数信号发生器的频率,并激活电路进行测试,将所测函数信号发生器的电压 U_1、电阻两端的电压 U_2、电路中的电流 I 填入表 6.1,并计算电路阻抗的模。

图 6.48 RLC 串联谐振测试电路

表 6.1 串联谐振电路实验数据

函数信号发生器		$U_1(V)$	$U_2(V)$	$I(mA)$	$Z(\Omega)$
幅值(V)	频率(Hz)				
10	100	7.071	0.462	4.616	1 531.8
10	200	7.071	1.044	10	707.1
10	300	7.071	1.984	20	353.6
10	400	7.071	3.986	40	176.8
10	430	7.071	5.002	50	141.4
10	503	7.071	7.071	71	99.6
10	589	7.071	5.001	50	141.4
10	600	7.071	4.714	47	150.4
10	700	7.071	3.01	30	235.7
10	800	7.071	2.21	22	321.4
10	900	7.071	1.761	18	392.8
10	1 000	7.071	1.473	15	471.4

(2) 由表 6.1 中的数据以及从示波器面板所得 U_1、U_2 电压波形可以看出，当 $f=f_0=503$ Hz 时，电路处于谐振状态，U_2 达到最大值并与 U_1 相等，此时电路中的电流 I 和总电压 U_1 同相。

在 f_0 两侧可以找到当 $U_2=0.707U_{2\max}$ 点的频率 $f_1=430$ Hz、$f_2=589$ Hz，则可计算电路带宽 $BW=f_2-f_1=589-430=159$（Hz），$Q=503/159=3.16$。所测参数与理论值一致。

(3) 双击电路中波特图仪的面板，可得到被分析节点（节点3）的幅频响应如图 6.49 所示，谐振频率为 501 Hz，与理论计算值及上述仿真接近；同时可测得 f_L 为 430 Hz，f_H 为 589 Hz，由此可计算得到电路的带宽 BW 为 159 Hz，与上述仿真结果相同。

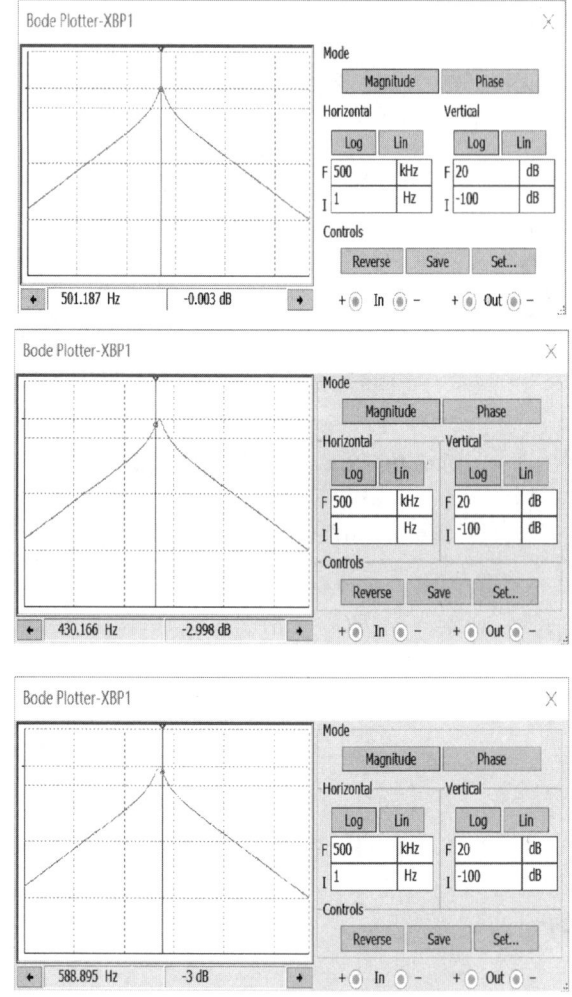

图 6.49　RLC 串联谐振电路的幅频响应

(4) 电阻 R 对品质因数 Q 的影响

参数扫描分析用来研究电路中某个元件的参数对电路性能的影响。以图 6.48 中电阻 R_1 为参数扫描分析元件，分析其阻值变化对电路品质因数 Q 的影响。

在菜单栏中依次执行 Simulate/Analyses and Simulation/Parameter Sweep(参数扫描)命令,在参数扫描分析对话框中,设置扫描方式为 Linear(线性扫描),设置分析种类为 AC Sweep(交流扫描),将 R_1 扫描时电阻值分别设置为 100 Ω、400 Ω,设置输出节点为 3,可得到如图 6.50 所示的参数扫描分析结果。

图 6.50　电阻 R 对品质因数 Q 的影响

从分析结果可以看出,当电阻 R_1 的阻值减小时,电路的品质因数变大,电路的选频作用更加明显。

6.2.2　一阶、二阶电路的暂态响应

1) 实验要求

(1) 建立一阶 RC 电路,观察一阶 RC 电路的零输入响应、零状态响应和全响应的变化规律和特点。

(2) 掌握一阶 RC 电路近似构成微分电路或积分电路的条件,并观察微分电路、积分电路的输入、输出波形。

(3) 建立二阶 RLC 串联电路,观测二阶电路在不同类型下的状态轨迹,分析电路参数对响应波形的影响。

2) 电路基本原理

通常称包含 L、C 的电路为动态电路。用微分方程描述动态电路,电路的阶数决定微分方程的阶数。

(1) 一阶 RC 电路

含有一个储能元件和电阻的电路称为一阶电路,分为有 RC、RL 两种电路。下面以一阶 RC 电路为例进行分析。

① 图 6.51 中,首先将开关 S_1 置于 1 位置,使电路处于零状态,在 $t=0$ 时刻将开关由 1 扳向 2,电路对激励 u_S

图 6.51　一阶 RC 电路

的响应为零状态响应：$u_C(t)=u_S(1-e^{-t/RC})$，这一暂态过程为电容充电的过程；若首先将开关 S_1 置于 2 位置，使电路处于稳定状态，在 $t=0$ 时刻将开关由 2 扳向 1，电路为零输入响应：$u_C(t)=u_S e^{-t/RC}$，这一暂态过程为电容放电的过程。

动态电路的零状态响应和零输入响应之和称为全响应。

② RC 电路充、放电的时间常数 τ 可以从示波器观察的响应波形计算得出。设时间坐标单位确定，对于充电曲线，幅值由零上升到终值的 63.2% 所需的时间为时间常数 τ。对于放电曲线，幅值下降到初值的 36.8% 所需的时间同为时间常数 τ。

③ 一阶 RC 动态电路在方波激励下，可以近似构成微分电路或积分电路。当时间常数 $\tau(\tau=RC)$ 远远小于激励方波周期 T 时，如图 6.52(a) 所示电路为微分电路，输出电压 $u_o(t)$ 与方波激励 u_S 的微分近似成比例。当时间常数 $\tau(\tau=RC)$ 远远大于激励方波周期 T 时，如图 6.52(b) 所示电路为积分电路，输出电压 $u_o(t)$ 与方波激励 u_S 的积分近似成比例。

图 6.52 微分电路、积分电路

(2) RLC 二阶电路

用二阶微分方程描述的动态电路称为二阶电路，二阶电路的组合形式较多，如图 6.53 所示，以 RLC 串联电路为例进行分析，研究在方波激励时，二阶电路的响应动态过程。

对于 RLC 串联电路构成的二阶电路，无论是零状态响应，还是零输入响应，电路瞬态过程的性质，完全由特征方程的特征根来决定。

图 6.53 RLC 二阶电路

① 当 $R>2\sqrt{L/C}$ 时，为过阻尼情况，响应为非振荡型。

② 当 $R=2\sqrt{L/C}$ 时，为临界阻尼情况，响应处于振荡与非振荡之间，为临界振荡型。

③ 当 $R<2\sqrt{L/C}$ 时，为欠阻尼情况，响应将出现减幅振荡，为振荡型。

④ 当 $R=0$ 时，电路动态过程性质为等幅振荡，即无阻尼情况。

⑤ 当 $R<0$，电路动态过程性质为发散振荡，即负阻尼情况。

在一般电路中，总存在一定的电阻，只有接入特殊器件（负电阻），方可实现无阻尼和负阻尼情况。

3) Multisim 14 仿真分析

(1) 建立如图 6.54(a) 所示的一阶 RC 测试电路。设定延时开关 S_1 的参数：Time On 为 0.2 ms，Time Off 为 0.6 ms。

① 打开仿真开关，通过示波器观察到电容两端电压的波形如图 6.54(b) 所示。

(a)　　　　　　　　　　　　　(b)

图 6.54　一阶 RC 电路及电容两端电压波形

由理论计算得：当 $t=\tau$ 时，$U_C=5\times0.632=3.16(\text{V})$，从图 6.54(b)中的曲线找到其对应的时间为 $105~\mu\text{s}$，所以 $\tau=0.105~\text{ms}$。理论计算值 $\tau=RC=0.1~\text{ms}$。

② 建立如图 6.55(a)所示电路，函数信号发生器输出设置为方波，频率为 $100~\text{Hz}$，幅值为 $5~\text{V}$。因 $\tau=0.01T$，远远小于激励方波周期 T，所以此时一阶 RC 电路构成微分电路。

（a）　　　　　　　　　　　　　(b)

图 6.55　微分电路及输出电压波形

打开仿真开关，通过示波器观察电路的输出电压波形如图 6.55(b)所示。从图 6.55(b)可看出，利用微分电路可以实现从方波到尖脉冲波形的转变。

③ 建立如图 6.56(a)所示电路，函数信号发生器输出设置为方波，频率为 $50~\text{kHz}$，幅值为 $5~\text{V}$。因 $\tau=5T$，所以此时一阶 RC 电路构成积分电路。

打开仿真开关，通过示波器观察电路的输入、输出电压波形如图 6.56(b)所示。从图 6.56(b)可看出，利用积分电路可以实现从方波到三角波的转变。

(a)　　　　　　　　　　　(b)

图 6.56　积分电路及输入、输出电压波形

(2) 建立如图 6.57 所示的 RLC 二阶电路。因为示波器只能显示电压波形，为观测 $i_L(t)$ 的响应波形，需要将电流分量转换成电压分量，为此在电路中串联一个很小的电阻 R_0（电流取样电阻），将示波器接到电阻端，此时显示的即是 i_L 的波形。

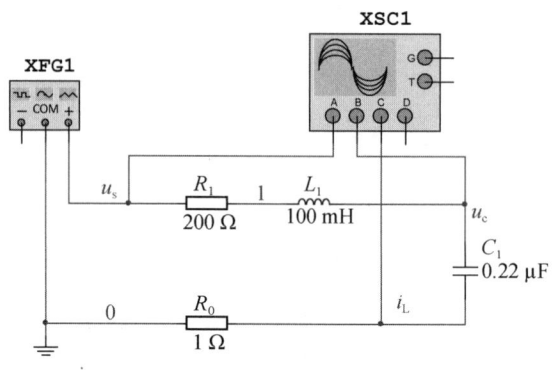

图 6.57　RLC 二阶电路

① 观察二阶电路的响应波形 $u_C(t)$、$i_L(t)$

设置函数信号发生器的输出频率为 125 Hz、占空比为 50%、输入信号为幅值 4 V 的方波信号。电路的输入波形 $u_S(t)$ 和响应波形 $u_C(t)$、$i_L(t)$ 如图 6.58 所示。

② 分析电阻 R 对电路响应波形的影响

在菜单栏中依次执行 Simulate、Analyses and Simulation、Parameter Sweep（参数扫描）命令，设置扫描方式为 List（取列表值扫描），设置 R 扫描时的不同电阻值为 0、200 Ω、1.2 kΩ、3 kΩ，设置分析种类为 Transient（瞬态），将终止分析时间设置为 8 ms，时间步长设为 1 000，设置输出节点为 u_S、u_C，可得到不同阻值时二阶电路的响应波形 $u_C(t)$，如图 6.59 所示。

图 6.58 $u_S(t)$、$u_C(t)$、$i_L(t)$ 波形

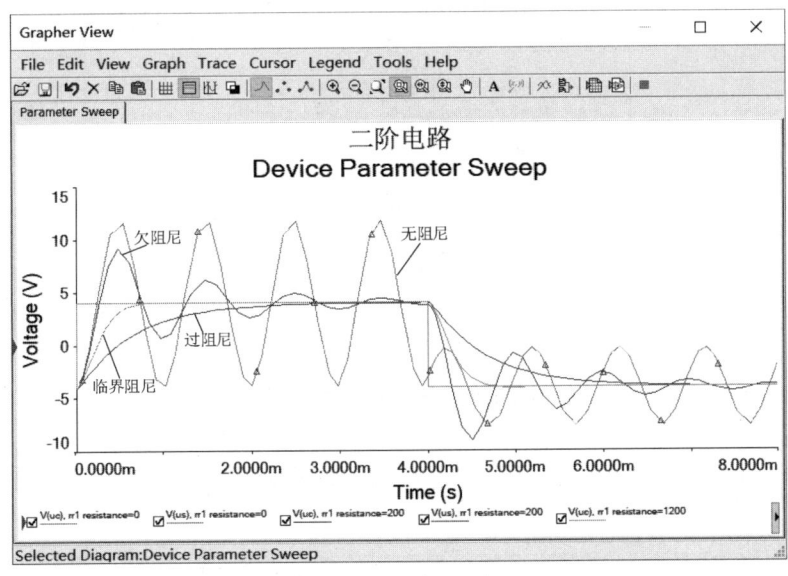

图 6.59 不同阻值时二阶电路的响应波形 $u_C(t)$

从图 6.59 的分析结果可以看出,在如图 6.57 所示二阶电路中,当 $R=0$ 时为无阻尼状态,响应将出现等幅振荡;当 $R=200\ \Omega$ 时为欠阻尼状态,响应为振幅按指数衰减的正弦振荡;当 $R=1.2\ \mathrm{k}\Omega$ 时为临界阻尼状态;当 $R=3\ \mathrm{k}\Omega$ 时为过阻尼状态。二阶电路各种状态的响应曲线如图 6.59 所示。

6.2.3　有源滤波器

1）实验要求

（1）掌握有源滤波器的种类、组成及工作原理。

（2）掌握各种滤波器截止频率的波特图仪测量方法。

（3）了解滤波器截止频率的其余测量方法及滤波器的设计方法。

2）Multisim14 仿真分析

滤波器是一种能够滤除不需要的频率分量，而保留有用频率分量的电路。按照所采用的器件不同，可以分为有源滤波器和无源滤波器。利用无源器件电阻、电感、电容和运算放大器可组成有源滤波器，其具有电压放大和输出缓冲作用；仅用无源器件电阻、电感和电容组成的滤波电路称为无源滤波器。按照滤除频率分量的范围来分，滤波器可分为低通滤波器、高通滤波器、带通滤波器和带阻滤波器四种，此处重点仿真四种有源滤波器。

（1）有源低通滤波器

低通滤波器是容许低于截止频率的信号通过，阻止高于截止频率的信号通过的滤波电路。如图 6.60 所示搭接好电路，然后进行仿真。

图 6.60　有源低通滤波器

当 $R_1=6.8$ kΩ，$C_1=1$ nF 时，该低通滤波器的截止频率为 23.4 kHz，其计算过程如下：

$$f_H = \frac{1}{2\pi R_1 C_1} = \frac{1}{2\times 3.14 \times 6.8 \times 10^3 \times 1 \times 10^{-9}} = 23.4 \text{ kHz}$$

如图 6.61 所示，仿真结果为 23.2 kHz，与理论计算结果相当。

（2）有源高通滤波器

高通滤波器是允许高于某一截止频率的信号通过，而使较低频率信号大大衰减的一种滤波器。如图 6.62 所示搭接好电路，然后进行仿真。

当 $R_1=15.8$ kΩ，$C_1=10$ nF 时，该高通滤波器的截止频率为 1.0 kHz，其计算过程如下。

图 6.61 有源低通滤波器仿真结果

图 6.62 有源高通滤波器

$$f_H = \frac{1}{2\pi R_1 C_1} = \frac{1}{2 \times 3.14 \times 15.8 \times 10^3 \times 10 \times 10^{-9}} = 1.008 \text{ kHz}$$

如图 6.63 所示,仿真结果为 1.0 kHz,与理论计算结果相当。

(3) 有源带通滤波器

带通滤波器是一个允许特定频段的信号通过,同时使其他频段信号不能通过的滤波电路。带通滤波器可以由低通滤波器和高通滤波器组成,低通滤波器电路的截止频率应大于高通滤波器电路的截止频率。此处带通滤波器由上述低通、高通滤波器组合而得。如图 6.64 搭接好电路,然后进行仿真。

图 6.63 有源高通滤波器仿真结果

图 6.64 有源带通滤波器

如图 6.65 所示,上、下限截止频率的仿真结果为 23.2 kHz、1.0 kHz,与上述低通、高通滤波器仿真/理论结果相当。

(4) 有源带阻滤波器

带阻滤波器是使一个特定频段的信号无法通过并且其他频段的信号可以通过的滤波电路。如图 6.66 所示搭接好电路,然后进行仿真。

由图 6.67 可知,高于下限截止频率(0.7 kHz)且低于上限截止频率(1.6 kHz)的频率分量无法通过此带阻滤波器;而由图 6.67 的最后一张图可知,其中心频率仿真结果为 1.1 kHz,并在此区间内。

6 电子电路仿真及设计

图 6.65 有源带通滤波器仿真结果

图 6.66 有源带阻滤波器

图 6.67　有源带阻滤波器仿真结果

除了用波特图仪测量各种滤波器的截止频率外,还可以用交流 Simulate/Analyses and Simulation/AC Sweep(交流扫描)分析命令进行测量。

掌握了四种滤波器的组成和工作原理,再通过仿真实例的学习,对滤波器有一定的了解后,可进行进一步的自主学习——设计滤波器。Multisim14 仿真软件提供了 Filter Wizard 功能,使得滤波器的设计变得更加简单、快捷。

6.2.4 二阶网络函数的模拟

1) 实验要求

(1) 建立二阶网络函数的电路模型,并观察比较电路的输入电压、输出电压波形。

(2) 观察二阶高通、带通、低通网络函数模拟电路的频率特性曲线。

2) Multisim 14 仿真分析

(1) 建立如图 6.68 所示二阶网络函数的电路模型,将函数信号发生器输出设置为频率为 1 kHz,幅值为 50 mV 的正弦波。

图 6.68 二阶网络函数测试电路

(2) 打开仿真开关,通过示波器分别观察 V_h、V_b、V_o 3 点的电压波形及其与输入电压的相位关系,并通过波特图仪观察这 3 点的幅频响应。

① V_h 点的幅频响应曲线如图 6.69 所示,其中左图为最高点测试结果(可把鼠标放在轴线上,点击右键,选择 Go to next Y MAX 得到);右图为下降了 3 dB 后的测试结果,由图可测出 V_h(高通函数)的 f_L 为 1.9 kHz 左右(可选择 Set Y value,设置 6.76 dB(9.76 dB−3 dB),进而得到对应的频率)。

② V_b 点的幅频响应曲线如图 6.70 所示,由图可测得 V_b(带通函数)的 f_L 为 2.1 kHz 左右,f_H 为 3.7 kHz 左右。

图 6.69　V_h 点的幅频响应

图 6.70　V_b 点的幅频响应

③ V_o 点的幅频响应曲线如图 6.71 所示，由图测得 V_o（低通函数）的 f_H 为 4.0 kHz 左右。

图 6.71 V_o 点的幅频响应

(3) 保持输入信号不变，改变 R_3、R_4 的数值，用示波器分别观察 V_h、V_b、V_o 3 点的电压波形及其与输入电压的相位关系。

(4) 保持输入信号大小不变，改变输入信号的频率为 2.5 kHz，同时保持 R_3、R_4 不变，通过示波器分别观察 V_h、V_b、V_o 3 点的电压波形及其与输入电压的相位关系，并同步骤(2)所测波形相比较。

步骤(2)中观察到的 U_i（输入电压）、V_b 的电压波形及相位关系如图 6.72 所示。从图 6.72 中的示波器面板测得 V_b 的幅值约为 35 mV。

图 6.72 U_i（输入电压）、V_b 的电压波形（输入信号频率为 1 kHz）

步骤(4)中观察到的 U_i(输入电压)、V_b 的电压波形及相位关系如图 6.73 所示。从图 6.73 中的示波器面板测得 V_b 的幅值约为 143 mV。

图 6.73　U_i(输入电压)、V_b 的电压波形(输入信号频率为 2.5 kHz)

3) 实验数据及结论

分析二阶高通、带通、低通网络函数的模拟电路的频率特性曲线。

6.2.5　共发射极放大电路

1) 实验要求

(1) 掌握 Multisim 14 常用分析方法的使用。

(2) 分析工作点稳定的共发射极放大电路性能指标。

2) Multisim 14 仿真分析

(1) 如图 6.74 所示,建立工作点稳定的共发射极放大电路。

将 NPN 型晶体管(2N2222A)的电流放大系数设置为 80,正弦波输入信号频率为 1 kHz、幅值为 10 mV,输入端电流表设置为交流模式。

(2) 静态工作点分析

直流工作点分析(又称静态工作点分析)是对电路进行进一步分析的基础,主要用来计算电路的静态工作点,此时电路中的交流电源将被置为零,电感短路,电容开路。进行静态工作点分析时需将电路的节点编号显示在电路图上,并需要选择待分析的节点(变量)。

在菜单栏中依次执行 Simulate、Analyses and Simulation、DC Operating Point(直流工作点)分析命令,将图 6.74 中的节点 3、4、5、I_B、I_C 设置为输出节点(变量),得出如图 6.75 所示的静态工作点分析结果,从图 6.75 中可读出各节点的电压值(相对于零电位)以及基极、集电极电流:

$U_B = 3.89$ V,$U_C = 8.79$ V,$U_E = 3.25$ V,$I_{BQ} = 17.2$ μA,$I_{CQ} = 1.3$ mA,并和理论计算值相比较。

6　电子电路仿真及设计

图 6.74　工作点稳定的共发射极放大电路

图 6.75　静态工作点分析结果

(3) 直流扫描分析

直流扫描(DC Sweep)分析是利用直流电源来分析电路中某一节点上的直流工作点的数值变化情况。直流扫描分析能够快速根据直流电源的变化范围确定电路的直流工作点,相当于每变动一次直流电源的数值,则对电路进行多次不同的仿真。

在菜单栏中依次执行 Simulate、Analyses and Simulation、DC Sweep(直流扫描)分析命令,选择 V_{CC} 为扫描的直流电源,设置开始扫描的电压值为 0 V,结束扫描的电压值为 20 V,选择图 6.74 中的节点 4 为输出节点(变量),得到图 6.76 所示的集电极电位随电源电

· 225 ·

压变化的直流扫描分析结果。

图 6.76　集电极电位直流扫描分析结果

(4) 交流扫描分析

交流扫描(AC Sweep)分析即分析电路的频率特性,是一种线性分析方法。交流频率分析是在分析电路直流工作点的基础上,对各个非线性元件作线性化处理,得到线性化的交流小信号等效电路,最后得到电路的幅频特性和相频特性。在进行交流分析时,无论电路的输入端为何种信号输入,都将自动设置为正弦波信号。

在菜单栏中依次执行 Simulate、Analyses and Simulation、AC Sweep(交流扫描)分析命令,可得到被分析节点(节点 6)的频率特性(幅频特性和相频特性)曲线,如图 6.77 所示。

图 6.77　交流分析结果

(5) 参数扫描分析

在菜单栏中依次执行 Simulate、Analyses and Simulation、Parameter Sweep(参数扫描)分析命令,在参数扫描分析对话框中,设置扫描方式为 List(取列表值扫描),设置 R_2 扫描时的3个不同电阻值为10 kΩ、20 kΩ、28 kΩ,可得到被分析节点(节点6)的参数扫描分析结果,如图6.78所示。从分析结果可以看出,当电阻R_2的阻值变化时,静态工作点发生变化,导致输出电压波形不同。

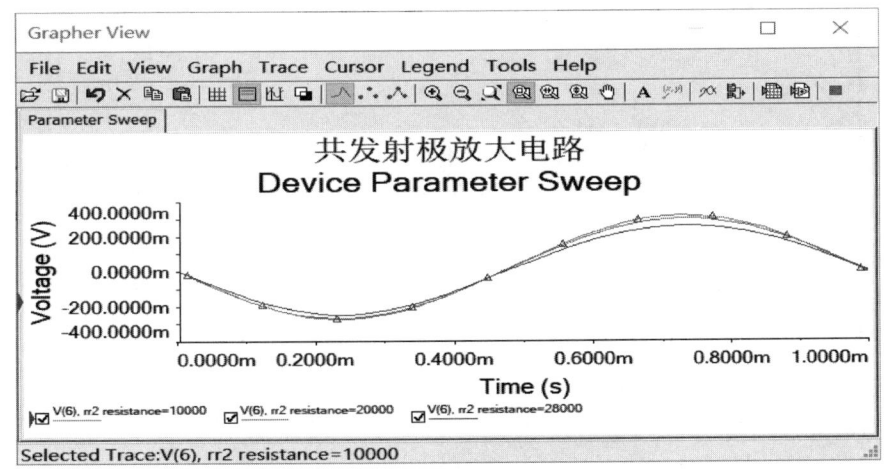

图6.78 参数扫描分析结果

(6) 温度扫描分析

温度扫描分析用来研究温度变化对电路性能的影响,相当于在不同的工作温度下进行多次仿真。

在菜单栏中依次执行Simulate、Analyses and Simulation、Temperature Sweep(温度扫描)分析命令,将弹出温度扫描分析对话框,设置扫描方式为List(取列表值扫描),选择扫描温度为0℃、27℃、120℃,可得到被分析节点(节点6)的温度扫描分析结果,如图6.79所示。从分析结果可以看出,随着温度升高,输出电压幅值减小,温度变化会影响电路的静态工作点。

图6.79 温度扫描分析结果

(7) 放大倍数分析

打开仿真开关,通过示波器观察电路的输入波形和输出波形,如图 6.80 所示。

图 6.80 共发射极放大电路输入波形和输出波形

从示波器面板上通过读数指针测得输出信号的幅值为 282 mV,输入信号的幅值为 5.8 mV,电压放大倍数 A_u 为 48.6。

另外一种解释(图略):如果注意到正负周期内的峰值 U_p 不同,通过对时间轴 T_1、T_2 的设置,可以得到输入和输出波形的 U_{P-P} 分别为 11.7 mV 和 578 mV,此时,计算电压放大倍数 A_u 为 49.4,与上述方法所得结果略有偏差。

将负载电阻 R_L 设为开路,适当调整示波器 B 通道参数,从示波器面板上测得空载时电路输出信号的幅值为 521 mV,空载电压放大倍数 A_u' 为 89.8。

(8) 输入电阻、输出电阻分析

通过仿真得到输入端电流表的读数约为 2.9 μA,而输入电压有效值约为 4.2 mV,所以输入电阻约为 $R_i = U_i/I_i = 1.4 \text{ k}\Omega$。

输出电阻 $R_o = (U_o' - U_o)R_L/U_o$,其中 U_o' 是负载电阻开路时的输出电压。计算输出电阻 $R_o = 2 \text{ k}\Omega$。

(9) 频带宽度分析

打开仿真开关,双击波特图仪,观察放大电路的幅频响应曲线,如图 6.81 所示。

通过读数指针测得中频段电压放大倍数为 34 dB,再移动读数指针找出电压放大倍数下降 3 dB 时对应的两处频率,即可测得下限截止频率 f_L 和上限截止频率 f_H 分别约为

图 6.81 共发射极放大电路的幅频响应

155 Hz 和 35 MHz,电路频带宽度约为 35 MHz,具体可见图 6.81 中的详细数据。

(10) 旁路电容开路分析

连接上负载电阻 R_L,设置发射极旁路电容 C_3 为开路,适当调整示波器 B 通道参数,再测量、计算电压放大倍数,并说明旁路电容的作用。

用步骤(7)中同样的方法可测出此时电路的电压放大倍数为 0.49,如图 6.82 所示,而由上述步骤(7)可知原放大倍数为 48.6,可见发射极电阻在稳定静态工作点的同时也使电路电压放大倍数急剧下降(R_e 越大电压放大倍数下降越多),并联旁路电容的作用是使发射极电阻交流短路,使电压放大倍数不致下降。

(11) 将图 6.74 中 R_2 设为 100 kΩ,这时因静态工作点过低使得电路的动态范围减小,在输入较大信号时电路将出现截止失真,如图 6.83 所示。

图 6.82　旁路电容开路时电路的输入波形和输出波形

图 6.83　电路动态范围减小引起的截止失真

6.2.6　差动放大电路

1) 实验要求

(1) 建立差动放大电路,分析差动放大电路性能。

(2) 掌握 Multisim 14 瞬态分析方法以及后处理器的使用方法。

2) 电路基本原理

差动放大电路可以看成由两个电路参数完全一致的单管共发射极电路所组成。差动放大电路对差模信号有放大能力,而对共模信号具有抑制作用。差模信号指电路的两个输入端输入的信号大小相等、方向相反;共模信号指电路的两个输入端输入的信号大小相等、方向相同。

3) Multisim 14 仿真分析

建立如图 6.84 所示差动放大电路。Q_1、Q_2 均为 NPN 晶体管（2N2222A），将电流放大系数设置为 80。通过拨动开关 S_1、S_2，可选择在差动放大电路的输入端加入直流信号或交流信号。数字万用表用来测量差动放大电路的直流输出电压，示波器用来测量差动放大电路的交流输入、输出电压。

图 6.84　差动放大电路

（1）静态工作点分析

在菜单栏中依次执行 Simulate、Analyses and Simulation、DC Operating Point（直流工作点）分析命令，设置节点 1、3、4、5、6、7、11 为输出节点，得出如图 6.85 所示的静态工作点分析结果。

图 6.85　静态工作点分析结果

(2) 直流信号输入

① 直流差模信号分析

分别拨动开关 S_1、S_2，在差动放大电路的输入端加入直流差模信号，$U_i=0.2\text{ V}(U_{i1}=0.1\text{ V}, U_{i2}=-0.1\text{ V})$，通过数字万用表测得 $U_{o1}=2.664\text{ V}, U_{o2}=6.728\text{ V}$。差模电压放大倍数 $A_{ud}=(2.664-6.728)/0.2=-20.32$。

② 直流共模信号分析

在图 6.84 所示电路中加入直流共模信号，$U_i=0.1\text{ V}(U_{i1}=U_{i2}=0.1\text{ V})$，通过数字万用表测得 $U_{o1}=U_{o2}=4.627\text{ V}$。共模电压放大倍数 A_{uc} 为零。

(3) 交流信号输入（单端输入方式）

分别拨动开关 S_1、S_2，在差动放大电路的输入端加入交流信号，设置函数信号发生器，使其输出频率为 1 kHz、幅值为 10 mV 的正弦波信号。

① 单端输出差模信号分析

打开仿真开关，通过示波器观察差动放大电路差模信号输入波形和单端输出波形，如图 6.86 所示。可见输入波形和输出波形同相（如果从晶体管 Q_1 的集电极输出，则输入波形和输出波形反相）。由图 6.86 中 T2 轴指示所得单端输出电压的幅值约为 100 mV，而差模输入电压幅值为 10 mV，因此电路单端输出差模电压放大倍数为 10。

图 6.86　差动放大电路的输入波形和单端输出波形

② 双端输出差模信号分析

尽管通过 Multisim 14 提供的示波器可以直接测量 U_o 两端的电压波形，但也可以通过使用后处理器来观察双端输出电压波形。在进行后处理之前需要对电路进行瞬态分析，然后对瞬态分析结果进行后处理。

瞬态分析是一种非线性电路分析方法，可用来分析电路中某一节点的时域响应。在进行瞬态分析时，Multisim 14 会根据给定的时间范围，选择合理的时间步长，计算所选节点在每个时间点的输出电压。通常以节点电压波形作为瞬态分析的结果。

在菜单栏中依次执行 Simulate、Analyses、Transient Analysis(瞬态分析)命令,选择图 6.84 中节点 U_{o1}、U_{o2} 的电压作为输出变量,得到如图 6.87 所示的瞬态分析结果。

图 6.87　差动放大电路瞬态分析结果

后处理器(Postprocessor)是专门用来对仿真结果进行进一步计算处理的工具,不仅能对仿真得到的数据进行加法、减法等运算,还能对多个曲线或数据进行数学运算处理。

在菜单栏中依次执行 Simulate、Postprocessor(后处理器)命令,在弹出的后处理器对话框中,选择对两个节点(U_{o1}、U_{o2})输出电压进行减法运算,得到 U_o 两端的电压波形,如图 6.88 所示。

图 6.88　后处理器处理后的 U_o 两端电压波形

从图 6.88 右侧可得到双端输出电压 U_o 的幅值约为 205.1 mV。因此,电路双端输出差模电压放大倍数为 -20.5,这与步骤(2)进行的直流差模信号分析结果基本相同。结合单端输出测量数据(单端输出电压的幅值约为 100 mV),可知单端输出时电压放大倍数只有双端输出时电压放大倍数的一半。

③ 共模信号分析

在差动放大电路两个输入端同时加入同样的交流信号,采用与上述差模信号分析相同的操作方法,通过示波器观察差动放大电路共模信号输入波形和单端、双端输出波形,可测得双端输出电压 U_o 的幅值仅为 0.045 mV,双端输出共模电压放大倍数 $A_{uc} \ll 1$,因此,差动放大电路对共模信号具有很好的抑制作用。

6.2.7 函数信号发生器的设计

1) 实验要求

(1) 设计由集成运算放大器组成的正弦波、方波、三角波函数信号发生器电路。

(2) 用 Multisim 14 创建所设计的函数信号发生器电路,并观测各输出波形。

2) 电路设计

产生正弦波、方波、三角波的方法有多种,如可先由 RC 正弦波振荡器产生正弦波,然后通过整形电路将正弦波变换成方波,再用积分电路将方波变成三角波。

(1) 正弦波产生电路

采用 RC 串并联网络和运算放大器构成的 RC 桥式正弦波振荡器如图 6.89 所示。电路中的 RC 串并联网络既是选频网络又是正反馈网络,电阻 R_1、R_2 和运算放大器构成放大电路(同相比例电路),其放大倍数为:

$$A_u = 1 + \frac{R_3}{R_4}$$

该电路的振荡频率由 RC 串并联网络($R=R_1=R_2$, $C=C_1=C_2$)确定,即:

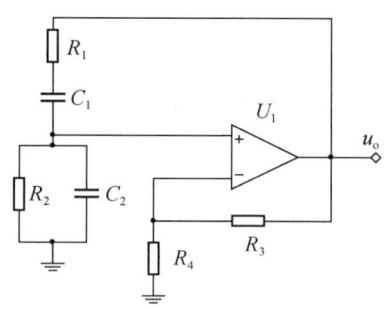

图 6.89 RC 桥式正弦波振荡器

$$f = \frac{1}{2\pi RC}$$

RC 串并联网络在发生振荡时有这样的特性:输入/输出同相位,电压传输比为 $F=1/3$。因此要实现振荡,首先要在相位上满足同相位的关系,这点用同相输入即可(接入正反馈),而幅值上要满足 $|AF|=1$,这就要求放大电路的放大倍数应该大于或等于 3。改变选频网络的参数 R 或 C,即可调节振荡频率。一般采用改变电容 C 的方法作频率量程切换,而通过调节 R 作量程内的频率细调。

(2) 正弦波变成方波

通过如图 6.90 所示的电压比较器电路(反相输入过零比较器)将正弦波变换成方波。电压比较器(简称比较器)的功能是比较两个电压的大小。电压比较器的输出是两个不同的电平,即高电平和低电平。

图 6.90 中的电阻 R_1 可用来避免因 u_i 过大而损坏运算

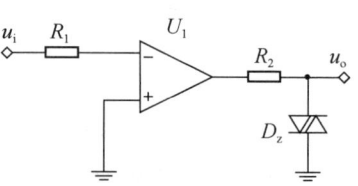

图 6.90 反相输入过零比较器

放大器,D_Z 为限幅稳压管。显然,在理想情况下,它的阈值为零,即当 u_i 变化到零时输出电压从一个电平跳变到另一个电平。

(3) 方波变成三角波

通过如图 6.91 所示的反相积分电路将方波变换成三角波。反相积分电路由集成运算放大器、电阻和反馈电容构成,其输出电压和输入电压的关系为 $u_o = -\dfrac{1}{R_1C}\int u_i \mathrm{d}t$,即输出电压 u_o 为输入电压 u_i 对时间的积分,负号表示它们在相位上是相反的。当 u_i 为固定值时,$u_o = -\dfrac{u_i}{R_1C}t$,即输出电压

图 6.91 积分电路

u_o 随时间增长而线性下降,R_1C 的数值越大,达到给定的 u_o 值所需的时间就越长,积分输出电压所能达到的最大值受集成运放最大输出范围的限制。当积分电路输入是方波时,输出是三角波,此时积分电路起着波形变换的作用。

通常,为限制低频电压增益,在积分电容 C 两端并联一个阻值较大的分流电阻。

3) Multisim 14 仿真分析

(1) 建立如图 6.92 所示的正弦波、方波、三角波函数信号发生器电路。

图 6.92 正弦波、方波、三角波函数信号发生器电路

如图 6.89 所示,在 RC 正弦波振荡器电路中,为了稳定振荡幅度,通常在放大电路的负反馈回路中采用非线性元件来自动调整负反馈放大电路的增益,以维持输出电压幅度的稳定。图 6.92 中 RC 正弦波振荡器电路的二极管 D_1、D_2 即是稳幅元件,其作用是输出限幅,

· 235 ·

改善输出波形,利用二极管的动态电阻特性,抵消由于元件误差、温度引起的振荡幅度变化所造成的影响。当输出电压幅度较小时,电阻 R_5 两端的电压较小,二极管 D_1、D_2 截止,反馈系数由 R_3、R_4 及 R_5 决定。当输出电压的幅度增加到一定值时,二极管 D_1、D_2 导通,其动态电阻与 R_5 并联后使反馈系数增大,电压增益下降。输出电压的幅度越大,二极管的动态电阻越小,从而使输出电压的幅度维持基本稳定。D_1、D_2 采用硅管(温度稳定性好),且要求特性匹配,才能保证输出波形正、负半周对称。

选用 LF353 双集成运放,电源电压采用±5 V,选用 1N4148 开关二极管。D_3 为双向稳压管,用于限定方波输出电压幅度。图 6.92 中正弦波发生器的振荡频率为:

$$f_0 = \frac{1}{2\pi R_1 C_1} = \frac{1}{2 \times 3.14 \times 8.2 \times 10^3 \times 0.01 \times 10^{-6}} \approx 1.94 \text{ kHz}。$$

(2) 打开仿真开关,调节 R_4 为 21% 时电路起振,从示波器上可以观察到,正弦波振荡电路输出波形(u_{o1})由小到大变化,经过相当长一段时间后,才逐渐建立起稳定的振荡波形,稳态后的正弦波输出波形如图 6.93 所示。如不能起振,则说明负反馈太强,应适当加大 R_4;如波形失真严重,则应适当减小 R_4。

由图 6.93 中示波器测得输出电压幅值最大且不失真时的正弦波信号的周期约为 518 μs,频率为 1.93 kHz,与理论值基本相同。同时用万用表分别测量输出电压 u_o、反馈电压 u_-,分析研究振荡的幅值条件。

图 6.93 正弦波振荡电路的输出波形

(3) 断开二极管 D_1、D_2,重复(2)中的操作,将测试结果与(2)的结果进行比较,分析 D_1、D_2 的稳幅作用。

(4) 用示波器观察电路的方波(u_{o2})和三角波(u_{o3})输出波形,如图 6.94 所示,分别测量方波和三角波的相关参数。

图 6.94　方波和三角波的输出波形

6.2.8　OTL 功率放大器

1) 实验要求

（1）理解 OTL 功率放大器的工作原理。

（2）掌握 OTL 功率放大器电路的调试和主要性能指标的测试方法。

2) 电路基本原理

功率放大电路是提供负载足够大的功率信号的一种电路，如提供扬声器做机械振动，提供电动机做旋转运动，提供继电器开关做吸合分离动作等。功率放大电路按耦合方式分为有变压器耦合和无变压器耦合两种，无变压器耦合功率放大电路又分为 OTL 电路和 OCL 电路。OTL 电路和 OCL 电路的共同特点是电路结构对称，由特性相同的两管轮流导通（互补工作）放大交流信号。OCL 电路由正、负电源供电，OTL 电路由一个大容量电容代替对称的负电源供电。实验以 OTL 功率放大电路为例进行分析。

低频功率放大器能将低频信号不失真地进行功率放大，如图 6.95 所示为 OTL 低频功率放大器电路。三极管 Q_1 组成推动级（也称前置放大级），Q_2、Q_3 是一对参数对称的 NPN 和 PNP 型晶体三极管，它们组成互补推挽 OTL 功放电路。由于每一个三极管都接成射极输出器形式，因此具有输出电阻低、负载能力强等优点，适合作为功率输出级。Q_1 工作于甲类状态，它的集电极电流 I_{c1} 由电位器 R_{P1} 进行调节。I_{c1} 的一部分电流经电位器 R_{P2} 及二极管 D_1，给 Q_2、Q_3 提供偏压。调节 R_{P2}，可以使 Q_2、Q_3 得到合适的静态电流而工作于甲、乙类状态，以克服交越失真。静态时要求输出端中点 A 的电位 $U_A = V_{CC}/2$，可以通过调节 R_{P1} 来实现，又由于 Q_1 的直流偏置电阻 R_{P1} 的一端接在 A 点，因此在电路中引入交、直流电压并联负反馈，一方面能稳定放大器的静态工作点，同时也能改善非线性失真。

当输入正弦交流信号 u_i 时，u_i 经 Q_1 放大、倒相后同时作用于 Q_2、Q_3 的基极，u_i 的负半周使 Q_2 导通（Q_3 截止），有电流通过负载 R_L，同时向电容 C_3 充电；在 u_i 的正半周，Q_3 导通（Q_2 截止），则已充好电的电容 C_3 起着电源的作用，它通过负载 R_L 放电，这样在 R_L 上就能得到完整的正弦波。

图 6.95　OTL 低频功率放大器电路

C_2、R_5 构成自举电路，用以提高输出电压正半周的幅度，以得到大的动态范围。

OTL 低频功率放大器的主要性能指标有：最大不失真输出功率 P_{OM}、电源供给功率 P_E、效率 η、输入灵敏度等。

3) Multisim 14 仿真分析

建立如图 6.95 所示的 OTL 低频功率放大器电路。

(1) 静态工作点的调试

设置函数信号发生器的输出信号为 0（u_i 接地），打开仿真开关，调节电位器 R_{P1}，当 R_{P1} 调节为 40% 时，测量 A 点电位为 $U_A = 2.5 = V_{CC}/2$。

(2) 调整输出级静态电流及测试各级静态工作点

使 $R_{P2} = 0$，设置函数信号发生器的输出信号为 $f = 1\,\text{kHz}$ 的正弦信号。通过示波器观察输入、输出波形，逐渐加大输入信号 u_i 的幅值，此时输出波形应出现较严重的交越失真（注意：没有饱和、截止失真），然后缓慢增大 R_{P2}，当 R_{P2} 调节为 62.8% 时，交越失真刚好消失，停止调节 R_{P2}，恢复 $u_i = 0$，利用直流工作点（DC Operating Point）分析测量各级的静态工作点。

(3) 最大输出功率 P_{OM} 和效率 η 的测试

设置函数信号发生器的输出信号为 $f = 1\,\text{kHz}$ 的正弦信号，逐渐加大输入信号 u_i 的幅值，通过示波器观测电路的输入、输出电压波形，当 u_i 增加到 $18\,\text{mV}_P$ 时，输出电压达到最大不失真输出，如图 6.96 所示，测量负载 R_L 上的输出电压 U_{OM}，得到其值约为 533 mV（正、负

周期内的峰值 U_p 分别为 530 mV、-558 mV),计算 P_{OM}。同时通过电流表测出电源供给的平均电流,计算出直流电源供给的平均功率 P_E 及效率 η。

图 6.96　最大不失真输出时的输入、输出信号

(4) 分析自举电路的作用

将电容 C_2 设置为开路故障,再测量 U_{OM},计算 A_u,并与步骤(3)的相应数据进行比较,分析并理解自举电路的作用。

(5) R_{P2} 对电路的影响

保持步骤(3)的输入信号电压不变,逐渐减小 R_{P2},输出波形将出现交越失真,当将 R_{P2} 调节为 0 时,电路的输入、输出波形如图 6.97 所示,分析电路发射级有、无正偏置电压两种情况(即 R_{P2})对交越失真的影响。图 6.97 中示波器面板上、下两个波形分别对应为输入和输出信号。

图 6.97　R_{P2} 为 0 时的输入、输出信号

6.2.9 译码器及其应用

1) 实验要求

（1）创建译码器测试电路，分析 38 线译码器 74LS138 的逻辑功能。

（2）用 38 线译码器 74LS138 构成数据分配器，并观察仿真结果。

（3）创建显示译码器的实验电路，分析七段显示译码器 74LS47 的逻辑功能。

（4）用 74LS138 译码器、D 触发器设计一个双向广告流水灯，并观察仿真结果。

2) 电路基本原理

译码器的逻辑功能是将输入的二进制代码按其编码时的原意译成对应的信号或十进制数码。38 线译码器 74LS138 除了 3 个代码输入端和 8 个信号输出端外，还有 3 个控制（使能）端 G_1、G_{2A}、G_{2B}，只有当 $G_1=1$、$G_{2A}=G_{2B}=0$ 时，译码器才处于工作状态，否则译码器被禁止，所有输出端被封锁为高电平。

数据分配器的逻辑功能是根据一路输入数据不同的地址将它们分配到不同的输出通道上去。如果将 38 线译码器 74LS138 的二进制代码输入作为地址输入，控制端之一作为数据输入端，即可构成一个数据分配器。

BCD 七段显示译码器 74LS47 中的 D、C、B、A 为输入的 BCD 代码，输出的 7 位二进制代码（$OA\sim OG$）作为信号，驱动七段显示器显示相应的十进制数字。

3) Multisim 14 仿真分析

（1）创建 38 线译码器 74LS138 实验电路，如图 6.98 所示。

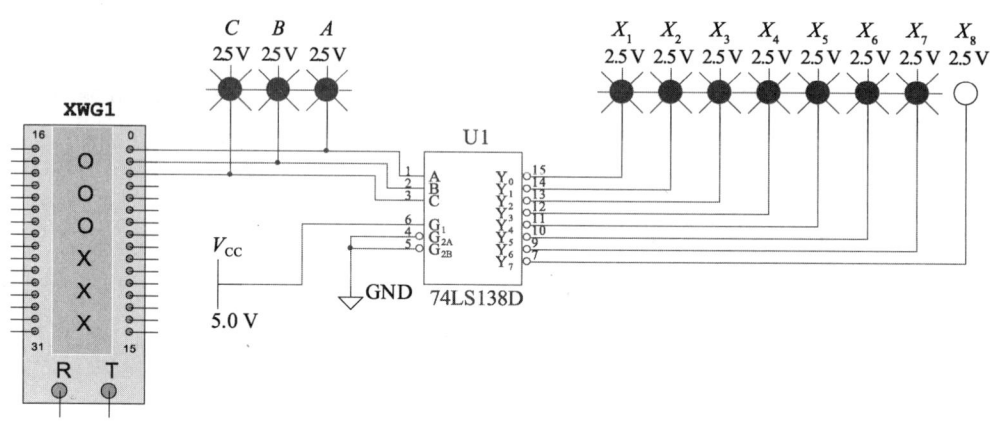

图 6.98　38 线译码器 74LS138 电路

调用字信号发生器输入三位二进制代码，双击字信号发生器，打开字信号发生器面板，并单击 Set 按钮，在弹出的对话框中选择 Up Counter（递增编码）方式输出，初始值选择 0000，终值选择 0007，用蓝色逻辑探针显示输入信号 C、B、A 的状态，用红色逻辑探针显示输出状态。

打开仿真开关后，不断单击字信号发生器面板上的 Step（单步输出）按钮，观察输出信号与输入代码的对应关系，并记录（表格自拟）。

(2) 用 38 线译码器 74LS138 构成数据分配器,实验电路如图 6.99 所示。将译码器的控制端 G_{2A} 作为数据输入端,将译码器的译码输出充当数据分配器输出。将 G_{2B} 接地,G_1 接电源。将频率为 1 kHz 的时钟信号源作为数据输入至 G_{2A}。用键盘上的 A、B、C 3 个字母按键分别控制 3 个开关,提供 3 位地址码输入。各输入、输出端的状态变化均用逻辑探针观察。

图 6.99 74LS138 构成数据分配器电路

打开仿真开关,用 C、B、A 按键依次输入不同的 3 位地址信号,观察输出信号的变化,记录结果(表格自拟)。

(3) 创建 BCD 七段显示译码器 74LS47 实验电路,如图 6.100 所示。调用字信号发生器输入四位二进制代码,选择 Up Counter(递增编码)方式输出,初始值选择 0000,终值选择 0009,BCD 七段显示译码器 74LS47 输出端接七段共阳极显示器。应当注意的是,电路中需要放置数字地符号。

打开仿真开关后,不断单击字信号发生器面板上的 Step(单步输出)按钮,观察七段显示译码器的输出变化,观察七段显示器显示的十进制数字。记录下输入 BCD 码时对应的七位输出代码(表格自拟)。

(4) 用 74LS138 译码器、D 触发器设计一个双向广告流水灯。设计要求:共有 8 个灯,始终使这 8 个灯状态为 1 暗 7 亮,而且这 1 个暗灯可循环右移或左移。

创建双向广告流水灯电路如图 6.101 所示。D 触发器 U_{1A}、U_{1B}、U_{2A} 构成 8 进制计数器,计数器的输出接至译码器的地址输入端,异或门 U_{4A}、U_{4B} 作为可控反相器。开关 S_1 接低电平时,U_{1A}、U_{1B}、U_{2A} 构成加法计数器,根据译码器的逻辑功能,8 个灯中的 1 个暗灯按照计数器输出信号的频率循环右移;开关 S_1 接高电平时,U_{1A}、U_{1B}、U_{2A} 构成减法计数器,8 个灯中的 1 个暗灯按照计数器输出信号的频率循环左移。为便于在仿真环境中观察流水灯显示状态,设置函数信号发生器输出频率为 200 Hz、幅值为 5 V 的方波。

打开仿真开关,拨动开关 S_1,观察双向广告流水灯的工作状态。

图 6.100　七段显示译码器 74LS47 电路

图 6.101　双向广告流水灯电路

6.2.10 555 定时器的应用

1) 实验要求

(1) 创建由 555 定时器组成的单稳态触发器、施密特触发器。

(2) 改变电路的工作条件,观察并分析单稳态触发器电路的输出波形的变化。掌握由示波器观测施密特触发器的电压传输特性的方法。

2) 电路基本原理

(1) 555 定时器

555 定时器是一种模拟电路和数字电路相结合的中规模集成电路,555 定时器成本低,性能可靠,只需要外接几个电阻、电容,就可以实现多谐振荡器、单稳态触发器及施密特触发器等脉冲产生与变换电路。它也常作为定时器广泛应用于仪器仪表、家用电器、电子测量及自动控制等方面。其引脚排列图如图 6.102 所示。

图 6.102 555 定时器引脚图

TRI(2 脚):低电平触发端,由此输入触发脉冲。当 2 脚的输入电压低于 $\dfrac{V_{CC}}{3}$ 时,输出(3 脚)为"1"。

THR(6 脚):高电平触发端,由此输入触发脉冲。当输入电压高于 $\dfrac{2}{3}V_{CC}$ 时,输出(3 脚)为"0"。

RST(4 脚):复位端,由此输入负脉冲(或使其电位低于 0.7 V)而使输出端(3 脚)置"0"。

CON(5 脚):电压控制端,在此端可外加一电压以改变比较器的参考电压。不用时,此端经 0.01 μF 的电容接"地",以防止干扰的引入。

DIS(7 脚):放电端。

OUT(3 脚):输出端,输出电流可达 200 mA,因此可直接驱动继电器、发光二极管、扬声器、指示灯等。输出高电压约比电源电压(V_{CC})低 1~3 V。

V_{CC}(8 脚):电源端,可在 5~18 V 范围内使用。

GND(1 脚):接地端。

(2) 单稳态触发器

单稳态触发器具有稳态和暂稳态两个不同的工作状态。在外界触发脉冲作用下,它能从稳态翻转到暂稳态,在暂稳态维持一段时间以后,再自动返回稳态。暂稳态维持时间的长短取决于电路本身的参数,与触发脉冲的宽度和幅度无关。单稳态触发器常用来产生具有固定宽度的脉冲信号。

用 555 定时器构成的单稳态触发器是负脉冲触发的单稳态触发器,其输出的矩形脉冲宽度(暂稳态维持时间)为:$T_P = RC\ln 3 = 1.1RC$,仅与电路本身的参数 R、C 有关。

(3) 施密特触发器

施密特触发器能对正弦波、三角波等信号进行整形,并输出矩形波。

如图 6.103 所示为由 555 定时器及外接阻容元件构成的施密特触发器。设被整形变换的电压为正弦波 u_S，其正半周通过二极管 D 同时加到 555 定时器的 2 脚和 6 脚，得 u_i 为半波整流波形。当 u_i 上升到 $\frac{2V_{CC}}{3}$ 时，u_o 从高电平翻转为低电平；当 u_i 下降到 $\frac{V_{CC}}{3}$ 时，u_o 又从低电平翻转为高电平。施密特触发器的上限阈值电平 U_{T+} 为 $\frac{2V_{CC}}{3}$，下限阈值电平 U_{T-} 为 $\frac{V_{CC}}{3}$，回差电压为：$\Delta U = U_{T+} - U_{T-} = \frac{V_{CC}}{3}$。电路的波形变换图及电压传输特性如图 6.104 所示。

图 6.103 施密特触发器

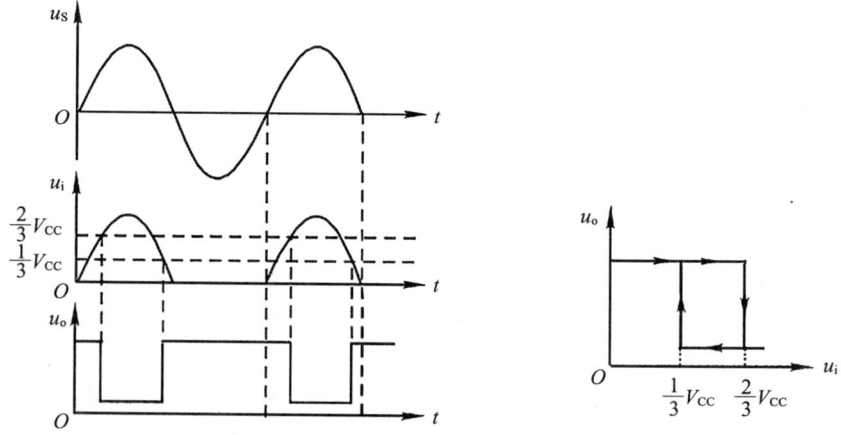

图 6.104 波形变换图及电压传输特性图

3) Multisim 14 仿真分析

(1) 555 定时器构成的单稳态触发器如图 6.105 所示。

图 6.105　单稳态触发器实验电路

将 555 定时器的高电平触发端 THR 与 7 脚 DIS 相连，并对地接入 1 μF 的电容 C，对电源接入 1 kΩ 电阻 R，复位端 RST 接高电平，5 脚 CON 通过 0.01 μF 的滤波电容接地。

① 用函数信号发生器产生幅度为 5 V、频率为 500 Hz(占空比为 70%)的方波信号，作为触发脉冲送至触发器的输入端 TRI，并将输入信号接至示波器 A 通道，输出端 OUT 接示波器 B 通道，为了更好地区分输入、输出信号，将输出信号设置为蓝色显示。

② 打开仿真开关，观察方波脉冲作用下电路的输入、输出波形，如图 6.106 所示。

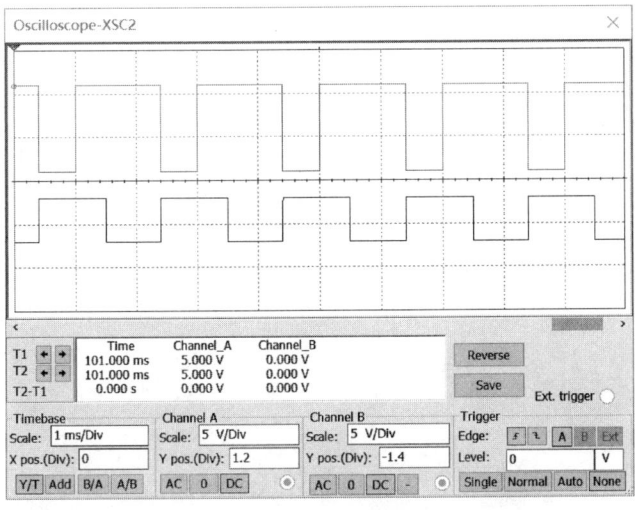

图 6.106　单稳态触发器的输入、输出波形

在图 6.106 中,移动示波器的两个读数指针测量暂稳态的维持时间,得到 T_P(暂稳态维持时间)为 1.08 ms。理论计算值:

$T_P = RC\ln 3 = 1.1RC = 1.1 \times 1 \times 10^3 \times 1 \times 10^{-6} = 1.1 (\text{ms})$。

测量值与计算值基本一致。

③ 改变电容(或电阻)值,观察输出端的仿真波形。

④ 改变输入触发脉冲的幅值和占空比,观察输出端的仿真波形。

(2) 555 定时器构成的施密特触发器如图 6.103 所示。

① 调节函数信号发生器,使输出信号 u_S 频率为 1 kHz,打开仿真开关,逐渐将 u_S 的幅度增大至 5 V,通过示波器观测 u_S、u_i、u_o 波形,如图 6.107 所示,测得回差电压为 1.769 V,与理论值基本相同。

图 6.107 施密特触发器的输入、输出波形

② 将双踪示波器的 A 通道接至图 6.95 施密特触发器的 u_i 端,B 通道接至输出端 u_o,示波器的显示方式设置为 B/A 方式,打开仿真开关,由示波器观测施密特触发器的电压传输特性如图 6.108 所示。

图 6.108 施密特触发器的电压传输特性

6.2.11 集成计数器的应用

1) 实验要求

(1) 掌握集成计数器的使用方法。

(2) 掌握利用集成计数器构成任意进制计数器的原理和方法。

2) 电路基本原理

集成计数器是中规模集成电路,其种类很多。74LS90是由一个二进制计数器和一个五进制计数器构成的十进制异步计数器。

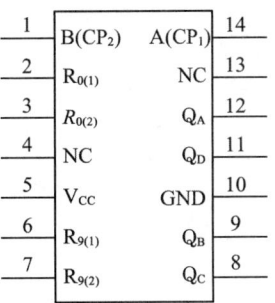

图 6.109 74LS90 管脚排列

74LS90 的管脚排列如图 6.109 所示,它有两个时钟输入端 $A(CP_1)$ 和 $B(CP_2)$。若用 A 作为输入端,Q_A 为输出端,可组成一个二进制计数器;若用 B 作为输入端,Q_D、Q_C、Q_B 为输出端,可组成一个五进制计数器;将 Q_A 与 B 输入端相连,A 作为输入端,Q_D、Q_C、Q_B、Q_A 为输出端,可组成一个十进制计数器。因此 74LS90 也称二/五/十进制加计数器,所有端子配合使用,可以实现任意进制计数器功能。

74LS90 还有两个直接清"0"端和两个直接置"9"端,它们均是同时为"1"时有效。

74LS90 的逻辑功能如表 6.2 所示。

表 6.2 74LS90 的逻辑功能

输入						输出	功能
清 0		置 9		时钟		$Q_D Q_C Q_B Q_A$	
$R_{0(1)}$、$R_{0(2)}$		$R_{9(1)}$、$R_{9(2)}$		CP_1	CP_2		
1	1	0 ×	× 0	×	×	0 0 0 0	清 0
0 ×	× 0	1	1	×	×	1 0 0 1	置 9
0 ×	× 0	0 ×	× 0	↓	1	Q_A 输出	二进制计数
				1	↓	$Q_D Q_C Q_B$ 输出	五进制计数
				↓	Q_A	$Q_D Q_C Q_B Q_A$ 输出 8421BCD 码	十进制计数
				Q_D	↓	$Q_A Q_D Q_C Q_B$ 输出 5421BCD 码	十进制计数
				1	1	不变	保持

3) Multisim 14 仿真分析

(1) 创建由 74LS90 构成的六十进制计数器电路,如图 6.110 所示。

个位计数器为十进制(U1),十位计数器为六进制(U2)。开关 S_1 作为计数脉冲输入,

图 6.110 六十进制计数器电路

开关 S_2 为系统清"0"端。打开仿真开关,测试并验证电路的功能。

(2) 创建电子秒表电路,如图 6.111 所示。

图 6.111 电子秒表电路图

电子秒表电路由基本 RS 触发器、单稳态触发器、时钟发生器、计数及译码显示 4 个单元电路组成。

① 与非门 U4A、U4B 构成基本 RS 触发器,是低电平直接触发的触发器,有直接置位、复位的功能。它的一路输出作为单稳态触发器的输入,另一路输出作为与非门 U4C 的输入控制信号。

② U4D、U5A 构成微分型单稳态触发器,它在电子秒表中的功能是为计数器提供清零信号。

③ 图中 V1 所代表的是由 555 定时器构成的多谐振荡器,作为计数器的时钟源。调节多谐振荡器电路的相关元件参数,使其输出频率为 50 Hz 的矩形波信号。50 Hz 脉冲信号通过 U4C 作为计数脉冲加于计数器 U1 的计数输入端 CP_2。

④ 图中 U1、U2、U3 为 74LS90 构成的电子秒表的计数单元,其中 U1 接成五进制计数器,对频率为 50 Hz 的时钟脉冲进行五分频,在输出端 QD 取得周期为 0.1 s 的矩形脉冲,作为计数器 U2 的时钟输入。计数器 U2、U3 接成 8421 码十进制加法计数器,其输出端与译码显示单元的相应输入端相连,可显示 0.1~0.9 s、1~9.9 s 计时。

先按一下按钮开关 S_1,此时电子秒表不工作,再按一下按钮开关 S_2,则计数器清零后便开始计时,观察数码管显示计数状态,如不需要计时或暂停计时,按一下开关 S_2,计时立即停止,但数码管保留所计时的数据。闭合 S_2,打开 S_1,则电子秒表清零。

⑤ 打开仿真开关,测试电子秒表电路的功能。为便于在仿真环境中观察电子秒表的工作状态,将时钟信号 V1 输出信号频率设置为 1 kHz。

7 综合设计性实验

7.1 基本单元电路设计

7.1.1 模拟信号处理单元

1) 集成运放基本知识

(1) 集成运放的分类

① 通用型运放

常用于对速度和精度要求不太高的场合,如 μA741(通用单运放)、CF124/CF224/CF324(四运放)。μA741 要求双电源供电(±5 V~±18 V),典型值为±15 V。

② 高输入阻抗运放

其特点是输入阻抗很高,约 10^{12} Ω,工作速度较快,输入偏流约 10 μA,常用于积分电路及保持电路。

③ 低失调低漂移运放

此类运放(如 OP-07)输入失调电压及其温漂、输入失调电流及其温漂都很小,因而其精度较高,故又称为高精度运放,但其工作速度较低,常用于积分、精密加法、比较、检波和弱信号精密放大等。OP-07 要求双电源供电,使用温度范围为 0~70 ℃。

④ 斩波稳零集成运放

以 ICL7650 为代表的斩波稳零集成运放,其特点是超低失调、超低漂移、高增益、高输入阻抗,性能极为稳定,被广泛应用于电桥信号放大、测量放大及物理量的检测等。

常用的集成运算放大器的主要型号和生产公司如表 7.1 和表 7.2 所示。

表 7.1 常用集成运放

公司	型号	片内运放数	增益带宽 GBW(MHz)	转换速率 (V/μs)	低噪声电流 (μA)	开环增益 (dB)	输入电阻 (Ω)
NEC	LF347	4	4	13	0.01	100	10^{12}
	LF353	2	4	13	0.01	100	10^{12}
	LF356	1	5	12	0.01	100	10^{12}
	LF357	1	20	50	0.01	100	10^{12}
PM	OP-16	1	19	25	0.01	120	6×10^6
	OP-37	1	40	17	0.01	120	6×10^6
sig	NE5532	1	10	9	2.7	80	3×10^5
	NE5534	2	10	13	2.5	84	1×10^5

7 综合设计性实验

表 7.2 集成低频功率放大器

公司	型号	V_{CC}	R_i	R_L	G_u 闭环增益	P_{OR} 不失真输出功率	BW	失真系数 γ
NEC	μPC1188H	±22 V	200 Ω	8 Ω	40 dB	18	20 Ω～20 kΩ	≤1%
日立	HA1397	±18 V	600 Ω	8 Ω	38 dB	15	5 Ω～120 kΩ	≤0.7%
日立	HA1936	13.2 V	10 kΩ	8 Ω	40 dB	15	20 Ω～20 kΩ	≤0.03%

(2) 集成运算放大器的主要参数

① 增益带宽 GBW

$$GBW = A_{ud} f_H$$

式中：A_{ud}——中频开环差模增益；

f_H——上限截止频率。

以 F007 为例，见图 7.1，图中 $f_H = 10$ Hz, $A_{ud} = 100$ dB，即 10^5 倍，$GBW = 1$ MHz，所以该运放的单位增益频率 $f_T = 1$ MHz。

若在应用中将该运放接成闭环增益为 20 dB 的电路，由图 7.1 可见，这时上限截止频率 $f_H = 100$ kHz。因为对于一个单极点放大器的频率特性而言，其 GBW 是一个常数。在实际使用时，集成运放几乎总是在闭环下工作，所以我们从 GBW 等于常数可推出该运放在实际工作条件下所具有的带宽。

图 7.1 F007 的增益带宽特性

② 摆率（转换速率）S_R

摆率（转换速率）S_R 表示运放所在地允许的输出电压 u_o 对时间变化的最大值。即：

$$S_R = \left| \frac{du_o}{dt} \right|_{max}$$

若输入为一正弦波，则：

$$S_R = \left| \frac{du_o}{dt} \right|_{max} = 2\pi f U_{om}$$

若已知 U_{om}，则在不失真工作条件下的最高工作频率 $f_{max} = \dfrac{S_R}{2\pi U_{om}}$。

③ 共模抑制比 K_{CMR}

此指标的大小表示了集成运放对共模信号的抑制能力。共模抑制比被定义为开环差模增益和开环共模增益之比，工程上常用分贝来表示：

$$K_{CMR}(\text{dB}) = 20\lg \left| \frac{A_{ud}}{A_{uc}} \right|$$

式中：A_{ud}——开环差模增益；

A_{uc}——开环共模增益。

在对微弱信号放大时,共模抑制比这一指标非常重要,因为在许多场合,存在着共模干扰信号,例如,信号源是有源电桥电路的输出,或者信号源通过较长的电缆连到放大器的输入端,可能会引起放大器的输入端与信号源接地端的电位不相同的情况,即产生共模干扰,通常共模干扰电压值可达几伏甚至几十伏,因而对集成运放的共模抑制比指标一般有较为苛刻的要求。

④ 最大差模输入电压U_{idM}和最大共模输入电压U_{icM}

在实际工作中,集成运放最大差模输入电压U_{idM}受输入级的发射结反向击穿电压限制,在任何情况下不能超过此击穿电压,否则就会损坏器件,而当输入端的最大共模电压超过U_{icM}时,放大器就不能正常工作。运放工作在同相输入跟随器时,其输入电压U_i的最大值就是最大共模输入电压。

(3) 选用运放的注意事项

① 若无特殊要求,应尽量选用通用型运放。当系统中有多个运放时,建议选用双运放(如CF358)或四运放(如CF324等)。这样有助于简化电路,减小板面,降低成本,特别是在要求多路对称的场合,多运放更显优越性。

② 对于手册中给出的运放性能指标应有全面的认识。首先,不要盲目片面追求指标的先进性,例如对于场效应管输入级的运放,其输入阻抗虽然高,但失调电压也较大,低功耗运放的转换速率也较低;其次,手册中给出的指标是在一定的条件下测出的,如果使用条件和测试条件不一致,则指标的数值也将会有差异。

③ 当用运放作弱信号放大时,应特别注意要选用失调以及噪声系数均很小的运放,如ICL7650。同时应保持运放同相端与反相端对地的等效直流电阻相等。此外,在高输入阻抗及低失调、低漂移的高精度运放的印刷底板布线方案中,其输入端应加保护环。

④ 当运放用于直流放大时,必须对其进行调零。

⑤ 为了消除运放的调频自激,应参照推荐参数在规定的消振引脚之间接入适当电容消振。同时应尽量避免两级以上放大器级连,以减小消振难度。为了消除电源内阻引起的寄生振荡,可在运放电源端对地就近接去耦电容。考虑去耦电解电容器有电感效应,常常在其两端再并联一个容量为0.01~0.1 μF的瓷片电容。

2) 典型模拟运算电路

对于集成运算放大器的基本应用电路,从功能上分,有信号的运算、处理和产生电路等。运算电路包括加法、减法、积分、微分、对数、指数、乘法和除法电路等;处理电路包括有源滤波、精密二极管整流电路、电压比较器和取样-保持电路等;产生电路有正弦波振荡电路、方波振荡电路等。

(1) 反相比例运算电路

反相比例运算电路是最基本的运算电路。所谓反相比例电路是将输入信号u_i从运算放大器的反相输入端引入,而将运算放大器同相输入端接地,该电路的输出信号与输入信号成反相比例关系。电路如图7.2所示。

图7.2中同相输入端经电阻R_2接地,R_2亦称为平衡

图7.2 反相比例运算电路

等效电阻,其值与 R_1 和 R_f 并联所得阻值相等,这是因为集成运放输入级是由差动放大电路组成,它要求两边的输入回路参数对称,即从集成运放反相输入端和地两点向外看的等效电阻 R_n 应当等于从集成运放同相端和地两点向外看的等效电阻 R_p。R_f 为反馈电阻。其放大倍数为:

$$A_u = -\frac{R_f}{R_1}$$

应用本电路时还应注意以下几点:

① 本电路的电压放大倍数不宜过大。通常 R_f 宜小于 1 MΩ,因为 R_f 过大会影响阻值的精度;R_1 不宜过小,否则整个电路的输入电阻就小,会导致电路从信号源吸取较大的电流。如果要用反相电路实现大的放大倍数,可用 T 型网络代替 R_f。

② 作为闭环负反馈工作的放大器,其小信号上限工作频率 f_H 受到运放增益带宽 $GBW = A_{ud} f_H$ 的限制。

③ 如果运放工作于大信号输入状态,则此时电路的最大不失真输入幅度 U_{im} 及信号频率将受到运放的转换速率 S_R 的制约。

(2) 同相比例运算电路

同相比例电路的构成如图 7.3 所示。输入信号 u_i 经电阻 R_2 送到同相输入端,而反相输入端经电阻 R_1 接地。为了实现负反馈,反馈电阻 R_f 仍应接在输出与反相端之间,构成电压串联负反馈。信号由同相端输入,所以输出与输入同相。

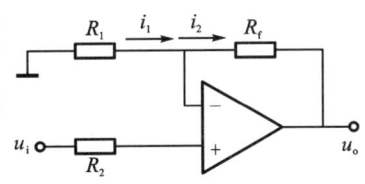

图 7.3 同相比例运算电路

电路的电压放大倍数为:

$$A_u = \frac{u_o}{u_i} = \frac{R_1 + R_f}{R_1} = 1 + \frac{R_f}{R_1}$$

如果将同相比例电路中的电阻 R_1 开路,即将电路接成电压跟随器形式,电路如图 7.4 所示。图中的 R_2 和 R_f 起限流作用,防止因意外造成过大的电流。由上式可得 $u_o = u_i$,即:输出电压与输入电压大小相等,相位相同。电压跟随器具有输入电阻高、输出电阻低的特点,因此获得广泛的应用。

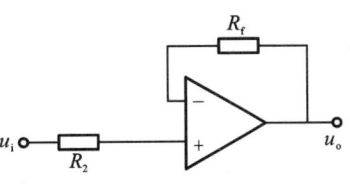

图 7.4 电压跟随器

当运放的差模信号 u_{id} 较小,而共模干扰输入 u_{ic} 较大时,为确保运算的精度,要求运放输出中的差模信号分量明显大于输出中的共模干扰分量。此时对运放的共模抑制比 K_{CMR} 将有严格的要求。

(3) 积分电路

积分电路如图 7.5 所示,利用虚地的概念:$u_+ = u_- = 0$,$i_i = 0$,因此有 $i_1 = i_2 = i$,电容 C 就以电流 $i = u_i/R_1$ 进行充电。假设电容器 C 初始电压为零,则

$$u_- - u_o = \frac{1}{C}\int i_1 dt = \frac{1}{C}\int \frac{u_i}{R_1} dt$$

图 7.5 积分电路

因 $u_- = 0$,所以有

$$u_o = -\frac{1}{R_1 C}\int u_i \, dt$$

上式表明，输出电压 u_o 为输入电压 u_i 对时间的积分，负号表示它们在相位上是相反的。

通常，为限制低频电压增益，在积分电容 C 两端并联一个阻值较大的电阻。当输入信号的频率 $f_i > \frac{1}{2\pi R_f C}$ 时，电路为积分器；若 $f_i \ll \frac{1}{2\pi R_f C}$，则电路近似于反相比例运算电路，其低频电压放大倍数 $A_u = -\frac{R_f}{R_1}$。

积分电路的用途广泛，如可用于延迟、将方波变换为三角波、移相 90°和将电压量转换为时间量等。

(4) 微分电路

将积分电路中的电阻和电容元件对换位置，并选取比较小的时间常数 RC，便可得到如图 7.6 所示的微分电路。在这个电路中，同样存在虚地、虚短和虚断的概念。

设 $t = 0$ 时，电容器 C 的初始电压 $u_C = 0$，当信号电压 u_i 接入后，便有：

$$u_- - u_o = iR_1 = R_1 C \frac{du_i}{dt}$$

图 7.6 微分电路

则有

$$u_o = -R_1 C \frac{du_i}{dt}$$

上式表明，输出电压正比于输入电压对时间的微商。

微分电路的应用是很广泛的，在线性系统中，除了可作微分运算外，在脉冲数字电路中，常用来做波形变换，例如，在单稳态触发器的输入电路中，可用微分电路把宽脉冲变换为窄脉冲。

(5) 峰值检波电路

如图 7.7 所示为峰值检波电路。A_1 和 A_2 两个比较器构成两个电压跟随器，利用二极管的单向导电性，根据输入信号和输出信号值的不同，电容将进行充电或处于保持状态，直到电容上的电压和输入信号的最大值相同。

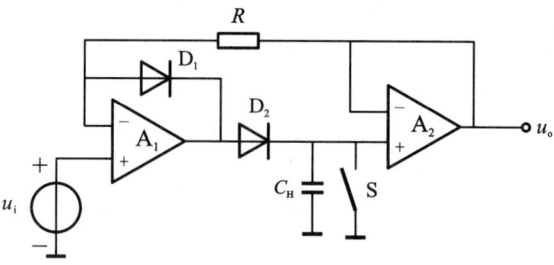

图 7.7 峰值检波电路

① $u_i > u_o$ 时，A_1 输出高电平，$u_{o1} > u_i$，二极管 D_1 关断、D_2 导通，保持电容 C_H 充电，A_1、A_2（虚断使 R 上电流为 0 A，电压为 0 V）构成跟随器，电容电压 u_{C_H} 和输出电压 u_o 同步跟踪 u_i 增大。因二极管 D_1 关断，A_1 开环，一旦 $u_o < u_i$，则立即会有很大的 u_{o1} 向 C_H 充电，稳定后有 $u_{o1} = u_i + U_{D2(on)}$，保证闭环满足 $u_o = u_i = u_{C_H}$，抵消了二极管导通电压 $U_{D2(on)}$ 的影响。

② $u_i < u_o$ 时，D_1 导通，$u_{o1} = u_i - U_{D1(on)} < u_i$，$D_2$ 关断，由于 C_H 无放电回路，则 $u_o = u_i = u_{i(peak)}$，C_H 处于保持状态，实现了峰值检测。采样完一个周期后应由开关 S 控制 C_H 放电，继续进行下一次检测。

3）测量放大器

测量放大器又称数据放大器、仪表放大器。其主要特点是：输入阻抗高、输出电阻低、失调及零漂很小，放大倍数精确可调，具有差动输入、单端输出，以及共模抑制比很高的特点。适用于大的共模电压背景下对变化微弱的差模信号进行放大，常用于对热电偶、应变电桥、生物信号进行放大。

(1) 三运放测量放大器

电路如图 7.8 所示，运放 A_1 和 A_2 构成第一级，为具有电压负反馈的双端同相输入、双端输出的形式，其输入阻抗高，放大倍数调节方便；第二级 A_3 为差动放大电路，它将双端输入转换为单端输出，在电阻精

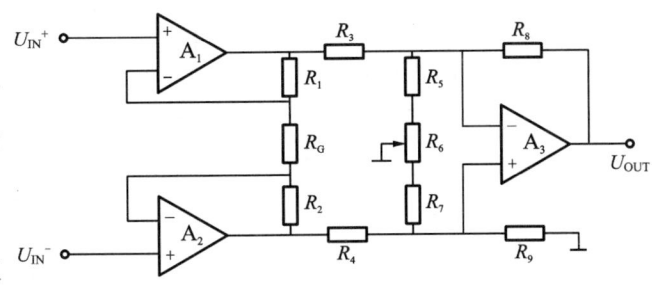

图 7.8 三运放测量放大器

确配对的条件下，可获得很高的共模抑制比。电路中所用到的运放必须以高精度集成运放作为基础，如 FC72、OP-07 为双电源供电、低漂移高精度单运放，否则达不到上述效果。

该电路的差模电压增益为：

$$A_{ud} = 1 + 2\frac{R_1}{R_G}$$

测量放大器的共模抑制比为：

$$K_{CMR} = \left(1 + 2\frac{R_1}{R_G}\right) \times K_{CMR3}$$

上式中 K_{CMR3} 为第二级 A_3 的共模抑制比。改变 R_G 的值，可调节放大器的放大倍数。该放大器第一级是具有深度电压串联负反馈的电路，所以它的输入电阻很高。

这种高精度数据放大器在许多要求处理低电平微弱信号的高精度电子设备中极其有用，它还被广泛用于数据采集系统中。

(2) 单片集成测量放大器（LH0036）

三运放测量放大器有很强的共模抑制能力、较小的输出漂移电压和较高的差模电压增益，但为进一步提高电路的性能，应为其严格挑选几个外接电阻，因此目前已经把这种电路集成到一个集成电路上，LH0036 即是这样一种集成电路，它只需外接电阻 R_G［一般取 $50\ k\Omega/(A_u-1)$］。LH0036 的参数为：$A_u = 1 \sim 1\,000$，$R_i = 300\ M\Omega$，$K_{CMR} = 100\ dB$，$U_{IO} = 0.5\ mV$，$I_{IO} = 10\ nA$，$\frac{\Delta U_{IO}}{\Delta T} = 10\ \mu V/℃$，$S_R = 0.3\ V/\mu s$，其内部电路如图 7.9 所示。

图 7.9 中 5 和 6 脚分别为输入信号的正端和负端，4 和 7 脚接电阻 R_G，用于改变测量放大器的放大倍数，12 和 10 脚分别接电源的正端和负端，11 脚为放大器的输出，8 和 9 脚分别为放大器共模抑制比的预调的调整端，1 脚为带宽控制端，2 脚为保护驱动电路输出，

3 脚为输入偏流控制端。

这类放大器种类繁多,在工程实践中应用很广泛。按性能分类有通用型(如 INA110、INA114/115、INA131 等)、高精度型(如 AD522、AD524、AD624 等)、低噪声功耗型(如 INA102、INA103 等)。

图 7.9　LH0036 内部电路图

（3）可编程放大器

由于各种传感器的输出信号幅度相差很大,幅度范围可从微伏数量级到伏特数量级。即使同一个传感器,在使用中其输出信号的变化范围也可能很大,它取决于被测对象的参数变化范围。如果放大器的放大倍数是一个固定值,则将很难适应实际情况的需要。因此一个放大倍数可以调节的放大器应运而生。

根据输入信号大小来改变放大器放大倍数的方法,可以用人工来实现,也可以自动实现。如果能用 5 组数码来控制放大器的放大倍数,则就可以根据输入信号的大小来实现放大倍数的自动调节,这样的数据放大器一般称为程控数据放大器,即可编程放大器。

可编程增益放大器有两种,一种是专门设计的电路,即集成 PGA;另一种是由其他放大器外加一些控制电路组成,称为组合型 PGA。

集成 PGA 电路种类很多,美国 B-B 公司生产的 PGA102 是一种高速、数控增益可编程放大器。它由 1 脚和 2 脚的电平来进行增益选择,增益可选为 1、10 或 100。每种增益均有独立的输入端,通过一个多路开关进行选择。PGA102 的内部结构如图 7.10 所示。

表 7.3　PGA102 增益控制表

输　入	增　益	① 脚 ×10	② 脚 ×100
U_{IN1}	$G=1$	0	0
U_{IN2}	$G=10$	1	0
U_{IN3}	$G=100$	0	1
无效	无效	1	1

表中,逻辑 0:$0 \leqslant U \leqslant 0.8$ V;逻辑 1:2 V$\leqslant U \leqslant V_{CC}$,逻辑电压是相对③脚的电压。

PGA102 的增益选择见表 7.3。

图 7.10　PGA 内部结构图

由图 7.10 和表 7.3 可看出,这种可编程放大器实际上是一种可控制放大器反馈回路电阻的运算放大器。在 PGA102 中,改变"×10""×100"两管脚的电平,即可选择 U_{IN1}、U_{IN2} 和 U_{IN3},而且其 3 种输入电路的反馈电阻不同,因而可得到不同的增益。由于 PGA102 各输入级失调电压已经激光修正,所以一般不用调整;其增益精度也很高,一般也不用调整,只有在必要时才外接电阻电路进行修正。PGA102 可采用可编程增益放大器和微机实现量程自动转换。

BB3606 是在原来三运放数据放大器的基础上实现的程控数据放大器。它的放大倍数变化范围为 1 到 1 024,以 2 的幂次从 2^0 到 2^{10} 分成 11 挡。增益精度为 ±0.02%,非线性失真小于 0.005%,温度漂移为 5 ppm/℃,最大输出电压为 ±12 V,最大输出电流为 ±10 mA,输出电阻为 0.05 Ω,电源电压为 ±15 V,共模与差模电压范围为 ±10.5 V,失调电压为 ±0.02 μV,偏置电流为 ±15 nA,输入噪声电压峰-峰值小于 1.4 mV,共模抑制比大于 90 dB,单位增益下的频度响应(下降 3 dB 时)为 100 kHz。

4) 有源滤波器

滤波器在通信、测量自动控制系统中得到广泛的应用。经常遇到被测信号都是很微弱的,且在其中还混有干扰信号,这对电路的正常工作是有害的,尤其是在微机控制电路中。为了消除这种影响,就需要用滤波器,滤波器能使有用的信号比较顺利地通过,而将无用的信号滤掉。

用运算放大器和 RC 网络组成的有源滤波器,具有许多独特的优点。因为不用电感元件,所以不会有电感所固有的非线性特性、磁场屏蔽、损耗、体积和重量过大等缺点。由于运算放大器的增益和输入电阻高、输出电阻低,所以能提供一定的信号增益和缓冲作用。这种滤波器的频率范围约为 $10^3 \sim 10^6$ Hz,频率稳定度可做到$(10^{-3} \sim 10^{-5})$/℃,频率精度为 ±(3～5)%,并可用简单的级联来得到高阶滤波器,且调谐也很方便。

滤波器的技术指标主要有通带、阻带及相应的带宽。通带指标有通带、边界频率(没有特殊说明时,一般为 3 dB 截止频率)、通带传输系数。阻带指标通常涉及带外传输系数的衰减速度。下面简要介绍设计中的考虑原则。

(1) 关于滤波器类型的选择

一阶滤波器电路最简单,但带外传输系数衰减慢,一般是在对带外衰减特性要求不高的场合下选用。

当要求带通滤波器的通带较宽时,可采用将低通滤波器和高通滤波器合成的方法,这比单纯用带通滤波器要好。

(2) 级数选择

滤波器的级数主要根据对带外衰减特性的要求来确定。每一阶低通或高通 RC 可获得($\pm$)20 dB/十倍频的衰减,每增加一级 RC 电路又可以获得($\pm$)20 dB/十倍频的衰减。多级滤波器串接时,传输函数总特性的阶数等于各阶数之和。当要求的带外衰减特性为 $-m$ dB/十倍频时,则所取级数 n 应满足 $n \geqslant m/20$。

(3) 有源滤波器对运放的要求

在无特殊要求的情况下,可选用通用型运算放大器。为了获得足够深的反馈,以保证所需滤波特性,运放的开环增益应在 80 dB 以上。对运放频率特性的要求,由其工作频率的上限确定。设工作频率的上限为 f_H,则运放的单位增益频率应满足:$BW_G \geqslant (3 \sim 5)A_F f_H$,式中 A_F 为滤波器通带的传输系数。

如果滤波器的输入信号较小,例如在 10 mV 以下,宜选用低漂移运放。如果滤波器工作于超低频,以致使 RC 网络中电阻元件的值超过 100 kΩ 时,则应选用低漂移、高输入阻抗的运放。

7.1.2 模拟信号变换单元

1) 电压比较器

电压比较器(简称比较器)的功能是比较两个电压的大小。电压比较器的输出是两个不同的电平,即高电平和低电平。

(1) 过零比较器

最简单的比较器是过零比较器。过零比较器只需把运算放大器的一个输入端(同相端或反相端)接地,另一端接输入电压就可得到,如图 7.11 所示,图中的电阻用来避免因 u_i 过大而损坏运算放大器。显然,在理想情况下,它的阈值为零,也就是说,当 u_i 变化经过零点时输出电压从一个电平跳变到另一个电平。

过零比较器的信号电压接到集成运放的反相输入端,属于反相输入接法,如图 7.11(a)所示。也可以采用同相输入接法,如图 7.11(b)所示。各种比较器一般都有这两种接法,究竟采用哪种接法,视比较器前后所需要的电压极性关系而定。

(a) 反相输入过零比较器　　　　(b) 同相输入过零比较器

图 7.11　过零比较器

(2) 施密特触发器

为了防止比较器的输出因干扰而产生抖动,并提高其输出前后沿的陡度,通常可提供一定的正反馈,使比较器传输特性具有回差特性。一种同相输入过零滞回比较器(施密特触发器)的电路、传输特性如图7.12所示。

(a) 电路图　　　　　　　　(b) 传输特性

图 7.12　施密特触发器

2) 电压-电流转换电路

在测控系统中,当需要远距离传送电压信号时,为避免信号源电阻和传输线路电阻带来的精度影响,通常可以先将电压信号变换为相应的电流信号再进行传送。完成这一转换功能的电路,就是电压-电流变换器。

(1) 基本电压-电流变换电路

电路如图7.13所示,该电路为电流串联负反馈放大电路。当运放工作在线性区时,输入端存在虚短及虚断,所以有:

$$I_L = \frac{u_i}{R_S}$$

式中:R_S——取样电阻。

此电路中负载R_L不能直接接地,即R_L处于浮地状态。

图 7.13　电压-电流变换电路　　　　图 7.14　负载接地的电压-电流变换器

(2) 允许负载接地的电压-电流变换电路

电路如图7.14所示,是一个允许负载接地的电流源电路。当$R_1 R_2 = R_3 R_4$时,有:

$$I_L = -\frac{u_i}{R_2}$$

即流过负载R_L的电流与输入电压成正比,而与负载R_L无关。当运放为双电源供电时,根

据 u_i 极性的不同可提供双向电流源。

3）电压-频率转换器

完成模拟信号与脉冲频率之间的相互转换的电路称为电压-频率(V/F)变换器。这一类 V/F 变换器 IC 品种较多，如同步型 V/F 变换器——VFC100、AD651；高频型 V/F 变换器——VFC110；精密单电源型 V/F 变换器——VFC121；通用型 V/F 变换器——VFC320、LMX31。LMX31 系列（包括 LM131A/LM131、LM231A/LM231、LM331A/LM331）性价比较高，适于作 A/D 转换器、精密频率电压转换器、长时间积分器、线性频率调制或解调及其他功能电路。

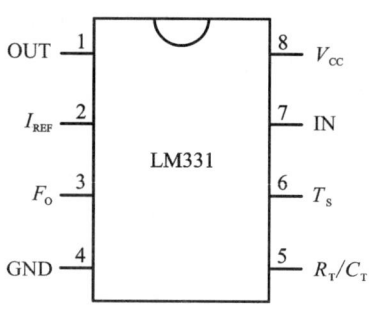

图 7.15 LM331 的管脚排列图

其基本参数是：

满量程频率范围：1 Hz～100 kHz；

线性度：±0.01%；

电源电压：3.9～40 V。

LMX31 系列外形采用 8 脚 DIP 封装结构，如图 7.15 所示。

LM331 内部结构与基本接法如图 7.16 所示，其基本工作原理为：若无信号时，6 脚电平约为 V_{CC}，7 脚电平为 $\dfrac{R_2}{R_1+R_2}V_{CC}$。当输入负脉冲信号使 6 脚电平低于 7 脚电平时，输入比较器翻转，使 RS 触发器置 1。RS 触发器控制电流开关，使精密电流源（电流值为 $i=$

图 7.16 LM331 内部结构与基本接法

$1.9/R_S$,该电流值为 10~50 μA,变更 R_S 阻值可调整电压频率转换比)对 1 脚的负载电容 C_L 充电,同时 RS 触发器还使 V_{CC} 通过定时电阻 R_t 对 5 脚的定时电容 C_t 充电。当 C_t 充电电压值略超过 $\frac{2}{3}V_{CC}$ 时,定时比较器翻转,RS 触发器置 0。由电容充电过程中 $V_{CC}(1-e^{\frac{-T}{R_tC_t}}) = \frac{2}{3}V_{CC}$,可求得对定时电容 C_t 的充电时间 $T \approx 1.1 C_t R_t$。则电流开关切断对负载电容 C_L 的充电,电容 C_L 通过负载电阻 R_L 缓慢放电。时间常数 $C_L R_L$ 决定了输入信号频率变化时输出电压变化所需的建立时间的大小及输出电压纹波的大小。$C_L R_L$ 越大,则建立时间越长,但输出电压的纹波越小。同时 RS 触发器也切断了对 C_t 的充电,C_t 通过饱和晶体管迅速放电,然后整个电路等待下一个输入负脉冲进行循环。

由 LM331 组成的 V/F 转换基本电路如图 7.17 所示。

7.1.3 信号产生单元

波形发生器(信号发生器)是科研单位和实验室经常用到的电子仪器设备,它可以用来产生各种信号及波形,通常有正弦波、三角波、脉冲波及调制波等,用途极为广泛。

1)正弦波产生电路

(1) RC 正弦波振荡器

正弦波振荡电路是在没有外加输入信号的情况下,依靠电路自激振荡而产生正弦波电压输出的电路,一

图 7.17 LM331 组成的 V/F 转换基本电路

般由放大电路、正反馈网络、选频网络和稳幅环节 4 个部分组成。选频网络保证电路只在某个特定的频率上满足振荡的相位条件,常用的选频网络有 RC 选频网络、LC 选频网络和石英晶体等,RC 选频网络构成的 RC 正弦波振荡电路的振荡频率较低,一般在 1 MHz 以下,LC 选频网络构成的 LC 正弦波振荡电路的振荡频率在 1 MHz 以上,石英晶体正弦波振荡频率和 LC 正弦波振荡电路相当,其特点是振荡频率非常稳定。在要求高频率稳定度的场合,往往采用高 Q 值的石英晶体振荡器代替 LC 回路。

常见的 RC 正弦波振荡电路有 RC 移相振荡电路、RC 串并联网络振荡电路和双 T 选频网络的振荡电路。

如图 7.18 所示电路为 RC 移相振荡电路。其振荡频率为:

$$f_0 = \frac{1}{2\pi RC \sqrt{2\left(\frac{2}{n}+3\right)}}$$

式中:$n = \frac{R}{r_{in}}$,r_{in}——电路的输入电阻。

特点:电路简单,经济方便,但失真大,频率稳定度低,适用于输出固定振荡频率且稳定度要求不高的设备中。

图 7.18　移相式正弦波振荡电路

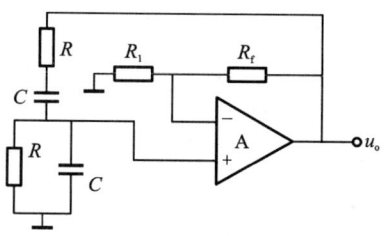

图 7.19　RC 串并联网络振荡电路

图 7.19 为 RC 串并联网络振荡电路(可称为文氏桥振荡电路)。当 $R_f=2R_1$ 时才能保证电路振荡,电路的振荡频率为 $f_0=\dfrac{1}{2\pi RC}$。

(2) 晶体振荡电路

晶体振荡电路就是用石英晶体构成的正弦波振荡电路,其频率稳定度可高达 10^{-9},甚至达到 10^{-11} 量级,在具有高频率稳定度要求的设备中得到广泛应用。

① 并联型石英晶体正弦波振荡电路

并联型石英晶体正弦波振荡电路如图 7.20 所示。图中电容 C_1 和 C_2 并接在晶体的两端,称为晶体的负载电容。如果其电容值等于晶体厂家对晶体规定的标准负载电容值,则振荡电路的频率就是晶体外壳上所标注的标称频率值。实际上,由于老化及寄生参量的影响,实际振荡频率与标称频率会有偏差。因此,在对振荡频率准确度要求高的应用场合,一般可以在晶体旁串联一个调节范围很小的微调电容,作为微调振荡频率的辅助电路。

图 7.20　并联型石英晶体正弦波振荡电路

② 串联型石英晶体正弦波振荡电路

串联型石英晶体正弦波振荡电路如图 7.21 所示。电容 C_b 为旁路电容,对于交流信号 C_b 可视为短路。当晶体串联谐振时,反馈最强,振荡频率等于晶体串联谐振频率 f_S。对于 f_S 以外的其他频率,晶体呈现较大的电抗,导致反馈减弱,电路难以达到起振条件。调整和晶体

串联的电阻 R_P 的阻值,可使电路达到正弦波振荡的幅值平衡条件,获得较好的正弦波输出。

图 7.21　串联型石英晶体正弦波振荡电路

2) 脉冲波产生电路

脉冲波(又称为方波)在数字电路及计算机相关学科中应用十分广泛。产生脉冲波的方法和途径也较多,常用的元件有:逻辑门、555 定时器、RC 或晶体振荡器等。由石英晶体构成的振荡器的频率稳定度较高,是目前其他类型的振荡器所不能替代的。555 定时器构成的振荡器容易起振,成本低,有一定的带负载能力,在要求不是太高的情况下,可以选用这种振荡器。

下面列出几种由门电路和 555 定时器构成的常用电路。

(1) 由门电路构成的振荡器

电路如图 7.22 所示。R_S 是反相器输入端保护电阻,不影响振荡频率,该电路的振荡频率为 $f_0 = \dfrac{1}{2.2 R_t C_t}$。

图 7.22　门电路构成的振荡器

图 7.23　石英晶体振荡器电路

(2) 由门电路和石英晶体构成的振荡器

石英晶体振荡器电路如图 7.23 所示。图中,并联在两个反相器输入、输出间的电阻 R 的作用是使反相器工作在线性放大区。对于 TTL 门电路 R 的阻值通常在 $0.7 \sim 2 \text{ k}\Omega$ 之间;对于 CMOS 门电路 R 的阻值则常在 $10 \sim 100 \text{ M}\Omega$ 之间。电路中,电容 C_1 用于两个反相器间的耦合,而 C_2 的作用,则是抑制高次谐波,以保证稳定的频率输出。对于电容 C_2 的选择,应使 $2\pi R C_2 f_S \approx 1$,从而使 RC_2 并联网络在 f_S 处产生极点,以减少谐振信号的损失。对于 C_1 的选择,应使其在频率为 f_S 时的容抗可以忽略不计。电路的振荡频率仅取决于石英晶体的串联谐振频率 f_S,而与电路中的 R、C 的数值无关。

(3) 由 555 定时器构成的振荡器

电路如图 7.24 所示。该电路是由 555 定时器构成的多谐振荡器的基本电路，振荡频率为 $f_0 = \dfrac{1.43}{(R_1+2R_2)C}$。$C_1$ 为滤波电容，用于防止 5 端的干扰信号的影响。

图 7.24　555 定时器构成的多谐振荡器基本电路

图 7.25　555 定时器构成的多谐振荡器

如图 7.25 所示为由 555 定时器构成的另一种多谐振荡器的形式。其振荡频率为 $f_0 = \dfrac{1.43}{(R_1+R_2)C}$。充、放电时间常数可单独调节，若 $R_1 = R_2$，则输出波形占空比为 50%。

7.1.4　多路选择开关

数据选择器用于对多路数字信号进行选择，按选择地址信号的不同，每次选择多路信号中的一路进行传输，和 CPU 一起使用，很容易实现数字信号的自动传输。它只要求所传送的信息逻辑状态不变，允许电压幅度有一定变化。用它来进行模拟信号的传输则会带来很大的误差，因此对于模拟信号的传输宜选用多路模拟开关来实现。

多路模拟开关实际上起一个波段开关的作用。多路模拟开关所要求的指标比数据选择器高得多，要求有很小的导通电阻、很大的断开电阻，所能传输的信号幅度大、线性好、精度高，而且还要求功耗低等。多路模拟开关常用于在测控系统中对信号通道进行选择，也可用于编程放大器中。

常用的 CMOS 多路模拟开关有以下几种。

国产的模拟开关。型号主要有：四 1 对 1 双向开关 CC4066；三 2 对 1 双向开关 CC4053；双 4 对 1 双向开关 CC4052；单 8 对 1 双向开关 CC4051；单 16 对 1 双向开关 CC4067。

美国 AD 公司（美国模拟器件公司）的 CMOS 模拟开关。型号有：AD7501（双向 8 对 1）、AD7502（双向 4 对 1）、AD7503（双向 8 对 1）、AD7506（双向 16 对 1）和 AD7507（双向 8 对 1）。它们的输入电流、泄漏电流及导通电阻比国产的 CC4051 要小一些。

模拟开关的总功耗随工作频率和供电电压的增高而增大。

电路图 7.26 为多路模拟开关的应用实例——功率因数测量电路。该电路采用多路模拟开关 CC4052，分时将每相测量用的信号（如：I_A 和 U_{BC} 的方波信号）接入单片机，

CC4052 为双四选一多路传输开关，INH 为禁止端，该端由单片机的 P1.0 控制，当 P1.0＝0 时，该端被禁止，多路模拟开关均为不接通。将电流信号（I_a、I_b、I_c）依次接入 X 通道，电压信号和电流信号成对依次（U_{bc}、U_{ca}、U_{ab}）接入 Y 通道，这样可测量出三相电压、电流信号的相位差，即可测出每相电路的功率因数。

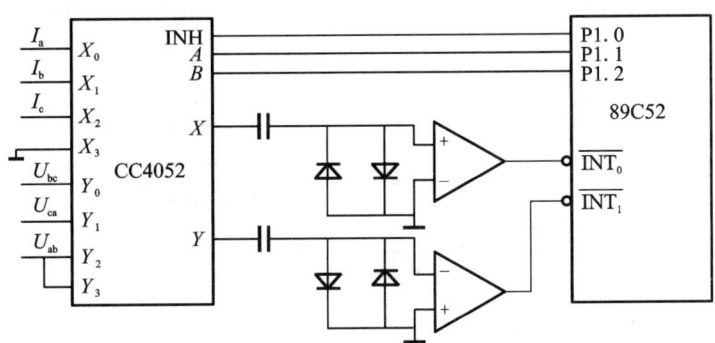

图 7.26　CC4052 和单片机构成的测量电路

选用多路模拟开关应考虑的因素有：所传输模拟量的路数，是单端还是差动信号，模拟信号幅度有多大，传输的速率要求以及允许多大的串扰误差。串扰误差是由于通道之间的串干扰引起的。由于通道之间有寄生电容，一个通道的信号会通过寄生电容耦合到其他通道，这就是所谓的串扰。一个多路模拟开关的路数越多，各路之间的寄生电容越大，串扰误差就越大。

7.2　直流稳压电源的设计

7.2.1　简述

本设计旨在培养学生根据已学过的知识和已掌握的实验研究方法，通过对整流滤波电路的设计和三端集成稳压器的使用，掌握直流稳压电源的工作原理、技术指标及其测试方法，对中小型直流稳压电源进行工程设计，设计实验方案，组织实施实验，分析总结实验结果。

7.2.2　设计任务与要求

(1) 设计一组多路直流稳压电源，要求输出＋12 V、－12 V 和＋5 V 三组直流电压，输出电流范围为 0～500 mA，稳压系数＜0.05，纹波电压峰值＜5 mV。

(2) 设计一个可调直流稳压电源，要求输出电压在＋3～＋9 V 之间连续可调，I_{omax}＝800 mA，纹波电压峰值＜5 mV，稳压系数≤3×10^{-3}。

7.2.3　设计思路

直流稳压电源一般由电源变压器、整流滤波电路及稳压电路组成。
集成稳压电源设计的主要内容是根据性能指标，选择合适的电源变压器、集成稳压器、整流二极管及滤波电容。

常见的集成稳压器有固定式三端稳压器与可调式三端稳压器,下面分别介绍其典型的应用及选择原则。

1) 固定输出集成稳压电源的设计

如图 7.27 所示为单相桥式整流、电容滤波和集成三端稳压器组成的集成直流稳压电源,各部分元器件的选择如下。

图 7.27　固定输出集成直流稳压电源电路

(1) 电源变压器

电源变压器的作用是将电网 220 V 的交流电压 u_1 变换成整流滤波电路所需要的交流电压 u_2。变压器副边与原边的功率比 $P_2/P_1=\eta$,η 为变压器的效率。一般小型变压器的效率如表 7.4 所示。

表 7.4　小型变压器的效率

副边功率 P_2(VA)	<10	10~30	30~80	80~200
效率 η	0.6	0.7	0.8	0.85

通常根据变压器副边输出的功率 P_2 来选择变压器。变压器副边输出电压 U_2 按 $U_2 \geqslant U_{\text{imin}}/1.1$,$I_2 \geqslant I_{\text{omax}}$ 选取。

(2) 整流滤波电路

4 个整流二极管组成的单相桥式整流电路将交流电压 u_2 变成脉动的直流电压,再经滤波电容 C 滤除纹波,输出直流电压 U_i。U_i 与交流电压 u_2 的有效值 U_2 的关系为:

$$U_i = (1.1 \sim 1.2)U_2$$

每只整流二极管承受的最大反向电压为 $U_{\text{RM}} = \sqrt{2}U_2$,通过每只二极管的平均电流是:

$$I_D = I_o/2 = (0.45U_2)/R$$

式中,R 为整流滤波电路的负载电阻。它为电容 C 提供放电回路,RC 放电时间常数应满足 $RC \geqslant (3\sim 5)T/2$,T 为 50 Hz 交流电压的周期,即 $T=1/50=0.02$ s。

整流二极管的额定工作电流应满足 $I_F > I_{\text{omax}}$,滤波电容 C 的耐压值应大于 $\sqrt{2}U_2$。

(3) 集成稳压器

三端固定输出集成稳压器的通用产品有 CW7800 系列(输出正电压)和 CW7900 系列(输出负电压),输出电压有 5 V、6 V、8 V、9 V、12 V、15 V、18 V、24 V 等几个挡次,输出电流有 0.1 A、0.5 A、1.5 A 等几种,输出电流以型号 78(或 79)后面所加字母来区分,如 L 为 0.1 A,M 为 0.5 A,无字母为 1.5 A。例如,CW78M12 表示输出电压为 +12 V,输出电流为 0.5 A。如要求直流输出电压为 +15 V,电流小于 500 mA,则应选择 CW78M15 三端稳压器;如要求直流输出电压为 -12 V,电流小于 100 mA,则可选用 CW79L12 三端稳压器。

集成稳压器输入电压的确定:

稳压器的输入电压 U_i 太低,则稳压器性能将受影响,甚至不能正常工作;U_i 太高则稳压器功耗增大,会导致电源效率下降。所以 U_i 的选择原则是:在满足稳压器正常工作的前提下,U_i 越小越好,但 U_i 最低必须保证输入、输出电压差大于 2~3 V。

(4) 补偿电容的选择

图 7.27 中的电容 C_i、C_o 起补偿作用,其中 C_i 用来抵消由于输入端接线较长所产生的引线电感效应,以防止自激振荡,并可抑制电源的高频脉冲干扰,其大小一般为 0.33 μF,其安装位置应靠近集成稳压器;C_o 的作用是抑制高频噪声、防振、改善输出瞬态响应,一般可取 0.1~1 μF 的电容器。C_i、C_o 最好采用漏电流小的钽电容。图 7.27 中的二极管 VD 用来防止在输入短路时,C_o 上所存储的电荷通过稳压器放电而损坏组件。

2) 可调输出集成直流稳压电源的设计

CW117、CW217 和 CW317 是输出正电压的三端可调集成稳压块,其输出电压可在 1.2~37 V 范围内连续可调。CW117 系列的 3 个品种 CW117、CW117M 和 CW117L 的最大输出电流分别是 1.5 A、0.5 A 和 0.1 A。另外,CW137、CW237 和 CW337 是可调负电压输出的集成稳压块。

三端可调集成稳压器的典型应用电路如图 7.28 所示。

图 7.28 中,R_1 与 R_P 组成电压输出调节电路,输出电压 U_o 为

$$U_o \approx 1.25\left(1 + \frac{R_P}{R_1}\right)$$

R_1 的值为 120~240 Ω,流经 R_1 的泄放电流为 5~10 mA,R_P 为精密可调电位器。

图 7.28 三端可调集成稳压器的典型应用电路

由此可见,调节 R_P 就可实现输出电压的调节。若 $R_P = 0$,则 $U_o = 1.25$ V,为最小输出电压。随着 R_P 的增大,U_o 也增加,当 R_P 为最大值时,U_o 也为最大值。所以,R_P 应按最大输出电压值来选择。

如图 7.28 所示电路中的 C_1 与 R_P 并联组成滤波电路,可滤除输出电压的纹波电压。二极管 VD_1 用于防止输出短路时,C_1 通过调整端放电而损坏稳压器。VD_2 用于防止输入短路时,C_o 通过稳压器放电而损坏稳压器。在输出电压小于 7 V 时,也可不接 VD_1、VD_2。C_i、C_o 的作用与 CW7800 电路中相对应的电容作用相同。

集成稳压器输入电压 U_i 的范围为:

$$U_{omax} + (U_i - U_o)_{min} \leqslant U_i \leqslant U_{omin} + (U_i - U_o)_{max}$$

式中：U_{omax}——最大输出电压；

U_{omin}——最小输出电压；

$(U_i - U_o)_{min}$——稳压器的最小输入、输出电压差；

$(U_i - U_o)_{max}$——稳压器的最大输入、输出电压差。

滤波电容 C 可由下式估算：

$$C = \frac{I_C t}{\Delta U_{ip-p}}$$

式中：ΔU_{ip-p}——稳压器输入端纹波电压的峰-峰值；

t——电容 C 的放电时间，$t = T/2 = 0.01$ s；

I_C——电容 C 的放电电流，可取 $I_C = I_{omax}$。

7.2.4 电路设计

(1) 设计任务(1)的参考设计电路请读者自行完成。

(2) 设计任务(2)的参考设计电路如图 7.29 所示。

选择可调式三端稳压器 CW317，其特性参数 $U_o = 1.2 \sim 37$ V，$I_{omax} = 1.5$ A，最小输入、输出电压差 $(U_i - U_o)_{min} = 3$ V，最大输入、输出电压差 $(U_i - U_o)_{max} = 40$ V。组成的稳压电源电路如图 7.29 所示。

图 7.29 直流稳压电源参考电路图

7.3 模拟三相交流信号源的设计

7.3.1 简述

在自动控制系统和测速仪表检测中，需要用到三相低频正弦信号源，目前自动控制系统所用的信号发生器都是由三相同步发电机来构成，用三相发电机就需要用直流电动机带动，而且直流电动机需要直流电源供电。因此一个信号发生器就有几十千克重，而且产生的信号稳定性不好，也不便于控制。

可提供三相正弦电压与三相正弦电流信号的三相精密功率信号源的应用很广泛，如对于电能表或功率表的检定装置，它就是重要组成部分。在信号源中，波形的失真度要极低，精度和稳定度要很高，因此合成高指标的三相正弦波是研制三相精密功率信号源首先要解决的问题,现在虽然已经可以用 DDS 等方法产生高性能的信号源,但对于刚学完一些基本课程的在校大学生来说这个方法有相当的难度。本设计只要求学生用所学的电子技术方面的知识,模拟产生工频三相交流信号的信号源。

7.3.2 设计任务与要求

根据按键设置三相工频标准信号源,可产生三相标准工频电压和工频电流,电压、电流分别产生。三相工频标准源可用来检定、标定交流测量设备,如电力自动化中的运动装置、保护装置等。基本要求:

(1) 产生三相工频电压 $\pm 1\,\mathrm{V}$(峰值),负载为 $1\,000\,\Omega$,无明显正弦波形失真。
(2) 产生三相工频电流 $\pm 5\,\mathrm{mA}$(峰值),负载 $0\sim 200\,\Omega$,无明显正弦波形失真。
(3) 电流幅值可调,步进 $1\,\mathrm{mA}$,误差 5%。
(4) 电压幅值可调,步进 $0.2\,\mathrm{V}$,误差 5%。

7.3.3 设计思路

工频三相交流信号源是由 3 个频率相同而相位不同的电压源作为电源的供电体系,三相电源一般是由 3 个同频率、等幅值和初相依次相差 120°的正弦电压源按一定方式连接而成。这组电压源称为对称三相电源,依次称为 A 相、B 相和 C 相。

该三相交流信号源电路由三部分组成:正弦波发生器、移相网络、输出电路。正弦波发生器构成的方法较多,如 RC 振荡电路、集成函数发生器、直接合成技术等,其中 RC 振荡电路的原理已经在教材中学习过,所用的元件也是常用的,且价格较低,因而正弦波发生器可以用 RC 振荡电路完成。移相网络也可用 RC 移相网络,一级 RC 电路最大可移相 90°,三相电路图的每相之间相差 120°,因此,每相之间的移相网络要用两级 RC 电路才能实现。RC 移相网络的输出虽然已经是相差 120°的三相交流信号,但其带负载的能力极差,因而在电路的最后要加上输出电路。这部分电路可以用集成运算放大器构成相应的电路来实现,如比例电路。输出电路还要完成将电压信号转换为电流信号的任务,该电路可用运放构成一个电流串联负反馈电路来实现。

7.3.4 电路设计

1) 正弦波产生电路

正弦波产生电路采用 RC 串并联网络和运算放大器构成的文氏桥式振荡电路,如图 7.30 所示。该电路的振荡频率由 RC 串并联网络确定,即:

$$f=\frac{1}{2\pi RC}$$

图 7.30 RC 构成的正弦波振荡电路

本设计的目的是模拟工频三相交流信号源,因此信号频率是可以确定的,即为 50 Hz,这样可以反过来确定 R 和 C 的值。

电阻 R_1、R_2 和运算放大器构成放大电路,其放大倍数是由两个电阻值决定的,即:

$$A_\mathrm{u}=1+\frac{R_2}{R_1}$$

RC 串并联网络在发生振荡时有这样的特性：输入、输出同相位，电压传输比为 $F=1/3$，因此要能实现振荡，在相位上首先要满足同相位的关系，这点用同相输入即可，而幅值上要满足 $|\dot{A}\dot{F}|=1$，这就要求放大电路的放大倍数应该大于或等于3，通过对电阻阻值进行选择，很容易满足这项要求，如选 $R_2=2R_1$，电阻阻值不宜选得太小，一般在千欧数量级。运算放大器选用普通的即可，在参数选择上没有特殊要求。将运算放大器的输出作为正弦信号的输出。

2）移相电路

最简单的移相电路是 RC 移相，一级 RC 电路的最大移相为 90°，但此时的幅值等于零，因此这里选用二级 RC 电路构成移相网络，如图 7.31 所示。把由振荡电路产生的信号作为 A 相，则该信号经过移相电路移相 −120°成为 B 相，移相 +120°成为 C 相。

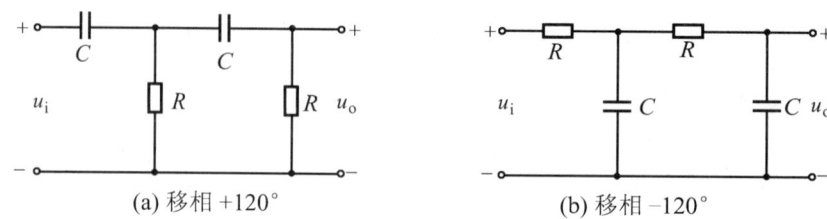

图 7.31　移相网络

3）输出电路

虽然三相信号已经产生，但其带负载的能力还是有限的，且各相的功率之间存在差异，因此在作为输出信号前需要把各相的信号处理一下，即加一个输出电路。输出电压信号的幅值大小可以通过改变电阻 R 进行调节（如图 7.32 所示）以使三相电压幅值相等。三相电压信号还要转换为电流信号，这里采用电流串联负反馈实现电压-电流转换，如图 7.33 所示，当然也可以用专门的电压-电流转换器，如 XTR110。

图 7.32　电压信号幅值调整电路

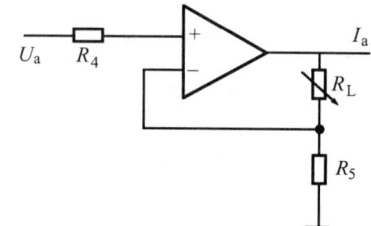

图 7.33　电压-电流转换电路

7.4　函数信号发生器的设计

7.4.1　简述

函数信号发生器能自动产生正弦波、三角波、方波及锯齿波、阶梯波等电压波形。其电路中使用的器件可以是分立器件，也可以是集成电路（如单片集成电路函数发生器

ICL8038)。本课题主要介绍单片集成函数发生器 ICL8038 的工作原理与应用,并介绍由集成运算放大器组成的正弦波-方波-三角波函数发生器电路。

7.4.2　设计任务与要求

(1) 设计由函数信号发生器 ICL8038 构成的方波、三角波、正弦波信号产生电路。
(2) 设计由集成运算放大器组成的正弦波-方波-三角波函数信号发生器电路。

7.4.3　设计思路

产生正弦波、方波、三角波的方案有多种,如先由 RC 正弦波振荡器产生正弦波,然后通过整形电路将正弦波变换成方波,再由积分电路将方波变成三角波(本设计课题的设计任务(2)就采用这种方案);也可以先产生三角波或方波,再将三角波变成正弦波或将方波变成正弦波;还可以利用单片集成电路函数发生器 ICL8038,它可以同时输出方波(或脉冲波)、三角波、正弦波。

7.4.4　电路设计

1) 单片集成电路函数信号发生器 ICL8038

ICL8038 的工作频率范围在几赫兹至几百千赫兹之间,其内部原理电路框图如图 7.34 所示,由恒流源 I_1、I_2,电压比较器 A_1、A_2 和触发器等组成。两个比较器 A_1、A_2 的基准电压 $2V_R/3$、$V_R/3(V_R=V_{CC}+V_{EE})$ 由内部电阻分压网络提供,比较输入电压由 FM-IN 端,即管脚 8 输入。

图 7.34　ICL8038 内部组成框图

电流源 I_1、I_2 的大小可通过外接电阻调节,且 I_2 必须大于 I_1。当触发器的 Q 端输出为低电平时,它控制开关 S 使电流源 I_2 断开。而电流源 I_1 则向外接电容 C 充电,使电容两端电压 U_C 随时间线性上升,当 U_C 上升到 $2V_R/3$ 时比较器 A_1 的输出发生跳变,使触发器的输出 Q 端由 0 变为 1,控制开关 S 接通电流源 I_2。由于 $I_2 > I_1$,因此电容 C 放电,U_C 随时间线性下降。当 U_C 下降到 $U_C \leqslant V_R/3$ 时,比较器 A_2 的输出发生跳变,使触发器的输出 Q 端又由 1 变为 0,I_2 再次断开,I_1 再次向 C 充电,U_C 又随时间线性上升,如此周而复始,产生振荡。若 $I_2 = 2I_1$,U_C 的上升和下降时间相等,在管脚 3 处得到三角波输出。而触发器输出的方波,经缓冲器输出到管脚 9。三角波经正弦波变换器变成正弦波后由管脚 2 输出。当 $I_1 < I_2 < 2I_1$ 时,U_C 的上升和下降时间不等,管脚 3 输出锯齿波。在 1 脚与 6 脚之间接电位器可以改善正弦波的正向失真,在 12 脚与地之间接电位器可以改善正弦波的负向失真。ICL8038 可以采用单电源(+10～+30 V)供电,也可以采用双电源(±5～±15 V)供电。

ICL8038 外部管脚排列如图 7.35 所示。

1 脚为正弦波线性调节端;2 脚为正弦波输出端;3 脚为三角波输出端;4 脚为恒流源调节端;5 脚为恒流源调节端;6 脚为正电源端;7 脚为调频偏置电压端;8 脚为调频控制输入端;9 脚为方波输出(集电极开路输出)端;10 脚为外接电容端;11 脚为负电源或接地端;12 脚为正弦波线性调节端;13、14 脚为空脚。

图 7.35 ICL8038 管脚图

用 ICL8038 加少量的外部 R、C 元件即能组成音频函数发生器,如图 7.36 所示。电阻 R_1 与电位器 R_{P1} 用来确定 8 脚的直流电位 V_8,通常取 $V_8 \geqslant \frac{2}{3} V_{CC}$。$V_8$ 的大小与电路的输出信号频率成比例,即 V_8 的电压大小可实现输出信号频率的调节。因此,ICL8038 又称为压控振荡器(VCO)或频率调制器(FM)。调节 R_{P1} 可使输出信号频率在 20 Hz～20 kHz 之间变化。V_8 还可以由 7 脚提供固定电位,此时输出频率 f_0 仅由 R_A、R_B 及电容 C_t 决定。采用双电源供电时,输出波形的直流电平为零。采用单电源供电时,输出波形的直流电平为 $V_{CC}/2$。

图 7.36 ICL8038 组成的音频函数发生器

2) 由集成运算放大器组成的正弦波-方波-三角波函数发生器

如图 7.37 所示函数发生器电路的工作原理为：先由 RC 桥式振荡电路产生正弦波，然后通过电压比较器（过零比较器）电路将正弦波变换成方波，再由积分电路将方波变成三角波。电路中 A 点的输出波形为正弦波，B 点输出波形为方波，C 点输出波形为三角波，该电路的频率调节范围为 20 Hz～20 kHz。该电路的工作原理请读者自己分析。

图 7.37　正弦波-方波-三角波函数发生器电路

7.5　数字钟设计

7.5.1　简述

数字钟是一个能直观显示时、分、秒的计时装置，它的计时周期为 24 h，显示满刻度为 23 时 59 分 59 秒，其应具有校时功能。一个基本的数字钟电路一般由振荡器、分频器、计数器、译码器、显示器等几部分组成，这些组成部分都是数字电路中应用最广的基本电路。本设计课题要求采用中规模 TTL 集成电路或 CMOS 集成电路设计制作一台数码管显示的数字钟。

7.5.2　设计任务与要求

（1）掌握数字钟的基本工作原理，设计一个具有"时""分""秒"计时，6 位数字显示的时钟电路。

（2）具有快速校准时、分的校时功能。

（3）用中小规模 TTL 和 CMOS 集成电路实现。

7.5.3 设计思路

数字钟总体设计原理框图如图 7.38 所示,主要由振荡器、分频器、计数器、译码显示驱动器、显示器(LED 数码管)和校准电路等 6 部分组成。

该系统的工作原理是:将振荡器产生的稳定的高频脉冲信号作为数字钟的时间基准,该脉冲信号经分频器输出标准秒脉冲。秒计数器计满 60 后向分计数器进位,分计数器计满 60 后向时计数器进位,时计数器按照"24 翻 1"规律计数。计数器的输出经译码器送至显示器,计时出现误差时可以用校时电路进行校时、校分。

图 7.38 数字钟原理框图

7.5.4 电路设计

1) 振荡器

振荡器是计数器的核心,它的作用是产生一个具有标准频率的脉冲信号,该脉冲信号由分频器分成秒脉冲。振荡器振荡频率的精度与稳定度基本决定了计数器的质量,振荡频率精度与稳定度越高,计时精度也就越高。由 555 定时器组成的振荡电路如图 7.39 所示,其振荡频率 $f=\dfrac{1.43}{(R_1+2R_2)C}$。

2) 分频器

由于振荡器产生的信号频率较高,如果要得到秒脉冲必须运用分频电路。分频器采用计数器实现,例如,要将如图 7.39 所示的 555 振荡电路产生的 1 kHz 的信号变为秒脉冲,需经过 3 级 10 分频电路(如由双 BCD 码同步加法计数器 CC4518 组成十进制计数器的级联电路)。

CC4518 的管脚图如图 7.40 所示。

CC4518 的使用说明:

CC4518 有两个时钟输入端 CP 和 EN。如果用时钟的上升沿触发,则信号由 CP 端输入,并使 EN 端为"1";如果用下降沿触发,则信号由 EN 端输入,并使 CP 端为"0"。CR 为清零端(高电平有效)。

图 7.39 555 振荡电路

CC4518 的功能表如表 7.5 所示。

表 7.5　CC4518 的功能表

CP	EN	CR	功能
↑	1	0	加计数
0	↓	0	加计数
↓	×	0	不变
×	↑	0	不变
↑	0	0	不变
1	↓	0	不变
×	×	1	$Q_0 \sim Q_3 = 0$

图 7.40　CC4518 的管脚排列图

3) 计数器

由如图 7.38 所示的数字钟原理框图可看出,数字钟共有 6 级计数器,其中"秒"位和"分"位为 60 进制计数器,"时"位为 24 进制计数器。60 进制计数器和 24 进制计数器都采用 CC4518(双 BCD 码同步加法计数器)实现,分别如图 7.41 和图 7.42 所示。

图 7.41　60 进制计数器

图 7.42　24 进制计数器

4) 译码电路

译码器采用 BCD 码-七段显示译码驱动器(74LS48),将时、分、秒各计数器的计数译码,以分别驱动时、分、秒显示器的个位和十位。

74LS48 用来驱动共阴极的发光二极管显示器,同时 74LS48 的内部有升压电阻,因此无需外接电阻(可以直接与显示器相连接)。

74LS48 的管脚排列图如图 7.43 所示,图 7.43 中 $D\sim A$ 为 8421BCD 译码地址输入端,$a\sim g$ 为七段译码输出端。

各使能端功能简介如下:

$\overline{LT}$ 为灯测试输入使能端(低电平有效),当 $\overline{LT}=0$ 时,译码器各段输出均为高电平,显示器各段全亮,因此,$\overline{LT}=0$ 可用来检查 74LS48 和显示器的好坏。

图 7.43　74LS48 的管脚排列图

$\overline{RBI}$ 为动态灭零输入使能端(低电平有效),在 $\overline{LT}=1$ 的前提下,当 $\overline{RBI}=0$ 且输入 $D\sim A=0000$ 时,译码器各段输出全为低电平,显示器各段全灭,而当输入数据为非零数码时,译码器和显示器正常译码和显示。利用此功能可以实现对无意义位的零进行消隐。

$\overline{BI}/\overline{RBO}$ 为静态灭灯输入/动态灭零输出使能端,这是一个双功能的输入/输出端。$\overline{BI}/\overline{RBO}$ 作为输入端使用时,称 74LS48 为灭灯输入控制器,只要 $\overline{BI}=0$,不论输入 $D\sim A$ 为何种电平,译码器各段输出全为低电平,显示器灭灯(此时 $\overline{BI}/\overline{RBO}$ 为输入使能端)。

$\overline{BI}/\overline{RBO}$ 作为输出端使用时,称灭零输出端,在不使用 $\overline{BI}$ 功能时,$\overline{BI}/\overline{RBO}$ 为输出使能端(其功能是只有在译码器实现动态灭零时 $\overline{RBO}=0$,其他时候 $\overline{RBO}=1$)。该端主要用于多个译码器级联时,对无意义的零进行消隐。实现整数位的零消隐是将高位的 $\overline{RBO}$ 接到相邻低位的 $\overline{RBI}$,实现小数位的零消隐是将低位的 $\overline{RBO}$ 接到相邻高位的 $\overline{RBI}$。

5)显示电路

显示器可采用 LED 七段数码管。

数码显示器(简称数码管)的一种常用的显示方式是分段式,数码是由分布在同一平面上若干段发光的笔画组成的。七段式数码管利用不同发光段组合,显示十进制数码 0~9。

为了使数码管能将数码所代表的数字显示出来,必须由译码器将数码译出,然后由驱动器点亮对应的段,即对应于某一组数码,译码器应有确定的几个输出端有信号输出(指有效信号),这是分段式数码管电路的主要特点。

如果采用共阴极数码管(指所有发光二极管的阴极同一点),公共点 M 应接"0"电位,其输入为高电平有效。

6)校准电路

在数字钟接通电源或计时出现误差时,必须将时钟按标准时间进行校准。校准电路的功能是将快速脉冲信号(本设计采用标准秒脉冲信号)引入"计分"和"计时"电路,以便快速校准"分"和"时",从而使计时电路快速达到标准时间。采用与非门构成的校准电路的参考电路见图 7.44。

图 7.44 中开关 S_1、S_2 用作校准/计数切换,S_1 为校"分",S_2 为校"时"。S_1 拨向右端时,与非门 G_1 的一个输入端为"1",将它打开,使秒计数器输出的分计数脉冲加到 G_1 的另一输入端,并经 G_3 进入分计数器,而此时由于 G_2 的一个输入端为"0",因此 G_2 被封闭,校准用的秒脉冲进不去,电路进行正常计时。当 S_1 拨向左端时,G_1 被封闭,G_2 被打开,标准

秒脉冲通过与非门 G_2、G_3 直接进入分计数器,实现对"分"的快速校准。同理,S_2 拨向右端时,与非门 G_4 被打开,使分计数器输出的时计数脉冲加到 G_4 的另一输入端,并经 G_6 进入时计数器,而此时 G_5 由于一个输入端为"0",因此被封闭,校准用的秒脉冲进不去,电路进行正常计时。当 S_2 拨向左端时,G_4 被封闭,G_5 被打开,标准秒脉冲通过与非门 G_5、G_6 直接进入时计数器,实现对"时"的快速校准。

图 7.44 校准电路

7.6 交通信号灯

7.6.1 简述

为了确保十字路口的车辆安全通过路口,往往采用自动控制的交通信号灯来进行指挥。其中红灯(R)亮时表示该道路禁止通行;黄灯(Y)亮时表示慢行停车;绿灯(G)亮时表示允许通行。这三者之间的逻辑关系清楚,完全可以用数字电路或单片机等实现控制。

7.6.2 设计任务与要求

(1) 用红、绿、黄三色发光二极管作信号灯,用逻辑开关作车辆是否到来的模拟信号,设计制作一个交通信号灯控制器。

(2) 由于主干道车辆较多而支干道车辆较少,所以主干道常处于允许通行的状态,而支干道有车来才允许通行。当主干道亮绿灯时,支干道亮红灯;而支干道绿灯亮时,主干道红灯亮。

(3) 当主、次干道均有车时,两者交替允许通行,主干道每次放行 45 s,支干道每次放行 25 s。设计 25 s 和 45 s 的计时显示电路。

(4) 在每次由绿灯变为红灯的转换过程中,要亮 5 s 的黄灯作为过渡,以便行驶中的车辆有时间停到禁止线以外。因此要设计 5 s 计时显示电路。

7.6.3 设计思路

系统中要求有 45 s、25 s、5 s 三种定时信号,需要设计三种相应的计时显示电路。计时方法采用倒计时,定时的起始信号由主控电路提供,定时时间结束的信号也被输入到主控电路,并通过主控电路去开启、关闭三色交通灯或启动另一种计时电路。

主控电路自然是本设计的核心,它的输入一方面来自车辆检测信号(主干道用 A 表示,支干道用 B 表示),另一方面来自 3 个定时器的信号(45 s、25 s、5 s 分别用 C、D、E 表示)。主控电路的输出一方面经译码后分别控制主干道和支干道的 3 个信号灯,另一方面控制定时电路的启动。主控电路用时序逻辑电路可以实现,应该按照时序逻辑电路的设计方法进行设计,当然主控电路如用单片机来实现,则显得更简单,本设计采用数字电路来实现。分析设计要求,可以得到交通灯有 4 个状态,用两个 JK 触发器即可实现,即:

$S_0(00)$:主道绿灯亮,允许通行;支道红灯亮,禁止通行。

$S_1(01)$:主道黄灯亮,停车;支道红灯亮,禁止通行。

$S_2(11)$:主道红灯亮,禁止通行;支道绿灯亮,允许通行。

$S_3(10)$:主道红灯亮,禁止通行;支道黄灯亮,停车。

原始状态转换图如图 7.45 所示:

图 7.45 交通灯的状态转换图

7.6.4 电路设计

1) 主控电路的设计

主控电路根据主、支道的车辆信号 A、B,以及 45 s、25 s、5 s 3 个定时信号 C、D、E 工作情况设计,该电路应按时序逻辑电路的设计方法进行设计。

(1)主干道有无车辆的状态 A:$A=1$ 主道有车;$A=0$ 主道无车。

(2) 支干道有无车辆的状态 B：$B=1$ 支道有车；$B=0$ 支道无车。

(3) 45 s 定时状态 C：$C=1$ 主、支道有车，但 45 s 定时已过；$C=0$ 主、支道有车，但 45 s 定时未过。

(4) 25 s 定时状态 D：$D=1$ 主、支道有车，但 25 s 定时已过；$D=0$ 主、支道有车，但 25 s 定时未过。

(5) 5 s 定时状态 E：$E=1$ 黄灯亮，5 s 定时已过；$E=0$ 黄灯亮，5 s 定时未过。

列出状态转换表，如表 7.6 所示。

表 7.6 交通灯状态转换表

A	B	C	D	E	Q_2^n	Q_1^n	Q_2^{n+1}	Q_1^{n+1}	说　明
×	0	×	×	×	0	0	0	0	维持现态 S_0
1	1	0	×	×	0	0	0	0	维持现态 S_0
0	1	×	×	×	0	0	0	1	由 S_0 转入 S_1
1	1	1	×	×	0	0	0	1	由 S_0 转入 S_1
×	×	×	×	0	0	1	0	1	维持 S_1
×	×	×	×	1	0	1	1	1	由 S_1 转入 S_2
1	1	×	0	×	1	1	1	1	维持 S_2
0	1	×	×	×	1	1	1	1	维持 S_2
1	0	×	×	×	1	1	1	0	由 S_2 转入 S_3
1	1	×	1	×	1	1	1	0	由 S_2 转入 S_3
×	×	×	×	0	1	0	1	0	维持 S_3
×	×	×	×	1	1	0	0	0	由 S_3 转入 S_0

由状态转换表求出状态方程和驱动方程：

$$Q_2^{n+1}=EQ_1^n\overline{Q_2^n}+\overline{\overline{Q_1^n}EQ_2^n}$$

$$Q_1^{n+1}=\overline{A\overline{C}BQ_2^n}\,\overline{Q_1^n}+\overline{\overline{ADBQ_2^n}Q_1^n}$$

$$J_2=EQ_1^n,\ K_2=E\overline{Q_1^n}$$

$$J_1=\overline{A\overline{C}B\overline{Q_2^n}},\ K_1=\overline{\overline{ADB}Q_2^n}$$

根据驱动方程可画出主控电路原理图，如图 7.46 所示。

图 7.46 交通信号灯主控电路

2) 各种计时电路的设计

45 s 定时电路开始计时是目前状态进入 S_0，即 Q_2Q_1 为 00，并且支道无车或主、支道均有车到来，因此 45 s 计数器的开启信号为 $OP_1=\overline{Q_2}\,\overline{Q_1}(A+\overline{B})$，电路由两个 BCD 码十进制计数器 74LS192 构成 45 进制计数器，待计满 45 个脉冲后，计数器回零，并向主控制器送出定时信号 $C=1$，如图 7.47 所示。

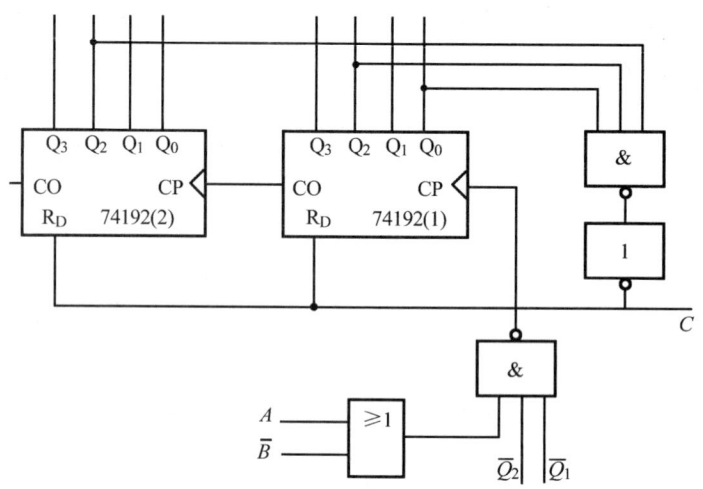

图 7.47 45 进制计数器电路图

同理，可用 BCD 码十进制计数器构成 25 s 定时电路和 5 s 定时电路，向主控制器送出定时信号 D 和 E。25 s 定时器的开启信号为 $OP_2=Q_2Q_1B$，5 s 定时器的开启信号为 $OP_3=Q_1\oplus Q_2$。类似地，25 进制电路及 5 进制电路读者可以自己完成。

3) 显示电路

主控制器的 4 种输出状态分别控制主、支道路的红、绿、黄三色信号灯，设"亮"为 0 状态，"灭"为 1 状态，可得到译码真值表（表 7.7）和逻辑表达式，根据真值表写出表达式比较简单，读者可自己完成。

表 7.7 译码真值表

主控制器输出		主干道灯状态			支干道灯状态		
Q_2	Q_1	红(R)	黄(Y)	绿(G)	红(R)	黄(Y)	绿(G)
0	0	1	1	0	0	1	1
0	1	1	0	1	0	1	1
1	1	0	1	1	1	1	0
1	0	0	1	1	1	0	1

4) 方波产生电路

方波产生电路可以用 555 定时器构成振荡器，具体电路可参见图 7.39，其振荡频率由外设的电阻、电容来确定，一般将振荡频率设置在 1 kHz 左右比较容易起振，然后再用三级十进制计数器进行分频得到秒脉冲。

7.7 多组竞赛抢答器的设计

7.7.1 简述

在许多比赛活动中,为了准确、公正、直观地判断出第一抢答者,通常设置一台抢答器。通过抢答器的数显、音响等指示出第一抢答者。同时,还可以设置定时、犯规报警等多种扩展功能。本课题要求分别用优先编码器 74LS148 和集成 D 触发器 74LS273 两种电路组成可供 8 个组参赛的竞赛抢答器。

7.7.2 设计任务和要求

(1) 设计一个同时可供 8 个组参赛的抢答器,他们的编号分别是 0、1、2、3、4、5、6、7,每组控制一个抢答开关,分别是 S_0、S_1、S_2、S_3、S_4、S_5、S_6、S_7。

(2) 给主持人设置一个控制开关,用来控制整个系统的清零和抢答的开始。

(3) 抢答器具有数据锁存和显示的功能。抢答开始后,第一抢答者按动抢答按钮后,其对应的编号立即锁存,并在 LED 数码管上显示出来,同时扬声器给出音响提示。此外,要封锁输入电路,禁止其他选手抢答。第一抢答者的编号一直保持到主持人将系统清零为止。

7.7.3 设计思路

抢答器的总体框图如图 7.48 所示,开始抢答后,当选手按动抢答键时,能显示选手的编号,同时能封锁输入电路,禁止其他选手抢答。

如图 7.48 所示的抢答器的工作过程是:接通电源时,节目主持人将开关置于"清除"位置,抢答器处于禁止工作状态,编号显示器灭灯,当主持人宣布抢答题目后,说一声"抢答开始",同时将抢答器控制开关拨到"开始"位置,抢答器处于工作状态。当有选手按动抢答键时,抢答器要完成以下三项工作:(1) 优先编码电路立即分辨出抢答者的编号,并用锁存器将编号进行锁存,然后由译码、显示电路显示抢答者编号;(2) 扬声器发出声响,提醒主持人注意;(3) 控制电路要对输入编码电路进行封锁,避免其他选手再次进行抢答。当选手将问题回答完毕,主持人操作控制开关,使系统恢复到禁止工作状态,以便进行下一轮抢答。

图 7.48 抢答器总体框图

7.7.4 电路设计

1）抢答电路设计

抢答电路的功能有两个：一是分辨出选手按键的先后，并锁存优先抢答者的编号，供译码显示电路用；二是要使其他选手的按键操作无效。选用优先编码器 74LS148 和 RS 锁存器 74LS279 可以完成上述功能，其参考电路如图 7.49 所示。其工作原理是：当主持人控制开关处于"清除"位置时，RS 触发器的 $\overline{R}$ 端为低电平，输出端 ($4Q \sim 1Q$) 全部为低电平，于是 74LS48 的 $\overline{BI}=0$，显示器灭灯；74LS148 的选通输入端 $\overline{ST}=0$，74LS148 处于工作状态，此时锁存电路不工作。当主持人将开关拨到"开始"位置时，优先编码电路和锁存电路同时处于工作状态，即抢答器处于等待工作状态，等待输入端 $\overline{I}_7 \sim \overline{I}_0$ 的输入信号，当有选手将键按下时（如按下 S_6），74LS148 的输出 $\overline{Q}_C\overline{Q}_B\overline{Q}_A=001$，$\overline{Y}_{EX}=0$，经 RS 锁存器后，$CTR=1$，$\overline{BI}=1$，74LS279 处于工作状态，$4Q3Q2Q=110$，经 74LS48 译码后，显示器显示出"6"。同时，在 $\overline{Y}_{EX}$ 由"1"翻转为"0"时，驱动报警电路工作，发出音响。此外，$CTR=1$，使 74LS148 的 $\overline{ST}$ 端为高电平，74LS148 处于禁止工作状态，封锁了其他按键的输入。当按下的键松开后，74LS148 的 $\overline{Y}_{EX}$ 为高电平，但由于 CTR 维持高电平不变，所以 74LS148 仍处于禁止工作状态，其他按键的输入信号不会被接收。这就保证了抢答者的优先性以及抢答电路的准确性。当优先抢答者回答完问题后，由主持人操作控制开关 S，使抢答电路复位，以便进行下一轮抢答。

图 7.49 抢答器参考电路

2) 报警电路设计

报警电路如图 7.50 所示,在图 7.49 抢答器电路中,如有选手按下抢答按钮,优先编码器 74LS148 的优先扩展输出端 $\overline{Y}_{EX}$ 由"1"翻转为"0",驱动报警电路工作,发出"叮咚"音响,提醒主持人注意。

图 7.50 报警电路示意图

3) 8D 触发器构成的八路抢答器电路

由 8D 触发器集成电路构成的八路抢答器电路如图 7.51 所示。

图 7.51 由 8D 触发器组成的抢答器电路

图 7.51 电路中 IC_1 为带公共时钟和复位端的 8D 触发器 74LS273。该抢答器利用 IC_1 的锁存特性,在单向晶闸管 VS 的控制下,可实现优先抢答、音响提示及数字显示等功能。

$S_1 \sim S_8$ 为自复式常开按钮开关,分别为 8 位抢答按键,与它相连的 $R_1 \sim R_8$ 为下拉电阻,它们可以保证未按下 $S_1 \sim S_8$ 中的任一个键时,IC_1 的输入端 $D_1 \sim D_8$ 均为低电平。S_0 为供主持人清除抢答信号的自复式常闭按钮开关。VD_9、R_{11} 及 C_1 组成上电复位清除电路,只要按下 S_0,再松手接通电源,IC_1 便被清零复位,$Q_1 \sim Q_8$ 8 个输出端均输出低电平。IC_2 为 CH233 LED 显示驱动集成电路,该集成电路输出电流大,可直接驱动数码管 LED。当 IC_2 的所有输入端为低电平时,数码管并不显示"0",而是处于全熄灭状态。IC_3 为 KD 型

"叮咚"音乐集成电路。

当主持人发出抢答命令后,假定被第 8 人抢先按下按键 S_8,此时,IC_1 的输入端 D_8 变为高电平,同时,$VD_1 \sim VD_8$ 组成的或门电路输出高电平,触发晶闸管 VS 导通,IC_1 的 CK 端由低电平变为高电平,触发 IC_1 将数据输入端的数据送到数据输出端上,并将数据锁存,故 IC_1 的数据输出端 Q_8 一直为高电平,经 IC_2 译码后,数码管显示"8"。与此同时,VS 导通时产生的触发信号经 C_2 耦合,触发 IC_3 工作,使扬声器发出"叮咚"的音响。在这之后,无论谁再按动抢答键,都不能使 IC_1 输出的数据发生变化,因此,数码管的显示不会发生变化,IC_3 也不会再产生音响信号,从而实现了优先抢答的功能。当主持人按下开关 S_0 时,电路将断电自动复位一次,显示数码管熄灭,为下一次的抢答做好准备。

7.8 节日彩灯控制器的设计

7.8.1 简述

节日的彩灯五彩缤纷,千姿百态,为节日增添了喜庆和欢乐的气氛。彩灯的控制电路种类很多,如可由十进制计数器/脉冲分配器 CC4017 组成各种彩灯控制器。本课题要求以移位寄存器 74LS194 为核心元件设计制作一个 8 路彩灯控制器。

7.8.2 设计任务和要求

(1) 彩灯控制电路要求控制 8 个以上的彩灯。
(2) 要求彩灯组成两种以上花型,每种花型连续循环两次,各种花型轮流交替。

7.8.3 设计思路

该彩灯控制器的总体原理框图如图 7.52 所示。

图 7.52 彩灯控制器的总体原理框图

7.8.4 电路设计

1) 编码发生器

要求编码发生器根据花型按节拍送出 8 位状态编码信号,以控制彩灯按规律亮灭。因为彩灯路数少,花型要求不多,该设计课题宜选用移位寄存器输出 8 路数字信号控制彩灯发光。

编码发生器采用两片 4 位通用移位寄存器 74LS194 来实现。74LS194 具有异步清除和同步预置、左移、右移、保持等多种功能,控制方便灵活。8 路彩灯用两片 74LS194 组成 8 位移位寄存器进行控制,花型选择比较灵活。

需要注意的是,一般情况下左移是指由低位向高位移。但是由于 74LS194 中高低位的几何位置和一般的书写习惯相反,因此由低位向高位移时在 74LS194 中应该执行右移操作。

移位寄存器的 8 个输出信号被送至 LED 发光二极管,编码器中数据输入端和控制端的接法由花型决定。本设计选择下列两种花型:

花型Ⅰ——8 路彩灯由中间到两边对称地依次亮,全亮后仍由中间向两边依次灭。

花型Ⅱ——8 路彩灯分成两半,从左至右顺次亮,再顺次灭。

根据选定的花型可列出移存器(编码发生器)的输出状态编码,如表 7.8 所示。

表 7.8 输出状态编码

节拍脉冲	编码 $Q_AQ_BQ_CQ_DQ_EQ_FQ_GQ_H$		节拍脉冲	编码 $Q_AQ_BQ_CQ_DQ_EQ_FQ_GQ_H$	
	花型Ⅰ	花型Ⅱ		花型Ⅰ	花型Ⅱ
1	00000000	00000000	6	11100111	01110111
2	00011000	10001000	7	11000011	00110011
3	00111100	11001100	8	10000001	00010001
4	01111110	11101110	9	00000000	00000000
5	11111111	11111111			

2) 控制电路

控制电路为编码器提供所需的节拍脉冲和驱动信号,以控制整个系统工作。控制电路的功能有两个:一是按需要产生节拍脉冲;二是产生移存器所需要的各种驱动信号。控制电路设计通常按照下述步骤进行。

(1) 逐一分析单一花型运行时移位寄存器的工作方式和驱动要求

表 7.8 是 74LS194 移位寄存器工作的状态顺序表,它是分析移位寄存器工作方式和驱动要求的依据。

以花型Ⅱ为例:

花型Ⅱ以 8 拍为一次循环,第 9 拍自动清零。这样,74LS194 的清零端就不需要特别控制,可以始终接"1"。74LS194-1 和 74LS194-2 需要实现的都是 Q_0 向 Q_3 移位,对 74LS194 来讲都是右移。D_{SR1} 和 D_{SR2} 都应接 $\overline{Q}_H$,而 D_{SL1} 和 D_{SL2} 都可以接任意电平。两片 74LS194 的控制端 M_0 都应接"1",而 M_1 都应接"0"。具体接线如图 7.53 所示。

图 7.53 花型Ⅱ接线图

同样,花型Ⅰ也是 8 拍为一次循环,自动清零,状态变化两半对称。将 74LS194-1 接成 4 位左移扭环形计数器,74LS194-2 接成 4 位右移扭环形计数器就可实现。

控制端的接线如下:

74LS194-1:M_0="0"、M_1="1"、$D_{SL1}=\overline{Q}_A=\overline{Q}_H$、$D_{SR1}=\times$

74LS194-2:M_0="1"、M_1="0"、$D_{SR2}=\overline{Q}_H$、$D_{SL2}=\times$

（2）节拍控制脉冲的产生

按照上面分析可知,每种花型都是 8 拍为一次循环,一种花型循环两次需要 16 拍。实现一个大循环共需 32 拍。因此节拍控制脉冲需要基本节拍脉冲、16 拍的节拍脉冲、32 拍的节拍脉冲。节拍控制脉冲产生电路框图如图 7.54 所示。

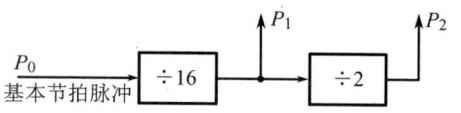

图 7.54 节拍控制脉冲产生框图

74LS194 移存器所需的控制信号和节拍控制信号的时序关系如图 7.55 所示。各控制端和信号的相应关系如表 7.9 所示。

表 7.9 控制端和信号关系

控制端		Ⅰ	Ⅱ	控制端		Ⅰ	Ⅱ
74LS194-1	M_0	P_2	P_2	74LS194-2	M_0	1	
	M_1	$\overline{P_2}$	$\overline{P_2}$		M_1	0	
	D_{SR1}	×	$\overline{Q}_H$		D_{SR2}	$\overline{Q}_H$	
	D_{SL1}	$\overline{Q}_H$	×		D_{SL2}	×	

图 7.55 节拍控制时序

图 7.56 数据选择器

有些时候,同样的花型需要不同的工作状态,可以采用数据选择器来协调它们的关系。比如上述实例中想要实现慢节拍 32 拍和快节拍 32 拍,一共 64 拍的大循环,就可以采用如图 7.56 所示电路来控制两片 74LS194 的时钟控制端。其中 74LS157 是 2 选 1 数据选择器,当控制端为"0"时,输出端输出 A_1 路信号(快节拍),当控制端为"1"时,输出端输出 B_1 路信号(慢节拍)。

7.9 数据采集系统

7.9.1 简述

数据采集系统是智能仪表、自动控制系统中不可缺少的部分,数据采集精度的好坏直接影响到后续电路的运行质量,甚至能决定整个系统是否能正常工作。数据采集系统主要是指将模拟量(例如温度、压力、位移、语音、图像等)变为数字量,并能将数字量送到控制器中进行数据的进一步处理,或者送到存储器中进行保存。考虑到可操作性,本设计只把数据暂存在存储器中。

7.9.2 设计任务与要求

(1) 用 ADC0809 或其他的 ADC 转换芯片实现对两路以上的模拟信号的采集,模拟信号为常用物理量温度,可以经传感器、输入变换电路得到与现场温度成线性关系的 0~5 V 电压,也可以直接用 0~5 V 的电压模拟现场温度。采集的数据被送入存储器保存(如 RAM6264),同时用数码管跟踪显示。

(2) 从存储器中读出数据,经 D/A 芯片 DAC0832 或其他芯片作 D/A 转换,观察所得模拟量与输入模拟量的对应情况。

(3) 分析转换误差,研究提高转换精度的措施。

7.9.3 设计思路

本课题的主要内容是实现 A/D 和 D/A 转换,在使用具体芯片进行设计之前,必须认真弄清这些芯片的基本原理、管脚功能和使用方法。

实现 A/D 转换的芯片种类很多,有逐次逼近型、积分型芯片等,ADC0809 是最基本、最常用的一种。该芯片是采用逐次逼近型的方法实现转换的,它可以分时将 8 路模拟量转换成数字量。如果将该芯片的转换启动信号、地址锁存信号和转换结束信号端连接在一起,则电路被接成自动转换形式,可实现自动连续转换,即输出数字量总是随输入模拟量的变化而变化。

采用 D/A 转换的 DAC0832 是一种基本的 D/A 转换器件,具体电路和用法可参见本书第 4 章的相关内容。该电路中包含有 8 位输入锁存器、数据寄存器和 DAC 电路,具有单级缓冲、双级缓冲和直接型接法三种,如果将芯片的 $\overline{WR_1}$、$\overline{WR_2}$、$\overline{XFER}$ 接地则构成直通型,那么输出模拟量将随输入数字量的变化而变化。

若采用 RAM6264 作为存储器,其存储容量为 8 KB,共有 13 根地址线,地址信号的获得可以由计数器产生。ADC0809 的 8 条数据线可以通过数据缓冲器与 RAM 的数据线相连。

在安装调试时,必须注意存储器地址信号、读/写信号、数据缓冲器控制信号和 A/D 芯片地址通道选择信号的配合,才能保证电路正常工作。

7.9.4 电路设计

系统由 A/D 转换器 ADC0809、锁存器 74LS373、数据存储器 RAM6264、D/A 转换器 DAC0832 以及由 74LS161 组成的计数器等电路构成。系统总原理图如图 7.57 所示。

1) A/D 转换电路

将 8 位 A/D 转换器 ADC0809 接成可控制的转换形式,由计数器清零信号启动,或者每转换一次结束之后经过存储,D/A 转换再由控制电路启动下一次 A/D 转换。改变 ADC0809 的地址线 A、B、C 的状态,可以对输入信号进行选择。

2) D/A 转换电路

将 DAC0832 接成直通型,即将 $\overline{WR_1}$、$\overline{WR_2}$、$\overline{XFER}$ 三个端接地,当片选端 $\overline{CS}$ 为低电平

图 7.57 多路数据采集系统

时,其输出随输入的变化而变化。

3）控制电路

保证系统正确运行的重要条件是控制电路能给出正确的时序信号,电路中主要利用两级单稳态电路和一些门电路实现这一条件。当 A/D 转换完毕后启动第一级单稳态延时电路,以形成地址产生电路的时钟信号,第二级延时电路延时后再启动 A/D 电路进行循环转换。

4）地址产生电路

地址产生电路的任务是产生存储器的地址,其电路由 3 片 4 位二进制计数器 74LS161 组成,能形成 12 位存储器地址信号,剩余的存储器高位地址接地。

7.10 温度测量仪

7.10.1 简述

温度是非电物理量,在工农业生产中是一个常用的量,如锅炉的温度、生产现场的温度等。要实现对温度的自动控制,首先要解决的问题是怎样将温度这个非电量转换为电量,然后对这个电量进行精确测量,再把测量得到的温度值送到计算机或 CPU 进行必要的数据处理,最后再返回到现场,即可实现闭环控制。本课题的任务是要实现温度的精确测量,并用数码管直接显示测量结果。

7.10.2 设计任务与要求

(1) 测温范围:0~99 ℃,误差<1 ℃。
(2) 显示位数:2 位(××),分辨率 1 ℃。
(3) 测温现场与控制电路可以分开。
(4) 可设置温度上限报警。

7.10.3 设计思路

温度是一个非电量,要进行测量,首先要做的是把温度转换为电量,可以是电压信号也可以是电流信号,实现这一物理量的转换需要用到温度传感器。温度传感器有电压型和电流型两类,要根据测温现场的条件及要求来选择,本设计要求测温现场与控制电路分开,因而选择电流型传感器较好。

从传感器出来的信号一般是比较小的信号,不能直接送到 A/D 转换器进行转换,一般需要进行放大处理,再送到 A/D 转换器,经 A/D 转换后的量是十六进制数字量,可以被直接送到数码管进行显示,但人们通常会对十六进制数字量不太习惯。如果要用十进制显示,还需加十六进制/十进制转换电路。这虽然有专门的集成电路,但会使本设计更加复杂,不宜作为本科生的综合课程设计。

7.10.4 电路设计

1) 数据的采集

(1) AD590 温度传感器

AD590 产生的电流与绝对温度成正比,它可接收的工作电压为 4~30 V,检测的温度范围为 −55 ℃~+150 ℃,它有非常好的线性输出性能,温度每增加 1 ℃,其电流增加 1 μA。AD590 的外形图如图 7.58 所示,电路符号如图 7.59 所示。

图 7.58 AD590 的外形电路   图 7.59 集成温度传感器电路符号

AD590 温度与电流的关系如表 7.10 所示。

表 7.10　AD590 温度与电流的关系

温度(℃)	AD590 电流(μA)	输出电压(V)
0	273	0
5	278	0.5
10	283	1
15	288	1.5
20	293	2
25	298	2.5
30	303	3
35	308	3.5
40	313	4

AD590 的主要特性如下：

① 流过器件的电流微安数等于器件所处环境温度的热力学温度数，即：

$$I_T/T = 1\ \mu A/K$$

式中：I_T——流过 AD590 的电流(μA)。

T——环境温度(K)。

② AD590 的测温范围为 $-55 \sim +150$ ℃。

③ AD590 的电源电压范围为 $4 \sim 30$ V，电源电压从 4 V 到 6 V 变化，电流 I_T 变化 1 μA，相当于温度变化 1 K。AD590 可以承受 44 V 正向电压和 20 V 反向电压。

④ AD590 的输出电阻为 710 MΩ。

⑤ AD590 精度高，共有 I、J、K、L、M 五挡不同精度。其中 M 挡精度最高，在 $-55 \sim 150$ ℃ 范围内，非线性误差为 ± 0.3 ℃；I 挡误差最大，约为 ± 10 ℃，故应用时应校正(补偿)。

(2) 斩波自稳零集成运算放大器 CF7650

CF7650 是第四代集成运放，它是性能很优越的集成运放，内部设有时钟(约 200 Hz)、误差检测校零电路，可实现自稳零。在 $-25 \sim +80$ ℃ 的工作范围，其失调电压温度漂移在 0.001 μV/℃，故失调电压漂移低于 1 μV。CF7650 输入电阻很高，所以输入电流很小，典型值为 10^{-10} A。其开环电压增益很高，典型值为 140 dB，共模抑制比高于 130 dB。

型号：CF7650CT，CF7650LT，CF7650CP，CF7650LJ。

主要参数：

① 电源电压极限：± 7.5 V。

② 输入电压极限：$(U_+ + 0.3 \sim U_- - 0.3)$ V。

③ 共模输入电压范围：$-5 \sim +2.3$ V。

④ 外接时钟电压极限：$(U_+ + 0.3 \sim U_- - 0.6)$V。
⑤ 时钟频率：200～300 Hz。
⑥ 开环电压放大倍数：$(R_L = 10\text{ k}\Omega) 5 \times 10^6$ 倍。
⑦ 共模抑制比：130 dB。
⑧ 输入电阻：10^{12} Ω。
⑨ 单位增益带宽：2.0 MHz。
⑩ 电源电流：$(R_L = \infty) 2.0$ mA。

（3）由电流型温度传感器 AD590 和运放 CF7650 组成的测温放大电路

图 7.60　由 CF7650 组成的测温放大电路

测温放大电路原理图如图 7.60 所示。±7.5 V 电压通过 R_{W1} 加在 AD590 上，当温度变化时，通过 AD590 的电流变化，则 R_{W1} 上的电压降变化，从而使运放反相输入端的电压随温度变化。这个电压被运放放大由 10 脚输出，再经 R_3、C_3 滤除干扰信号后由输出端输出 U_o。可见 U_o 是随被测物体的温度而变化的。R_{W1} 是调零电位器，R_{W2} 为满度调节电位器，R_{W3} 可调节放大器的输入失调。

该电路测温范围为：0～99 ℃，输出电压为 0～5 V。将输出的电压信号接 ADC0809，进行 A/D 转换。

2) 数据的处理与显示

将温度信号转换为电压信号后，需要将模拟量转换为数字量，可以选用 A/D 转换器，因为只有一路数据需要处理，因此直接选用 ADC0804 即可，ADC0804 和 ADC0809 属于一个系列，前者输入通道数少，而后者有 8 个通道，因为本设计中只用到一个通道，虽然选用 ADC0809 会造成不用的输入端较多，是一种浪费，但考虑到实验箱上的 A/D 转换器件是 ADC0809，在原理图设计上将继续采用 ADC0809 作为 A/D 转换器件。A/D 转换的输出是 8 位二进制码，可以用低 4 位、高 4 位分别驱动两个数码管进行显示，显示的值最大范围为 00～FF，本设计只要显示 00H～63H 即可。数据的转换与显示电路如图 7.61 所示。

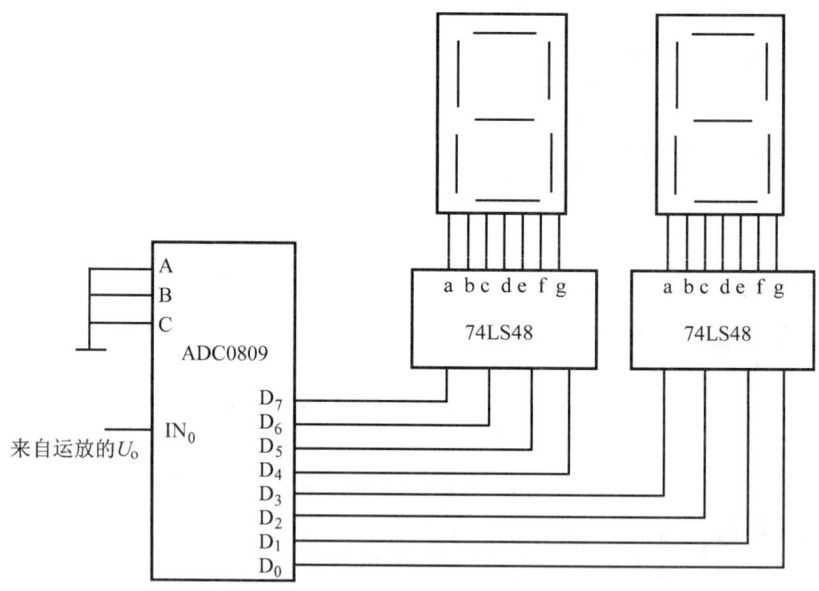

图 7.61 数据处理与显示电路

7.11 低频相位计的设计

7.11.1 简述

相位差的测量在工农业生产中应用非常广泛。工程上用符号 φ 表示电路的电压和电流之间的相位差角。因为相位角 $\varphi=\omega\tau=2\pi f\tau$，在频率 f 固定不变的条件下，可以通过测量时间来达到测量相位角 φ 的目的。在现代测量技术中，时间测量的准确度比较高，所以遇到要求对相位进行精密测量的场合，可以把对相位角 φ 的测量转换为对时间 τ 的测量。常用 $\cos\varphi$ 表示功率因数，这个量在电力系统中用得较多，对其进行研究对如何有效地提高电能的使用率有着重大意义。

7.11.2 设计任务与要求

设计并制作一个相位测量仪(参见图 7.62)。

设计要求：

(1) 频率范围：20 Hz～20 kHz。

(2) 相位测量仪的输入阻抗≥100 kΩ。

(3) 允许两路输入正弦信号峰-峰值可分别在 1～5 V 范围内变化。

图 7.62 相位测量仪

(4) 相位测量绝对误差≤2°。

(5) 具有频率测量及数字显示功能。

(6) 相位差数字显示：相位读数为 0°～359.9°，分辨率为 0.1°。

7.11.3 设计思路

测量相位差首先要将被测信号的相位差 φ 转换为时间间隔 τ,转换的方法是将两个被测信号输入两个过零比较器,将正弦波信号转换为方波信号,两个方波信号的上升沿之间的差即为时间间隔 τ,可以通过一个门电路将两个上升沿之间的间隔转换为一个窄脉冲,波形的转换如图 7.63 所示。时间间隔 τ 已经通过电路转换得到了,但其大小的测量也是至关重要的,一种方法是采用计数器加闸门控制完成测量,这种方法对以相位差的形式进行实验数据显示来说不太方便;另一种方法是直接把时间间隔送到单片机进行

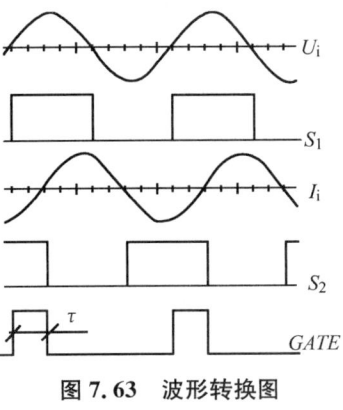

图 7.63 波形转换图

计数测量,结果显示也十分方便,但当测量对象的频率较高时(如 1 kHz),测量误差会明显增大。设计要求测量频率范围是 20 Hz～20 kHz,而单纯用单片机无法满足此要求,可以把上述两种方法结合起来完成这一功能。

由于设计要求测量电路的输入电阻大于 100 kΩ,所以波形转换电路可以采用同相端输入的方法。测量结果可以直接用数码管(LED)显示出来。整个系统的组成框图如图 7.64 所示。

图 7.64 系统的组成框图

7.11.4 电路设计

1) 波形转换电路

时间间隔波形转换电路见图 7.65。将电压信号和电流信号分别接入两个比较器,其中电压信号由同相端输入,电流信号由反相端输入,两个比较器的输出为矩形脉冲 S_1 和 S_2,由于比较器的灵敏度较好,矩形脉冲的上升沿仅仅决定于输入信号的过零点,两个脉冲经过与门处理即可合成待测信号 $GATE$,$GATE$ 脉冲信号的宽度即为 t_p。波形转换图见图 7.63 所示。

图 7.65 中触发器的作用是判断相位是超前还是滞后,当 Q 输出为低电平时呈感性,Q 为高电平时呈容性。图 7.65 所示电路能完成相应的功能,但当被测信号在过零点有干扰时,就有可能出现多个脉冲。为了有效地解决干扰问题,可以将过零比较器改为滞回比较

器,改进后的电路如图 7.66 所示。用同相端作为输入端的目的是增加输入电阻,以满足设计题目的要求,图中 R_5、R_6 是上拉电阻。

图 7.65 波形转换电路

图 7.66 改进后的波形转换电路

2) 计时电路

单片机应用系统的时钟频率一般在 6~12 MHz 左右,单片机执行一条指令至少需要一个机器周期,而完成任何一项工作,至少需要若干条指令,这就是说,单片机操作比数字逻辑电路(无论是组合电路还是时序电路)都慢得多。根据题目的精度要求,相位差绝对误差≤2°,最高频率为 20 kHz,如果将异或门输出的方波直接送给单片机计时,由于单片机系统的速度较慢,执行单字节指令至少需要 1 μs,无法达到精度的要求,所以可以将方波送入数字逻辑电路,经过数字逻辑电路计数后(当然最好能用 CPLD/FPGA 完成计数功能,但成本也相应提高了),再送给单片机处理。数字逻辑电路(TTL 型)的最高工作时钟频率可以达到 25 MHz,即周期为 0.04 μs,这样精度可以得到保证。计数电路可以由普通计数器 74LS191 构成,用异或门输出的方波控制计数器计数,计数脉冲为高频信号(如 20 MHz),用 4 个 74LS191 构成 16 位的计数器,将计数值送入单片机处理。16 位计数器的连线较简单,读者可自行画出。

3) 数据处理与显示电路

数据处理与显示电路如图 7.67 所示。该电路的作用是,把测得的时间间隔 τ 转换为相位差并且显示出来。相位差的转换用单片机来完成是很容易办到的。显示电路中采用了移位寄存器,该电路具有占用单片机资源少的优点。

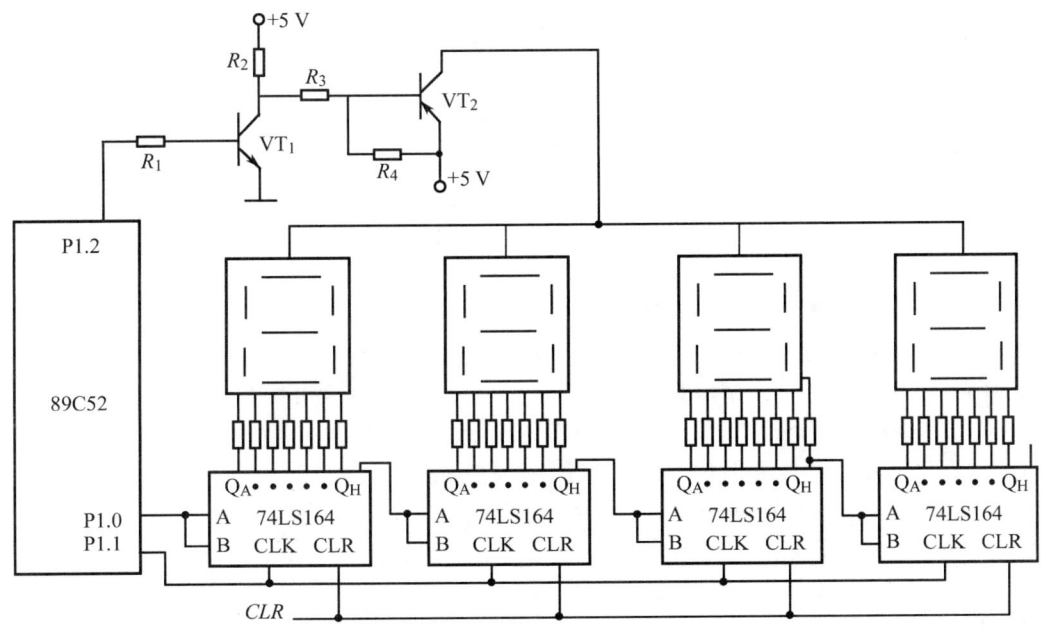

图 7.67 数据处理与显示电路

主要参考文献

［1］ 邱关源. 电路[M]. 4版. 北京：高等教育出版社, 1999.
［2］ 秦曾煌. 电工学[M]. 5版. 北京：高等教育出版社, 1999.
［3］ 康华光. 电子技术基础(模拟部分)[M]. 4版. 北京：高等教育出版社, 1999.
［4］ 孙桂瑛, 齐凤艳. 电路实验[M]. 哈尔滨：哈尔滨工业大学出版社, 2001.
［5］ 王澄非. 电路与数字逻辑设计实践[M]. 南京：东南大学出版社, 1999.
［6］ 王振宇. 实验电子技术[M]. 北京：电子工业出版社, 2004.
［7］ 路而红. 虚拟电子实验室：Multisim 7 & Ultiboard 7[M]. 北京：人民邮电出版社, 2005.
［8］ 周凯. EWB虚拟电子实验室：Multisim 7 & Ultiboard 7 电子电路设计与应用[M]. 北京：电子工业出版社, 2005.
［9］ 谢自美. 电子线路设计·实验·测试[M]. 2版. 武汉：华中理工大学出版社, 2000.
［10］ 付家才. 电子工程实践技术[M]. 北京：化学工业出版社, 2003.
［11］ 黄继昌. 数字集成电路应用300例[M]. 北京：人民邮电出版社, 2002.
［12］ 吴新开, 于立言. 电工电子实践教程[M]. 北京：人民邮电出版社, 2002.
［13］ 张越, 陈宏坤. 电工电子常用仪器仪表使用与维护[M]. 北京：电子工业出版社, 2014.
［14］ 王蕾, 顾艳华. 仪器仪表的使用与操作技巧[M]. 北京：电子工业出版社, 2020.
［15］ 龚晶. 电路与系统分析实践教程[M]. 北京：电子工业出版社, 2020.
［16］ 刘晓文, 陈桂真. 电路实验[M]. 3版. 北京：机械工业出版社, 2021.
［17］ 王贞. 模拟电子技术实验教程[M]. 北京：机械工业出版社, 2018.
［18］ 兰振平. 模拟电子技术实践教程[M]. 北京：清华大学出版社, 2022.
［19］ 陈柳. 数字电子技术实验与课程设计[M]. 北京：电子工业出版社, 2020.
［20］ 吕波, 王敏. Multisim14 电路设计与仿真[M]. 北京：机械工业出版社, 2016.
［21］ 张新喜. Multisim14 电子系统仿真与设计[M]. 北京：机械工业出版社, 2017.
［22］ 熊伟, 侯传教. 基于Multisim14的电路设计与创新[M]. 北京：清华大学出版社, 2021.
［23］ 刘波, 胡薇. 用Multisim玩转电路仿真[M]. 北京：电子工业出版社, 2022.